海天浩渺，何以制防

雷达与不明海空情处置

小 之◎著

电子工业出版社
Publishing House of Electronics Industry
北京·BEIJING

内 容 简 介

本书包括"雷达传奇"和"恰当还是不当,这是个问题"两个系列文章。"雷达传奇"系列文章,从 20 世纪初防空作战面临的困境说起,讲述了二战前和二战过程中,雷达在英、美等国的发明和发展,在陆战、海战、空战中的运用,以及雷达如何深刻地影响和改变了二战重大战役的进程及结局。"恰当还是不当,这是个问题"系列文章,列举了 20 世纪 40 年代至今,24 个外军处置不明海空情的案例,逐一讲述了不同案例发生的时代背景、处置经过,以及值得后人反思和借鉴之处。

本书通过对史料深入细致的发掘和描述,生动再现了往昔鲜活的生命和激动人心的历史时刻。军事爱好者可以从书中领略雷达发明、发展和应用历史的波澜壮阔,知晓什么是不明海空情,为何会产生不明海空情,处置不明海空情时为何会发生误判,以及如何恰当处置不明海空情;学生、教师和科研人员可以借鉴书中提供的丰富史料,以指导学习和工作。

未经许可,不得以任何方式复制或抄袭本书之部分或全部内容。
版权所有,侵权必究。

图书在版编目(CIP)数据

海天浩渺,何以制防:雷达与不明海空情处置 / 小之著. —北京:电子工业出版社,2022.1
ISBN 978-7-121-41605-7

Ⅰ.①海… Ⅱ.①小… Ⅲ.①军用雷达-普及读物 Ⅳ.①TN959-49

中国版本图书馆 CIP 数据核字(2021)第 141855 号

责任编辑:刘小琳　　特约编辑:韩国兴
印　　刷:北京捷迅佳彩印刷有限公司
装　　订:北京捷迅佳彩印刷有限公司
出版发行:电子工业出版社
　　　　　北京市海淀区万寿路 173 信箱　　邮编:100036
开　　本:720×1 000　1/16　印张:25.75　字数:470 千字
版　　次:2022 年 1 月第 1 版
印　　次:2024 年 1 月第 2 次印刷
定　　价:145.00 元

凡所购买电子工业出版社图书有缺损问题,请向购买书店调换。若书店售缺,请与本社发行部联系,联系及邮购电话:(010)88254888,88258888。
质量投诉请发邮件至 zlts@phei.com.cn,盗版侵权举报请发邮件至 dbqq@phei.com.cn。
本书咨询联系方式:liuxl@phei.com.cn;(010)88254538。

前言

本书汇集了"雷达传奇"和"恰当还是不当,这是个问题"两个系列文章,前者16篇,后者16篇,共32篇。

"雷达传奇"系列文章,从20世纪初防空作战面临的困境说起,讲述了二战[1]前和二战过程中,雷达在英、美等国的发明和发展,在陆战、海战、空战中的运用,以及雷达如何影响和改变了二战重大战役的进程及结局。抗日战争时期的中国积贫积弱,除个别海外学子涉足雷达尖端领域外(如在美国麻省理工学院辐射实验室工作的王贞明先生),雷达对绝大多数中国人而言,犹如方外之物。"雷达传奇"系列文章中有一篇专门讲述了中国对空观察哨兵的抗日战争事迹,该系列的最后一篇,则记述了中国雷达兵的诞生。

无论在战时还是在平时,不明海空情处置都是维护国家海防和空防安全不得不应对的一大挑战,在防空向防空防天拓展的时代背景下,这一挑战或许会前所未有。"恰当还是不当,这是个问题"系列文章,列举案例24个。其中,按照类别区分,涉及不明空情案例18个,不明海情案例4个,

---

1 "二战"全称为"第二次世界大战"。

不明天情案例 2 个;按照性质区分,涉及虚警案例 12 个,漏警案例 6 个,预警案例 4 个,争议案例 2 个;按照处置主体区分,涉及美军案例 9 个,苏(俄)军案例 3 个,英军案例 8 个,以色列、叙利亚、伊朗和古巴军队案例各 1 个。这些案例基本涵盖了从 20 世纪 40 年代至今的典型不明海空情处置案例,或具备一定的代表性、广泛性和借鉴性。克劳塞维茨曾言,在经验科学领域,尤其是在军事艺术领域,史例能够说明一切问题,而且最具有说服力。

2016 年,应《世界军事》杂志的马瑛编辑之约,我开始编写"雷达传奇"和"恰当还是不当,这是个问题"两个系列文章,历时近 5 个年头。当初若没有马瑛编辑的一番督促,可能就不会有这些文字。本书中,除"记中国雷达兵的诞生"一篇外,其余均在《世界军事》杂志上连载过,两个系列文章在这次结集成书前,略施修改和增补,参考文献列在书后。

2020 年 10 月

小之

于北京

Contents

目 录

雷达传奇

天空浩渺，何以制防　/002
　天空真的不可防？　/003
　无线电探测里程碑　/004
　成功的演示验证　/007

作始也简，筚路蓝缕　/010
　"寻找"回波信号　/011
　新的研发任务　/013
　又一个里程碑　/016

黑云压城，山雨欲来　/019
　咄咄逼人的形势　/020
　雷达的关键突破　/022
　首次空中电子侦察　/025

跻身空战，"海狮"寿终　/028
　全新的防空样式　/029
　试探、开局阶段战情　/030
　丘吉尔亲自督战　/032
　雷达的地位和作用　/036

烽火连天,狼烟预警 /039
- 早期的对空观察哨 /040
- 防空预警网的完善 /043
- 不可磨灭的功绩 /045

看似寻常,意蕴深远 /049
- 研发大功率微波器件 /050
- 测试微波雷达 /053
- "蒂泽德使团"出使美国 /055

远涉重洋,点燃炉火 /058
- 初步接触 /059
- 合作研发 /061
- 迫切需求 /063

道高一丈,降服"狼群"——Ⅰ /067
- 大西洋航线上的较量开启 /068
- 美国加快微波雷达的研发 /070
- 运用运筹学规划反潜作战 /073

道高一丈,降服"狼群"——Ⅱ /076
- 德军潜艇连连遭袭 /077
- 雷达告警接收机面世 /079
- 盟军合力拼死应对 /081

道高一丈,降服"狼群"——Ⅲ /086
- 德军潜艇被迫停航 /087
- 新型雷达告警接收机 /089
- 大西洋战役完胜之因 /092

空中漏情,社稷蒙羞 /096
- 准备偷袭珍珠港 /097
- 美军的防御准备 /099

目 录

　　本该避免的漏警　/101
　　菲律宾遭到突袭　/103
　　空情不明指挥难　/104
　　一错再错谁之过　/106

绝地出击，遗憾收官——Ⅰ　/107
　　对雷达的重新认识　/108
　　美国志愿援华航空队　/108
　　接连遭袭的英国空军　/111
　　空袭东京的战略设想　/112
　　用航母带轰炸机去轰炸　/113

绝地出击，遗憾收官——Ⅱ　/117
　　相关准备工作　/118
　　日本本土防御　/121
　　利剑已然出鞘　/122

绝地出击，遗憾收官——Ⅲ　/126
　　挺进目标　/127
　　绝地出击　/128
　　飞往中国　/131

绝地出击，遗憾收官——Ⅳ　/135
　　风雨同舟　/136
　　香格里拉　/138
　　收官之憾　/141

预警艺术，樯橹灰飞烟灭——Ⅰ　/143
　　决心东进　/144
　　迷人小岛　/146
　　对决前夜　/147
　　战前虚警　/149

预警乏术,樯橹灰飞烟灭——Ⅱ /151
- 战斗经过 /152
- 回溯分析 /156
- 尾声"花絮" /157

"奇技淫巧",所向披靡——Ⅰ /160
- 尴尬的高射炮 /161
- 炮瞄雷达 /162
- 射击指挥仪 /163
- 近炸引信 /165
- 亮相安齐奥 /167

"奇技淫巧",所向披靡——Ⅱ /169
- 抗击 V-1 导弹 /170
- 近炸引信及干扰机 /171
- 太平洋战场表现 /173

战略误判,预警难为 /178
- 雷达研发的历程 /179
- 苏军塌方式"漏警" /182
- 内部环境及氛围 /184

他山之石,可以攻玉 /187
- 空袭莫斯科 /188
- 越战越勇 /190
- 现实困难 /192
- 学习借鉴 /193

"孩子顺利地生下来了"——Ⅰ /196
- 决策始末 /197
- "男孩"降生 /198
- 轰炸瓶颈 /201
- 研发受挫 /203

目录

"孩子顺利地生下来了"——Ⅱ　/206
　"小男孩"出击　/207
　日本本土防空态势　/209
　电子情报侦察　/210
　"愤怒的基督"　/212
　"胖子"出击　/214
　尾声　/217

记中国雷达兵的诞生　/218
　严防空中威胁　/219
　接管雷达研究所　/219
　保卫上海　/220
　二六大轰炸　/222
　战斗洗礼　/223
　"应即组织我们的雷达网"　/224

恰当还是不当，这是个问题

外军不明海空情处置案例之一　/228
　二战中的祸起漏警　/229
　朝鲜战争中频繁虚警　/232

外军不明海空情处置案例之二　/235
　"北部湾事件"爆发　/236
　"战场"还原及认定　/238
　不明海情是祸首　/240

外军不明海空情处置案例之三　/242
　阿以双方冲突不断　/243
　LN 114 航班被击落经过　/244
　严重误判酿成惨案　/246

外军不明海空情处置案例之四——Ⅰ　/248
- 决策是否出兵　/249
- 英军排兵布阵　/251
- 阿军准备攻击　/253
- "飞鱼"命中目标　/255

外军不明海空情处置案例之四——Ⅱ　/260
- 危机控制　/261
- 处置常态　/263
- 作战检讨　/265
- 化危为机　/267

外军不明海空情处置案例之五　/269
- 国际背景　/270
- 苏军反应　/272
- 击落客机　/274
- 档案披露　/275

外军不明海空情处置案例之六　/278
- 恐怖的核平衡　/279
- 虚警事件始末　/281
- 是非功过任评说　/284

外军不明海空情处置案例之七　/286
- 西德青年鲁斯特的"宏愿"　/287
- 飞行过程经历5个阶段　/288
- "鲁斯特事件"主客观因素　/290

外军不明海空情处置案例之八　/293
- 遭袭背景　/294
- 事件经过　/295
- 暴露问题　/297

目 录

外军不明海空情处置案例之九　/300
　美伊舰艇发生激战　/301
　"塞茨"号护卫舰空情判断处置　/303
　"文森斯"号巡洋舰空情判断处置　/304
　造成误判的综合因素　/306

外军不明海空情处置案例之十　/308
　佯攻谢拜赫港　/309
　处置不明空情　/310
　实战经验总结　/311

外军不明海空情处置案例之十一　/314
　美国与北约空袭南联盟　/315
　两架米格-29 战斗机对阵两架 F-15C 战斗机　/316
　从空情处置看美军胜利　/318

外军不明海空情处置案例之十二　/320
　策划袭击美国军舰　/321
　"科尔"号导弹驱逐舰被袭经过　/323
　不明海情处置的新挑战　/324

外军不明海空情处置案例之十三　/327
　策划与组织　/328
　潜入与准备　/331
　安检与登机　/333
　执行层不明空情处置　/336
　管理决策层应对恐袭　/345
　"9.11"事件留给今天的反思　/356

外军不明海空情处置案例之十四　/366
　俄以叙三方争执的焦点　/367
　空中态势及误伤经过拼接回放　/368

以往误伤事件出现的深层原因　　/369
　　误伤伊尔-20M侦察机的可能原因及疑点　　/370
　　俄罗斯的回应与叙利亚的无奈　　/373

外军不明海空情处置案例之十五　　/375
　　查明"电子战斗序列"　　/377
　　盗取对手雷达情报　　/379
　　探查伊朗防空系统？　　/380

外军不明海空情处置案例之十六　　/383
　　人为不明空情　　/385
　　不明海空情，怎一个复杂了得　　/387
　　如何恰当处置不明海空情　　/392

参考文献　　/395

雷达传奇

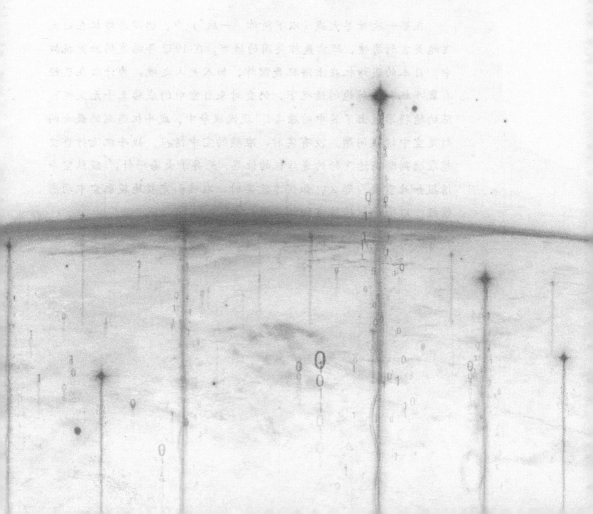

天空浩渺，何以制防

在第一次世界大战（以下简称"一战"）中，德国轰炸机在白天飞越英吉利海峡，肆意轰炸英国的城市；在1932年爆发的淞沪抗战中，日本的轰炸机在上海狂轰滥炸，如入无人之境。为什么在已经有战斗机和高射炮的情况下，仍会对来自空中的威胁束手无策呢？陈纳德将军道出了其中的原委："现代战争中，战斗机遇到的最大问题是空中情报问题。没有实时、准确的空中情报，战斗机飞行员要想准确判断高速飞行的轰炸机的位置，无异于大海捞针。"既然空中情报如此重要，那么，如何才能实时、准确和完整地获取空中动态情报，以彻底扭转防空的颓势呢？

天空真的不可防？

20世纪初，随着内燃机和飞行技术的发明，飞机横空出世，并迅速登上战争舞台一显身手。一战中，飞机开始用于实施空中侦察，间或用于空中轰炸。1917年5月25日，德军出动近20架"哥达"双引擎飞机，在白天轰炸了英国沿海城市福克斯通。接着，又轰炸了伦敦，造成大量平民伤亡。空袭如同高悬在天空的达摩克利斯之剑，在英国民众心里引发了极大的恐慌。

一战后，飞机的作战能力得到了快速提升，已经可以从数百千米之外的机场起飞，实施远距离的奔袭作战。在1932年淞沪抗战中，日军从航母上出动战机到上海市区投掷炸弹，摧毁商店和民房、滥杀无辜百姓。日军战机还蓄意攻击位于闸北区的中国最大印书馆，创建于1897年，占地面积90余亩的商务印书馆的总务处，4个印刷厂、1个编译所、1个图书馆和1所小学被毁于一旦。图书馆所藏的中西各类图书及善本书50万余册被付之一炬，堪为人类文化史上的一场空前浩劫。美国纽约晚报发表社评称："在中国外交史上，故常屡受外辱，但凶狠残暴的日军今日所表现者，实无前例可见。"这些活生生、血淋淋的现实，让人们对战争中从天而降的危险不寒而栗。那么，能否有效防御来自空中的危险呢？

当时，西方社会上的精英，包括许多军队将领都认为，由于飞机飞行速度快、飞行高度高、活动半径大，无论是用高炮还是用战斗机，都无法组织实施有效拦截，因为还没有一种能够及时发现、连续跟踪和准确定位轰炸机位置的手段。发现不及时，意味着来不及做好防空作战准备；跟踪不连续，意味着防空指挥员无法掌握空中的变化情况；定位不准确，意味着组织战斗机和高炮实施拦截就如同大海捞针一样无的放矢。1932年11月，根据空军部的意见，英国保守党领袖斯坦利·鲍德温在下院的一次讲话中称："我认为，在大街上行走的普通民众最好意识到这一点，即天空是不可防的。轰炸机总能够突破空中防线投下炸弹，只有进攻才是最好的防御。如果想要保护自己，那就要比敌人更快地去轰炸妇女和儿童。"这番话着实令人毛骨悚然，似乎除了以暴制暴，就没有更好的防空办法了。

随着希特勒的上台，德国加快了整军备战的步伐，并以极快的速度发展其空中力量，这进一步加剧了英国的担忧。1934年夏天，英国空军组织了一次防空演习，在第一波模拟空袭中，英国空军部就被摧毁，紧接着是英国下院被夷为平地。这似乎验证了鲍德温的观点——天空不可防。

无线电探测里程碑

实际上，自从出现空中威胁后，英国人设想了许多方法和措施来尽早发现来袭敌机。他们在沿海的悬崖峭壁上建造巨大的拾音腔体，以获取来袭飞机发出的声音；地面防空执勤人员手推板车，车上面放置一个白色箭头作为标识，为飞行员指示敌机的来袭方向等。但是，基于声波的空袭预警设备，能提供的预警时间非常有限，也不能准确定位，最后英国不得不放弃沿泰晤士河口构建声波预警网的构想。

1934年6月的一天，在英国空军部科研局的一间办公室里，一位身材矮小、戴着眼镜的年轻人坐在办公桌前埋头办公，他的名字叫A. P. 罗维，是一名文职参谋，主要负责预研项目及其优先级排序。他不时吸一口烟斗，仔细研阅归拢在公文夹中的53个有关防空的预研项目。然而，所有的预研项目都指向了改进飞机性能和提高拦截武器效能等领域，对于防空的意义都不大。如此下去，在下一次战争中，英国的天空对于来袭的敌机无疑仍是洞开的，这让罗维忧心忡忡。他觉得实在有必要为其顶头上司亨利·维佩利斯准备一份备忘录。在备忘录中，罗维尖锐地指出："除非科学界改变目前的状况，否则，英国可能会输掉下一场战争。"

不知是不是受到这份备忘录的刺激，1934年11月12日，维佩利斯提出成立一个委员会，专门研究"在科学技术前沿领域，有哪些可用于强化防空的方法"，这个建议为空军部采纳。几周后，在英国国防委员会下设立了一个防空研究委员会，由英国航空研究委员会主席亨利·蒂泽德领导，委员是A.V.希尔和剑桥大学物理学家M.S.布莱克特，维佩利斯是召集人，罗维是秘书。

防空研究委员会开展工作后，不仅从科学技术界，而且还从民间广泛征集如何加强防空的奇思妙想。有人提出研制一种无线电波作为终极武器，以杀死来袭飞机的驾驶员，这引发了大家的兴趣。空军部为此专门设立了一个奖项：谁能研发出一种无线电波，在100码（约91米）的距离上射杀一只羊，就可以获得1000英镑的奖励。结果这份重奖没有谁有能力来领。维佩利斯不死心，他转而向大牌科学家罗伯特·沃森·瓦特求助。这位苏格兰人是发明了蒸汽机并引发了工业革命的瓦特的后裔，时任英国物理实验室无线电主任，他在伯克希尔镇附近建立了一个无线电研究站，从事电离层对无线电波传播影响的研究。

罗伯特·沃森·瓦特作为一名受过专业训练的工程师，一战时自愿申请加入英国陆军，却被分配到了皇家飞机公司气象办公室，从事大气领域的研究工作。开始，他研究雷电现象，继之研究无线电静电干扰问题，当时他在无线电领域已经打拼了20年。虽然已经掌管着一个世界级的电离层研究中心，不过，仍处在英国科学政策决策层的外围。

1935年1月18日，维佩利斯见到了心仪已久的瓦特。瓦特身高只有1.65米左右，戴着一副眼镜，略显富态，虽然已过不惑之年，却依然雄心勃勃。他生活简朴，不懂得品味美味佳肴。不过，在思考问题时，瓦特却十分老到，不管问题有多复杂，他总能三下五除二地聚焦到问题的主要方面，并得出高于常人的见解。

维佩利斯告诉瓦特，他想论证研发出一种特殊无线电波——死光的可行性，现在一筹莫展。瓦特回答称这种死光武器似乎太超前，在不远的将来几乎没有实现的可能性。不过，他答应会帮维佩利斯一个忙，从更加科学的角度来论证这种新概念武器的可行性。送走维佩利斯后，瓦特考虑为死光武器准备一份正式的咨询报告,他把这一任务做了一个简要概括,并顺手写在一张旧日历纸的背面:"在 1 千米的高度,5 千米的距离,要使 8 品脱(约 4.6 升)的水温,从 36.6 摄氏度上升到 40.5 摄氏度,请计算所需的无线电辐射功率。"他把这张便条交给了他的助手威尔金斯。

尽管瓦特并没有说这是一项军事评估,但是,威尔金斯还是敏锐地意识到,处于空中 4.6 升的水量约等值于一名飞行员的血液量(体重 60 千克的成年人,其血液量通常在 4.2 至 4.8 升),这一评估一定与死光研究有关。说到这,你不得不赞叹顶级科学家抽象概括问题的水平、逻辑推断的能力和识别问题的洞见。威尔金斯的计算结果显示,以当时的技术,要产生如此大的辐射功率,以至于将人的血液温度提升到足以致命的温度是不可能的,即使在不远的将来这种可能性也微乎其微。瓦特得知结果后说:"哦,既然死光是不现实的,那么,我们该如何帮助他们呢?"威尔金斯想了一会说:"最近听说,政府邮电部门的工作频域已经扩展到了短波波段,据一些工程师讲,当飞机飞临其接收机上空时,会产生一种干扰现象。"他沉思了一会继续说道:"这种干扰现象或许可以形成探测飞机的机理。"瓦特立即抓住这一擦出的思想火花,马上要威尔金斯计算,达成这样一种效用所需的辐射功率。瓦特想知道,是否可能使用一个辐射 1 千瓦功率的发射机,探测到 8 至 9.6 千米之遥的飞机。

依据典型飞机的尺寸大小,威尔金斯做了粗略的计算,令他惊奇的是,发射机辐射功率达到一定量时,经飞机表面反射回来的能量是可以被检测出来的。瓦特仔细检查了计算过程,没有发现什么错误。他随即为维佩利斯总结了一份备忘录,概述了上述发现。1935 年 1 月 28 日,也就是维佩利斯与瓦特会面后的第十天,备忘录提交给了防空科学研究委员会。瓦特在备忘录中写道:"死光的设想并不现实,不过,可以有一个替代的方案——把关注点从死光研究转移到无线电波探测研究。如果需要,可以提供运用无线电反射波检测飞机的计算方法。"瓦特撰写的这份备忘录在雷达发展史上具有里程碑意义。

成功的演示验证

防空研究委员会认真审议了这份备忘录,认为瓦特的设想值得一试。1935年2月6日,罗维以防空研究委员会的名义给瓦特回了一封信,要求其进一步提供论据和数据。瓦特叫来了威尔金斯,要求他对检测一架距离16千米的飞机反射回波所需的功率做详细计算。威尔金斯得出的计算结论是:距离16千米、高度6千米的飞机,在考虑通常损耗的条件下,利用一部发射机并通过一个简单天线,以15安培的电流辐射50米波长的无线电波,就可以检测到飞机反射的回波。这一结论比瓦特的预期还要好,令他十分兴奋。1935年2月12日,他撰写了第二份备忘录,标题是《运用无线电方法探测飞机》。他在备忘录的封面上加注:"计算结果如此理想,以至于我怀疑是否有错而倍感紧张,但基本结论不会错。因此,我认为有必要将备忘录立即呈送给你们,而不是精雕细琢后再送。"

这份备忘录几乎包含了当时所有的相关技术,从阴极射线管显示器到产生无线电脉冲的技术。其中,脉冲技术尤为重要,因为,从地基探测站发射的脉冲,可以以微秒的时间量级,打到飞机蒙皮后被反射回来,并为地基探测站接收机所检测到。与此同时,地基探测站可以记录发射时刻和检测时刻,从而能够确定无线电波往返目标飞机所花的时间。已知无线电波是以光速传播的,利用路程等于时间乘以速度的公式,就可以计算出目标飞机到地基探测站的距离。已知光速为每秒30万千米,在1微秒时间内行进0.3千米,若地基探测站从发射到检测的间隔时间为10微秒,则无线电波往返距离为3千米,单程距离,即目标飞机到地基探测站的距离为1.5千米。按照无线电研究站在研究电离层课题时已经取得的研究成果,目标飞机的距离还可以利用标尺从经过校准的阴极射线管显示器上直接读出。

瓦特在备忘录中建议,在英国沿海地区建立一个无线电波覆盖的空域,以探测来袭的轰炸机,并强调无线电探测机制还必须具备区分敌我的能力。瓦特同时指出,按现有的技术水平,使用50米波长的无线电波较容易实现对飞机目标的探测。为了减少电离层对探测的干扰，将来有必要缩短无线电波波长。他推测，无线电探测距离可以拓展到 300 千米。此外，他还指出，在测量目标距离的同时，还应测出目标的俯仰角（高度信息）和目标的方位角。

这份由 20 段文字组成的备忘录，展现了瓦特对雷达科学前沿的高瞻远瞩，奠定了雷达事业诞生、发展和延续至今辉煌的坚实基础，为人类文明留下了一份珍贵的遗产，瓦特后来被尊称为"雷达之父"是当之无愧的。

在收到这份备忘录后没几天，蒂泽德约瓦特在伦敦的一家俱乐部共进午餐，就备忘录中的相关细节进行了叙谈。维佩利斯对瓦特的构想很感兴趣，建议立即拨款 10000 英镑开展研究。当时一名刚入职的年轻科研人员的年薪才 200 英镑左右，因此，10000 英镑是一笔不小的经费。

要想获得这样一笔经费，还需要得到空军中将道丁的支持。道丁是航空研究委员会的委员，负责领导空军的建设与发展，并主持战斗机司令部工作。道丁严肃刻板，是一个不见兔子不撒鹰的主，他已历经过太多的有关防空的奇思妙想，结果不是不切实际就是难以实际运用。因此，道丁提出，拨款前，他必须先看到具体的试验结果。

为了抓紧时间，瓦特把演示验证的时间定在了 1935 年 2 月 26 日。由于需要准备的细节太多，威尔金斯根本没有足够时间打理出一部脉冲发射机，于是，他向英国广播公司位于北安普敦郡达文特里的台站借了一部发射机。可是，广播公司使用的是连续波发射机，这给测距带来一定的难度，好在其功率足够大，更容易检测出目标的回波。威尔金斯临时又拼凑了一部接收机和一个阴极射线管显示器，用以接收和测量目标回波信号。一直忙到演示验证日的头一天晚上，威尔金斯和另一位能干的同事才赶制出一副很原始的天线。

第二天拂晓，天空微微刮着西南风，瓦特驾驶着一辆戴姆勒汽车和罗维一起，一大早从伦敦赶到达文特里。演示验证设施就架设在一片田野上，参试人员围拢在阴极射线管显示器周围，显示器上除了达文克里部分，其余信号全被屏蔽掉了。空军少校 R. S. 布勒斯克驾驶一架"黑福特"轰炸机作为目标机参试。或许是一时没有找到方向感，布勒斯克驾驶轰炸机在 3 千米的高度，4 次都从发射机波束的旁边穿过。显示器上除一条绿色的粗约 3 毫米的垂直辉亮线，偶尔脉动成约 25 毫米粗细之外，什么反应也没有。瓦特称脉动现象为"大气干扰"。

在后续试验中，在轰炸机尾部拖了一副通信天线，以加强目标回波信号。当轰炸机再次从空中飞越时，又偏到了发射机波束的东边。不过，当其反转回来时，穿越了发射机波束范围，回波信号终于出现在了显示器上，在消失前，脉动高度超过了 25 毫米。在接下来的试验中，目标回波信号清晰、很实。按每小时 160 千米的飞行速度，以及回波信号的驻留时间估计，跟踪"黑福特"轰炸机的距离达到了 12.8 千米。尽管演示验证结果离最终要达成的目标还很遥远，然而，它已经开启了一个新的纪元。瓦特不禁感叹道："英国将再次成为一个安全岛。"

罗维一回到伦敦就写出了报告："演示毫无疑问地验证了，电磁能量可以从飞机机身金属部件反射回来，而且可以被检测到。""虽然能否对飞机进行准确定位还有待进一步验证，但可以肯定，其探测到飞机的存在和在大致方位上给出的距离，要远远超出直径为 60 米的拾音设备所能达到的水平。"维佩利斯在日记中高兴地写道："道丁将军已同意出资支持这项新技术，'在合理范围内，要多少给多少'。"1935 年 4 月 13 日，财政部批准从防空科学研究委员会专项经费中，拨付 1.23 万英镑用于此项研究计划。为了掩人耳目，将该秘密项目称为无线电测向研究。

就在 1935 年 3 月 9 日，德国宣布德国空军正式成立。1935 年 3 月 24 日，当英国外交大臣访问德国首都时，希特勒当面向其夸口，德国空军的实力已经和英国不相上下，言外之意不言而喻。面对希特勒的咄咄逼人，瓦特组织的演示验证真可谓恰逢其时。

作始也简，筚路蓝缕

进入20世纪30年代，有关电磁场的理论和无线电技术的发展，已经为雷达的诞生奠定了理论和实践的基础。美国、法国、意大利、苏联和日本等国都在从事相关的科研攻关，可是，发明雷达的最后一层窗户纸却是由英国捅破的。法国诗人拉封丹说："在通向辉煌的道路上，没有一条是铺满鲜花的。"这句话也适用于瓦特研究团队发明雷达的历程。

"寻找"回波信号

为了不被外国情报机构察觉,瓦特研究团队来到了一个叫奥福特的小渔村,它位于伦敦东北方向约144千米,正对着出海口,其后面有一条河,河对岸是一片长约24千米,由沼泽及鹅卵石构成的盐碱滩,稀稀疏疏地生长着一些灌木丛。一战时,英军曾在此修建过一个简易机场和一个轰炸靶场,机场周边有几栋废弃的木制营房。瓦特相中了这块荒无人烟、当地人称之为奥福特尼斯的盐碱滩,作为研发基地。

1935年3月13日晚,威尔金斯等一行6人,乘坐2辆轿车和2辆装载仪器设备的军用卡车来到奥福特。他们将仪器设备运过河,搬入经简单修整过的营房,2人随卡车返回,4人留了下来。他们是带队的威尔金斯和助手埃迪·博文、本布里奇·贝尔和助手乔治·维利斯。

按照分工,博文负责研发发射机,其他人负责研发接收机和显示器等。他们每天早晨8点30分开始工作,经常忙到误了最后一班摆渡船,只能在简陋的工作房里过夜。博文后来回忆道:"许多个晚上,我躺在行军床上与发射机同眠,晚饭吃点干粮就一瓶啤酒,早饭也是随便凑合一下。"

初期,几乎每个周末,瓦特都要来奥福特附近的一家小旅馆,主持每周例会,检查研制进度,讨论技术问题和布置下一步工作。博文花了几周时间,设法将发射机的输出功率提高到可观的75千瓦。威尔金斯和本布里奇·贝尔设计出一台接收机和一台显示器,在输入信号的作用下,可以在显示器的水平标尺上自动显示信号的延迟时间。1935年6月中旬,在博文的工作房旁架起了2座高约22.5米的发射天线塔架。在发射天线塔架旁边不远处,在30米宽和100米长见方的4个角,架起了另外4个塔架，每 2 个塔架上各安装 1 副接收天线。整套样机经系统联调，可以开机试验了。

蒂泽德和其他委员会成员偶尔从伦敦跑来视察，不过，他们并不指望马上能看到实际演示。瓦特却更为乐观，他认为已经可以做一次实际演示了。为了做好准备，头一天，研究团队进行了一次预演。他们跟踪了一艘沿着奥福特尼斯上空巡航的飞艇，结果显示，样机掌握了约 24 千米的航程，这令研究团队兴奋不已。转天，1935 年 6 月 15 日，是一个星期六，蒂泽德等人如约前来观看演示。然而，演示开始后，样机受到电离层杂波的严重干扰，当一架"瓦伦西亚"双翼飞机穿越无线电波束覆盖空域时，只有瓦特一人声称，从显示器上发现了一个微弱的闪烁点。第二天早晨，那架飞机再次从无线电波束覆盖空域穿过，可是，这次连瓦特也没有发现任何回波信号。

研究团队十分沮丧，好在蒂泽德并没有责备，而是对迄今取得的进展表示肯定。瓦特送走蒂泽德等人后，留下与研究团队一起分析、查找失利的原因。次日，在没有对样机做改动的情况下，研究团队却意外地捕捉到了一个很强的回波信号，一架出海执行轰炸训练任务的飞艇的回波信号，非常清晰地出现在显示器上，距离约为 27 千米，样机最远将飞艇背向送出到 46 千米的距离。瓦特设法给附近的军用机场打电话，恳请他们让飞艇按原航线复飞一遍。博文后来回忆说："我们当时高兴得要发疯。"

一周前，1935 年 6 月 7 日，在英国下院，还只是一名普通议员的丘吉尔在演讲中说："防空问题有一定的范畴，就其本质而言，它基本上是一个科学问题。它涉及如何发明、发现和运用一些方法，使防空部队能够以地制空。在防空问题上只要军事和政治领导人提出充分的需求，科学总是能够提供一些方法和手段……如果一旦发明了某种放置在地面的装置，可以很容易地击落来袭的轰炸机，那么，每个国家都会感到更加安全…… 所以，英国应该对防空问题进行认真思考，并应以英国科学能够运用、国家财力可以负担的一切资源来推进防空工作。"这一观点，如今看来稀松平常，但在 20 世纪 30 年代却不同凡响。

1935年7月的一天下午，鲍德温首相告诉丘吉尔，在国防委员会下新设立了一个防空科学研究委员会，希望他能参加委员会的工作。丘吉尔成为委员后，经与牛津大学林德曼教授商议，于23日，向防空科学研究委员会提交了一份备忘录。丘吉尔说："也许会存在这种不幸的可能性，即德国当局认为，通过大规模、极为猛烈地空袭，可以在几个月甚至在几周内令一个国家屈膝投降。这种靠震撼民众心理取胜的战术思想，对德国人有极大的吸引力。……如果德国认为，在盟国军队实行动员和发动进攻之前，通过空袭大城市和屠杀平民就能迫使一国求和，那么，德国很可能在战争开始时，单独使用空军发动进攻。毋庸置疑，如果将法国和英国分隔开来，英国无疑就会成为这种进攻的牺牲品。因为，英国能够采取的反击方式，除了实施空袭报复，无非是使用海军实施海上封锁。但是，海上封锁需要相当长的时间才能奏效。

"如果我们能够制约或阻止敌人的空袭，试图通过'恐吓'来达成摧毁民众士气的可能性（恐怕这只是一种一厢情愿）也就不复存在了……一句话，我们越重视防空，防空能力越强，就越能遏制空袭的发生。"

这一思想反映了丘吉尔的远见卓识，并被二战的历史证实是正确的。

不久，研究团队又取得一项重大进展。在试验中，他们观察到一个非同寻常的回波波形，威尔金斯推断，这一波形幅度的奇怪变化表明，形成回波的空中目标不止一个，而是由3架编队飞行的飞机形成的。这一推断被进一步的试验所验证，这意味着可以依据回波幅度变化的不同，判断来袭敌机的数量。

新的研发任务

跟随研发任务的推进，英国空军又提出了新的作战需求，即除了空袭预警，样机还应该有能力将战斗机引导到足以发现轰炸机的位置。为了满足这一作战需求,不仅要提供空中目标的距离,还要同时提供空中目标的高度和方位。对于获取空中目标的高度信息,威尔金斯想出了一种对策,即使用一对设置于不同高度的接收天线,通过比较接收到的空中目标回波信号的不同相位,来获取空中目标的俯仰角,再用三角公式换算成高度。对于获取空中目标的方位信息,瓦特提出了三角交叉定位的设想,即运用部署在不同位置的 2 个站或 3 个站的探测波束的交叉点来确定空中目标的方位。但是,因难以解决同时跟踪多个空中目标时遇到的问题而不得不放弃。经过不断尝试,研究团队决定采用另一种方法来实现瓦特的设想。他们设计了一对正交偶极子天线,且一副天线略高于另一副,以等效模拟两个接收站,使用角度计来分选回波信号,以确定空中目标的方位。

1935 年 7 月 25 日,丘吉尔出席了防空科学研究委员会举行的第 4 次会议,这也是他首次出席会议。与会人员听取了蒂泽德所做的关于无线电定位的报告。报告建议空军部拟制计划,在多佛尔至奥福特尼斯一线建立若干试验站。1935 年 9 月,英国政府批准了关于构建防空本土链,首期建设 5 个无线电定位站的计划。5 个站将沿着泰恩河到南安普敦东岸部署,从上往下每隔 40 千米建一个。这条防空本土链建成后,可以成为保护泰晤士河口、伦敦,以及重要设施和交通枢纽的门户。

首批 5 个站的建设工作全面铺开后,研究团队在奥福特南边 16 千米处新获得一块名叫鲍兹的地产,那里地势平坦,适宜做无线电定位设备的整架和联调。已经扩大了的研究团队分成了两个组,防空本土链无线电定位设备的研发工作放在了鲍兹,无线电定位设备小型化及机载科研项目留在了奥福特尼斯。

空军之所以提出机载无线电定位的科研项目,是基于以下考虑:防空本土链无线电定位设备在 112 千米的探测距离内,其距离测量精度为 1.6 千米,方位测量精度只能达到 12 度,俯仰角测量精度更差。在白天良好的气象条件下,上述误差可以依赖飞行员的目视来弥补,但是,到了晚上或在能见度不好的情况下,就必须依靠无线电定位设备将飞机引导到距离目标 500 米的范围内,飞行员才有可能靠目视截获目标。

博文在继续承担发射机研发工作的同时，开始把更多的精力投向无线电定位设备的小型化及机载科研项目上。不过，对于机载科研项目，多数人并不看好。在奥福特尼斯，单单发射机就占满了一大间屋子，质量也达到了吨级的数量级。接收机也占满了另一间小屋。此外，飞机上装满了各种设备，已经十分拥挤，可以腾出装新设备的空间很有限。空军要求机载无线电定位设备的体积不能超过 0.22 立方米，重量不得超过 90 千克。还有供电问题，机上只能提供 500 瓦功率的电源，而且早已为其他设备所占用。飞机的空气动力因素也必须考虑，天线尺寸必须大幅缩小，这意味着工作波长不能大于 1 米，这远远短于当时可实现的工作波长。最后，还需满足操纵简便的要求，不然飞行员在高速、激烈的空战中就难以使用。

1936 年下半年，瓦特的研究团队遭遇了研发的瓶颈。在机载无线电定位项目方面，博文设计出一部按地面设备缩小比例的样机，然而工作波长最短只能做到 6.8 米，距离波长 1 米的要求还有很大差距。在防空本土链无线电定位项目方面也遭遇波折。1936 年 9 月的一个星期四，在已经是战斗机司令部司令的道丁等一大群高官面前，研究团队组织的汇报演示出了岔子。演示过程中，围在显示器周围的高官们什么也没有看到，一直到在接收机房内，已经可以听见参试飞机轰鸣声时，显示器上才出现反映。几天后，蒂泽德给瓦特写了封措辞非常严厉的信："星期四让我感到失望的措辞已经是很温和的了。正如你自己所言，你不得不面对这样一个现实，也就是一年来研发工作几乎毫无进展。除非你能在短时间内给出完全不同的结果，否则，我只能建议空军另谋他途。"

瓦特不得不恳求这位老板，再给几个月的时间，并称汇报演示中出现的问题主要是由新改进的发射机引起的，因时间仓促，演示前，还没有完全调整到位。为了破解研发瓶颈问题，瓦特顶着呼啸的大风，爬上了 75 米高的新建塔架，和另外几个人一起寻找解决问题的方法。经过一段时间的爬坡过坎，研究团队终于走出了低谷。1937 年 4 月，无线电定位设备的探测距离达到了 160 千米。4 个月后，在第一批建设的防空本土链 5 个站中，已经有 3 个站建成，开始担负起对海面上空进行探测的试运行任务。在世界防空史上，开创了由无线电定位设备担负防空预警任务的先河。

又一个里程碑

20世纪30年代，有关电磁场基本理论，以及相关无线电技术的发展成熟，已经为无线电定位设备的发明和创造提供了前提条件。发明无线电定位设备的最后一层窗户纸会由谁来捅破，取决于谁的军事需求更为迫切，取决于谁的科技实力及研发能力更加过硬，谁具有世界级的科技领军人才，能把基本理论和前沿技术完美结合，并在实践中一以贯之。如果一定要按照重要性排一个序的话，那么，军事需求牵引第一，科技领军人才第二，科学技术推动第三。

几乎与英国前后脚，美国、德国、法国、意大利、苏联和日本等国也在展开相关的研发工作。1922年，美国海军实验室的研究员阿尔伯特·霍伊特·泰勒和利奥·杨也做过原始无线电定位系统的演示，然而却无人待见。8年后，他们的实验还是无人问津。美国因为有两大洋的保护，地缘政治环境得天独厚，决策者对研发武器装备，尤其是防御性的武器装备，没有危机感、紧迫感。德国政治、军事领导人奉行侵略政策，最关注装甲兵团与俯冲轰炸机相结合的闪电进攻战及相关武器装备，对于防御性武器装备也不关注。意大利因人力、物力等困难，研发工作进展十分缓慢。结果，发明雷达的机会留给了英国科学家。英国超越其他竞争对手，一举拔得头筹的另一个主要原因是，其构想从开始就不只是单一的无线电定位设备，而是构建一个国家级的防空预警、指挥引导网。这一构想可谓独领风骚，至今仍为世界各国防空实践所遵循。

随着防空本土链无线电定位设备由研发转入批量生产，博文把主要精力转向机载无线电定位项目。他领导的一个小组，设法完成了接收机的小型化，进一步降低了设备耗电，并得益于新推出的功率更大的发射管，他研制出了工作波长为1.25米的发射机。虽然设备仍显庞大，装不进战斗机，但已经可以装到运输机上供试验使用。1937年8月17日，机载无线电定位设备样机进行了首次空中试验。在试验过程中，样机没有探测到空中目标，却在无意中探测到正在海面上航行的几艘船只。这一偶然事件，致使样机服务对象发生了转变,即从用于空中截击转换为首先用于空中对水面舰只的截获。当时,英国海岸防卫司令部正准备组织一次保卫海岸线的演习。演习科目设置为,红方舰队从多佛尔海峡出发驶向北海执行任务,蓝方舰队实施拦截作战。海岸防卫司令部出动飞机侦察红方舰队的行踪,为蓝方舰队提供情报支援。瓦特知悉后,主动申请利用演习场景,对样机性能进行实际测试。

演习开始的前一天,在完成最后一遍检查后,博文和助手伍德走进马特莱斯汉姆·希斯机场的军官餐厅,同飞行员纳什少校一边喝啤酒,一边议论第二天要开始的演习。纳什告诉他俩,按照他的判断,红方舰队此时一定在规划穿越英吉利海峡北上的航线。当博文还在琢磨此话的含义时,纳什突然说道:"让我们去侦察一下。"这可是个好主意,可以为第二天的任务做准备。以试验设备为名的试飞申请获得准许后,纳什、博文和伍德迅速登上已经准备好的飞机。飞机刚飞临海上,就发现了一支小舰队,"罗德尼"号战列舰、"勇敢"号航母、"南安普敦"号巡洋舰,以及6艘驱逐舰正从多佛尔海峡北上。舰队回波在样机显示器上依稀可辨。3个人高兴极了,对第二天的演习充满了信心。

1937年9月4日,星期六。早晨破晓时分,纳什等3个人来到外场。当最后一抹晨雾散尽,跑道尽头的林梢一览无余时,试验飞机腾空而起,飞越海岸线后转朝东飞去。按照演习开始的时间推算,红方舰队应该正在那个方向。不久,博文从显示器上发现了6艘飞艇的回波。这是为红方舰队设置的一个对手,即蓝方的空中侦察分队。不过,飞艇编队转朝北飞去。

试验飞机在900米的高度,沿着矩形航线展开搜索。开始,除偶尔发现一些小船的回波之外,并没有发现红方舰队的踪迹。8点,试验飞机在距离8至9.6千米的海面上发现了目标。试验飞机朝目标方向靠近,除"罗德尼"号战列舰之外,红方舰队回波悉数出现在显示器上。

红方舰队的对空观察哨发现了试验飞机,舰队开始做规避机动,试图甩掉其跟踪。信号弹从旗舰上升起,各舰向空中发射空爆弹,15架"剑鱼"战机从航母上一跃而起,其航迹在显示器上闪烁。为了规避舰载机的拦截，纳什把飞机拉升到2700米的高度，并转向北飞去，以搜索"罗德尼"号战列舰。

大约1小时后，试验飞机仍然没有发现"罗德尼"号战列舰。此时，试验飞机燃油不多了，只能放弃搜索。试验飞机将全部精力集中在搜索"罗德尼"号战列舰上，以至于没有人注意到天气正在变坏。纳什为了重新发现试验飞机自身所在的位置，不得不冲出厚厚的云层，把试验飞机降到距海面只有几百米的高度。但是水天茫茫，周围找不到任何参照物来确定和调整返航的航线。就在纳什着急时，显示器上出现了一大片海岸线的轮廓，经辨识可以肯定，这是荷兰海岸线的回波。有了这一参考方位，纳什规划出飞回机场的航线。他重新将试验飞机拉升到云层之上的安全高度飞行，直到显示器上出现英国海岸线轮廓时，才降低高度，靠目视找到了机场跑道。当试验飞机最终有惊无险地降落时，试验飞机的燃油已所剩无几。

一跳出机舱，博文就找出瓦特事先留给他的一个电话号码，向海岸防卫司令部报告。"嗯，没错。你报告的时间点和舰队位置完全吻合。"接电话的军官肯定道，"但是，你属于哪个飞行中队？"当博文表明身份后，这位军官由迷惑转为惊奇。他告诉博文，天气条件转差后，演习导调组召回了所有参演的飞机。他事先并不知道还有一架试验飞机，而且还在复杂的气象条件下发现了红方舰队的位置。

试验飞机的表现和军官的赞扬让博文激动不已："我们在参演飞机已经全部着陆的情况下，独自发现了舰队。我们还首次探测到了空中目标，而且在返航途中，无意中检验了试验飞机的导航能力。这一天的成果是无线电定位设备发明过程中的又一个里程碑。"

黑云压城,山雨欲来

1937年,在德国驻英国使馆的一间大屋子里,时任英国国会议员的丘吉尔与德国大使里宾特洛浦,就欧洲形势和两国的政策走向唇枪舌剑,你来我往。这很像是二战中英国和德国大战略博弈的一次预演。希特勒的居高临下、咄咄逼人,德国空军现实危险的倒逼,促使英国本土链雷达研发提速。二战爆发前,针对英国本土链雷达网的传闻,德国组织实施了世界上首次空中电子侦察。这一侦察因种种原因,无果而终,这也为希特勒在不列颠战役中的最终失败埋下了伏笔。

咄咄逼人的形势

1937年，国际形势波诡云谲，世界进入多事之秋。在欧洲，德国的轰炸机在西班牙上空任意肆虐；在亚洲，日本的轰炸机在中国上空为所欲为。1937年8月15日，日军出动15架九六式轰炸机，对南京实施空袭，并蛮横无理地要求在南京的外交使团和外国人士，于9月21日前撤离南京，否则后果自负。1937年9月25日，日军出动96架次飞机对南京实施狂轰滥炸，在平民中制造恐怖气氛，妄图瓦解中国的抗日士气。1937年11月6日下午，丰子恺先生正在家中伏案，对着蒋坚忍写的《日本帝国主义侵略中国史》，一面阅读，一面做札记，准备把日本侵华的历史事件用漫画的形式展现出来，绘制成《漫画日本侵华史》。14点左右，2架日本轰炸机突然出现在浙江桐乡县（现桐乡市）石门镇上空。轰炸机在低空盘旋、投弹，足足2小时才离去。丰子恺出门探看，东市房屋被烧，死了10多个人；中市凉棚被炸毁，也死了10多个人。丰子恺的缘缘堂后门口数丈之外，有5位邻居躺在地上，有的人早已殒命，有的人还在呻吟。这一天，在这只有四五百户人家，且无任何设防的小镇上，无辜平民被当场炸死32人，伤重不治而亡者达100多人。

面对日军的野蛮空袭，英国人和美国人也未能幸免。1937年12月5日，日机飞临芜湖上空，在1800米的高度向港口投弹。英国怡和洋行的"德和"号客轮被击中，2000名乘客中，有8人当场死亡；英国太古轮船公司的"大通"号轮船，因发动机被炸弹击中而搁浅；英国军舰"瓢虫"号遭到机枪扫射，舰长巴洛少校负伤；岸边一个插着英国国旗的英商仓库，被夷为平地。

1937年12月12日下午，日军第13航空队出动24架轰炸机，攻击了在长江上游航行的3艘"标准"石油公司的油轮和美国海军的"班乃岛"号（也译作"帕奈"号）炮艇。遭攻击时，"班乃岛"号炮艇正将4名美国使馆工作人员和10名美国及其他国家的记者送往安全地区。"我们刚用完午餐，就听见日军轰炸机的轰鸣声，对此我们已经习以为常了。"副艇长安德森上尉事后回忆道，"不过，这次日军重型轰炸机不是从我们头顶上飞过去轰炸陆地上的中国人的"。艇长休斯少校的腿在第一轮攻击中就被炸断了，在随后的攻击中，45名水手或乘客负伤。

安德森上尉意识到"班乃岛"号炮艇受损严重，已经无法航行靠岸，便下令弃艇。乘客和水手分乘两条救生船，登上了附近一个满是芦苇的小洲。不久，一艘日军汽艇驶近"班乃岛"号炮艇，朝飘扬着美国国旗的"班乃岛"号炮艇进行机枪扫射，随后日军士兵登上"班乃岛"号炮艇，5分钟后便扬长而去。3点54分，"班乃岛"号炮艇向右翻转，沉入江中。晚上，意大利《新闻报》记者桑德罗·桑德里、军需上士恩明格因伤势过重不治而亡。

同样是1937年，这一天，德国时任驻英国大使里宾特洛浦，在使馆的一间大房间里与英国国会议员丘吉尔进行了一番交谈。里宾特洛浦说："德国将维护不列颠帝国的伟大和广阔疆土。德国所需的只是英国不要干涉它向东欧扩张。德国需要为其日益增长的人口寻求生存空间，因此，必须得到但泽走廊及波兰的一部分。乌克兰和白俄罗斯对德国未来的生存至关重要，（德国）有求于不列颠的只是不干预而已。"丘吉尔正色道："我可以肯定，不列颠政府绝不会任由德国在东欧自由行事。"对话时，二人正站在一个巨幅世界地图前，闻听丘吉尔此话，里宾特洛浦转身向座椅走去，悻悻道："要是这样，战争就不可避免了。没有别的出路，元首已下定决心。没有什么事情能阻止他，也没有什么事情能阻止我们。"当二人重新在椅子上坐下时，丘吉尔说："你讲的战争，当然是全面战争。可是你不要低估英国，美国是一个很独特的国家，能够了解其思维的外国人并不多。不要以现在政府的政策去评判她。"丘吉尔重复道，"不要低估英国，她很聪明。如果你们迫使我们投入另一场大战，她就会带动整个世界来反对你们，就像上次大战那样"。里宾特洛浦的脸涨得通红，激动地站起身道：

"哦！英格兰可能确实很聪明，但是，这次她无法带动全世界来反对德国。"

雷达的关键突破

缘于上述形势，英国进一步加快了无线电定位设备研发和建设的步伐。在鲍兹的防空本土链研发基地，各项工作已转入正轨，一片繁忙景象。空军在那里开设了训练班，对即将分配到防空本土链无线电定位站工作的操纵员进行培训。陆军的科学家和技术人员来到研发基地，参与火控系统无线电定位设备和探照灯无线电定位设备的研发工作。海军也派出了联络官，研究如何将无线电定位设备装到舰船上去。

1938年9月，慕尼黑危机期间，已建成的无线电定位站为英国首相张伯伦的出访专机提供了近160千米的空情保障。不过，他是去为希特勒吞并捷克斯洛伐克开绿灯的。在1939年复活节之前，计划的20个防空本土链无线电定位站已经全部建成，沿着英国东部和南部海岸基本形成了一个空中预警网。在阿克斯布里奇建立了空中预警中心，依托电话网络，将部署在不同位置的无线电定位站上报的空情收集起来，经综合处理后，将其标注在一张大地图上，以反映实时空中态势，为战斗机指挥员分析情况、下定用兵决心、实施有效指挥奠定了坚实的基础。

研究人员在对无线电定位设备的探测效能进行实测时发现，工作在10米波长的无线电定位设备，其低空探测能力有限。为此，空军部又紧急追加了工作波长为1.5米的低空无线电定位设备的订单。到了年底，30个低空无线电定位站基本建成，低空探测距离可达80千米。不过，由于发射天线和接收天线是朝着海上方向固定不动的，因此，一旦敌机深入到内陆空域，还得依靠对空观察哨。虽然利用望远镜来发现空中目标，难以做到准确定位，但仍然是一种有效的补充。

1939年6月的一天，按照空军大臣的嘱托，蒂泽德专门邀请丘吉尔乘坐一架小飞机，从空中视察沿东部沿海建设的各种防空设施。事后，丘吉尔给空军大臣写了一封信：

"在蒂泽德的带领下，我到马特莱斯汉姆和波德塞视察了一天，非常有趣，很受鼓舞。如果我把一些想法提出来，或许会有所帮助。我们认为，应立即为这些重要的无线电定位站提供掩护。起初，我们觉得可以花少量经费，建一些假无线电定位站，数量可以是真实站的 2 至 3 倍。后经权衡，似乎使用烟幕做掩护更为实用。

"这个巧妙的新装置有一个弱点，就是顾及不到其背面的内陆空域。这样一来，内陆空域还得依靠对空观察哨，这好像是从 20 世纪中叶退回到了早期的石器时代。虽然，我听说对空观察哨也很有效，但是，我们迫切需要使用无线电定位站来跟踪闯入内陆上空的敌机。当然，让无线电定位站可以转过身来，探测内陆上空，还需要一段时间，而且也只有在应对主要方向有余力的情况下才现实。

"无线电定位的进步，尤其是在测距方面的应用，对海军肯定同样有很大益处，使其在能见度不良的情况下，也能有效地与敌舰交战。1914 年，德国战列巡洋舰炮击斯卡伯勒和哈特利浦时，若我们的视线能穿透浓雾，那么，命运就会完全两样。我不明白为什么海军部不甚积极。蒂泽德也指出，不论白天黑夜，不论能见度好坏，无线电定位设备都可以指示火炮准确射击，这对驱逐舰和潜艇都价值极大。我原以为这件大事早在进行之中。

"此外，敌我识别的方法，对海军同样意义重大，应该用它来完全取代不可靠且隐含风险的信号识别法。

"最后，我为已经取得的进展向你道贺。使我们这个岛国高枕无忧的第一步已经迈出，可惜我们所需要走的不仅仅是第一步，而且留给我们的时间已经不多了。"

值得一提的是，美国海军少校萨缪尔·M. 图克和 F.R. 福斯，将 Radio Detection and Ranging，即无线电探测和测距 4 个单词首字母组成了一个缩略词 Radar，音译为雷达，并于 1940 年 11 月为美国军方所采用。可能这一冠名涉及英国的发明和知识产权问题，英国开始拒不接受，坚持沿用无线电定位设备这一称谓。是时，英国的综合实力因一战、二战已江河日下，各种话语权已由英国逐渐向美国转移。到了 1943 年 7 月，无可奈何的英国，最终还是接受了雷达这一称谓。

与此同时，受空中试验取得成功的鼓舞，机载雷达的完善也取得了关键性的突破，科研样机进一步工程化。博文团队通过在飞机上加装风力发电机，获得了 800 瓦的电源，解决了机上供电不足的问题。雷达天线的布局也更加合理，一副八木发射天线被安装在机头，接收天线安装在机头两侧，以探测前向的目标；另一副发射天线安装在机身上腹部，左右两侧各安装一副接收天线，以探测位于机身两侧的目标；一个转向开关用于前向探测和机身两侧方向探测的转换。

1939 年 6 月中旬，道丁上将前来视察机载雷达研制情况。他和博文坐在一架"费尔·百特"型飞机的后舱，在俩人的头顶上方罩着一块遮挡光线的黑布，以便更好地观察雷达显示器。考虑夜间拦截目标的难度，道丁对最小发现距离尤为重视，也就是目标回波消失在杂波中之前，雷达可以将战斗机引导到距目标的最近距离。当博文告诉他，已经达到最小发现距离时，道丁朝舷窗外仔细看了看问道："在哪里？我怎么没看见目标机？"博文朝上方指了指，只见目标机几乎就在他们头顶上。"哦，上帝！"道丁命令飞行员，"立即脱离，相距太近了。"

几天后，丘吉尔也来到马特莱斯汉姆机场视察。不过，与道丁不同，他只是在地面观看机载雷达的演示。当机场指挥员向他敬礼表示欢迎时，他用夹着一支雪茄的手脱下黑色礼帽向指挥员还礼。丘吉尔虽然未在政府任职，只是下院一名普通议员，但是很有人气。与执政当局采取的绥靖政策相反，他直言战争的危险，不断撰写文章并四处奔走，大声呼吁要做好战争准备。

丘吉尔换上一顶士兵的军帽，沿着专门为他准备的一架木梯登机，将其硕大的身躯使劲挤进飞机的后舱门。目标机在机场嗡嗡作响地移动，丘吉尔兴致勃勃地观看完机载雷达的功能演示。丘吉尔走下飞机后，来到军官餐厅休息。一位军官走来恭敬地问丘吉尔要点什么，他笑容可掬地回答：

"茶，茶，再来一杯白兰地，要大杯！"

1939年8月1日，博文接到空军部的一张紧急订单，要求在1个月内为30架"布伦海姆"夜间双座战斗机加装雷达。时间太紧，雷达生产规模也有限，这是一项不可能如期完成的任务。不过，这也充分表明，随着夏日将尽，世界局势进一步恶化，空军对雷达的需求更加迫切了，可供作战准备的时间已进入倒计时。

首次空中电子侦察

二战前，德国是否也在研发雷达？对于英国沿海矗立起许多高高的塔架，是否引起过德国情报部门的怀疑呢？

众所周知，无线电波是一种电磁波，而电磁波是由德国物理学家海因里希·鲁道夫·赫兹发现和证明的。他还证明电磁波的性质与光波的性质完全相同，国际单位制中频率的单位就是以他的名字来命名的。赫兹还做过最原始的雷达实验，他在实验室的一端摆放一个金属物体，然后向其发射电磁波，观察其反射情况。如果赫兹已知光的传播速度，那么记录下电磁波往返该金属物体的时间，就可以计算出发射端到该金属物体的距离。他向海军战略家们演示了实验过程，告诉他们研发这样一种设备能够侦察海面船只，也可以用作航海辅助设备等。不过，赫兹的演示和建议并没有受到重视。

20世纪30年代初期，德国海军信号研究部的鲁道夫·库诺尔德博士，开展了利用声波探测水中物体的试验，也就是如今的声呐试验。通过试验，库诺尔德意识到，在水下可以完成的事情，在水面利用无线电波也可能完成，于是他又开始了在雷达领域的研究工作。大约在1934年10月，他组织研发的一部连续波雷达试验样机，可以探测到距离11千米的舰船。第二年，他又组织研发了一部脉冲雷达试验样机，对舰船的探测距离达到8千米。1936年春天，德国研发出工作频率为150兆赫的脉冲雷达样机，能够探测到距离 48 千米的飞机。后几经改进完善，首部工作在 125 兆赫频率，名为"弗雷亚"的对空警戒雷达，于 1938 年在德国服役。

依据自身研发雷达的进展情况，以及有关英国发展无线电测向装置的传闻，德国怀疑英国可能也在开展雷达研发方面的工作。为了切实弄清英国在防空作战方面的准备情况，尤其是雷达研发方面的进展情况，德国空军专门组织了一次空中侦察。1939 年 8 月 2 日，德国空军出动一艘"齐柏林伯爵"号飞艇，沿着英国海岸线实施空中侦察。飞艇上临时加装了电磁信号接收机和一些专门的电磁信号测量设备。除了专业信号分析人员，负责雷达业务的德国空军通信兵司令沃尔夫冈·马蒂尼亲自坐镇艇上，指挥侦察。飞艇按照事先计划，沿着英国海岸架设有发射天线塔架的一侧来回飞行，企图查明这些装置是否为雷达设备。虽然信号分析人员采用各种方法，但是，却没有侦收到可以值得怀疑的信号。一般认为，这是世界上第一次有组织和有计划的空中电子侦察行动。不过，这次行动以失败告终，究其原因可能有三：一是英军事先掌握了"齐柏林伯爵"号飞艇的侦察企图，在飞艇飞临之前，防空本土链雷达已经关机；二是信号接收机的频率范围不够宽，没有覆盖防空本土链雷达的工作频段；第三种可能，就是临时动议，准备仓促，飞艇升空后，接收机等设备发生故障，而操纵人员没有向马蒂尼报告。不管何种原因，这次不成功的空中电子侦察，不仅没有达成预期的目的，反而形成了误导，认为无须担忧英国发展雷达，即使有也还未达到德国的实用水平。1940 年 7 月中旬，不列颠战役发起前夕，在评估英国空军作战能力时，德国空军情报局长约瑟夫·贝波·施密德上将介绍了许多情况，唯独没有提及雷达，更不用说雷达在英军防空作战中的核心地位和作用。

从事后的历史演进中不难看出，1939 年 8 月 2 日，马蒂尼组织实施的空中电子侦察是一件影响深远、命运攸关的事件，其结果为德国空军在不列颠战役中的失利，以及希特勒试图征服英国，一统欧洲，乃至征服世界的最终失败埋下了伏笔。这一事件的结果，到底是历史的必然性还是历史的偶然性在起作用呢？何兆武先生说："历史不同于自然界，它有两重性，一重就是它的自然性，因为人的历史也是自然界的一部分，也是宇宙的一部分，所以它不能违背自然界的规律，因而它是必然的，是科学的；但是另一方面，它又有非科学的成分，就是它主观意志的成分，也就是以人的意志为转移的成分在里面。""决定人类历史变化的就不仅仅是不以人的意志为转移的规律，而是还有一部分是以人的意志为转移，是受到人的意志影响的。""人的努力毕竟是在历史上起作用的一个重要因素。"如果马蒂尼的空中电子侦察计划更周全、准备更充分、行动更隐蔽些，或者在第一次不成功的基础上，进一步完善手段和措施，实施第二次、第三次电子侦察，那么，二战的走向会不会发生改变呢？看来是会的。二战后，马蒂尼不无懊悔地说："我没能及早觉察到一场'高频战争'已经开始。"

跻身空战，"海狮"寿终

丘吉尔称，不列颠战役"是关系英国存亡和世界自由的著名战役"。在战役开始前，英国和德国空军可谓势均力敌、旗鼓相当。然而，经过血拼，英国空军赢得了最终的胜利，与德国空军战机的损失比为1:2，即德国空军多损失了一倍的战机。虽然英国空军最终取胜的原因有很多，但总有一个最为关键的原因。尽管对最关键原因的评说人人言殊，但是总存在一个为多数人所认可的主流评说。这里，不妨听听二战亲历者和军事史学家是如何评说的。

全新的防空样式

1939年9月1日，二战爆发。为了有效应对德国的"海狮"入侵计划，英国空军仔细评估了可供选择的防空样式，一是制空于地，出动轰炸机一举将德军作战飞机毁于地面。不过，英国空军尚不具备此种实力和能力；二是制空于空，出动战机，日夜在空中保持巡逻，随时准备歼灭入侵之敌。然而，这需要大量的人力、物力和财力，且难以持续；三是以地制空，运用防空本土链雷达网能及时发现入侵之敌的信息优势，优化调度和配置防空作战资源，准确把握拦截作战的时机及作战节奏，以逸待劳，集中用兵，始终保持空中作战的主动权。显然，应选用第三种防空样式。这种防空样式虽好，可在当时还是一种全新的样式，其效能主要取决于新建成的防空本土链雷达网能否如预期的那样充分发挥先敌感知优势，及时发出防空预警，准确引导战斗机拦截作战。

为此，英国空军组织了一系列防空演习，旨在将新建的防空本土链雷达站尽快融入防空作战体系。为了及时、准确和连续地发现、识别和跟踪来袭目标，就必须有一个雷达情报中心对来自不同雷达站上报的、经常是冗余的，有时甚至是相互矛盾的空情信息进行过滤、处理和综合。例如，两个相邻雷达站报告同一批来袭轰炸机编队时，其报出的位置信息会有所不同，如果不进行识别和综合处理，就有可能误将其当成两批来袭目标。

早在1937年8月，英国空军就在鲍兹组建了第一个试验性的雷达情报中心。随着沿英吉利海峡部署的第一批5个防空本土链雷达站开始担负战备执勤，这个中心搬入了位于伦敦郊外的空军战斗机司令部地下指挥所。英国空军将本土防空划分为6个防空区，每个防空区下辖若干个防空分区。每个防空区部署一个战斗机大队，每个大队负责2至7个防空分区，每个防空分区部署 1 至 4 个战斗机中队。每个防空区的雷达情报分中心，负责收集处理责任区内各雷达站上报的空情信息，为防空分区分配拦截作战任务，并将综合后的空情信息上报雷达情报中心。雷达情报中心综合各防空区上报的空情信息，形成英国本土空中态势图，为指挥员掌握空中全局情况，调配作战资源，下定本土防空作战决心提供决策支持。有了雷达预警，英国空军可以只把三分之一的战斗机中队部署在英格兰南部的前线机场，而把其余兵力梯次部署到不列颠中、北部机场，作为预备力量。这种分散、梯次部署的方式，不仅有利于整个群岛的防空，还可以更安全和更灵活地调用预备力量，接替在前线受损的兵力。以雷达网为依托，利用雷达情报流将指挥控制、空中截击、地面拦击连在一起，整合成一个完整防空系统的构架，使防空的效率与效能得到质的提升。这种全新的防空组织形式，在世界防空史上是一次创新，虽然还处在运转磨合期，但已经具备了现代防空系统的雏形。

在不列颠战役爆发之前，英国空军拥有各型战机 1200 余架，平均每天可升空作战的飞行员 600 余名、高炮 2000 余门、雷达 60 余部。德国空军拥各型战机 2600 余架，是英国空军战机数量的两倍多。德国空军装备的战斗机主要是梅塞施密特-109、梅塞施密特-110，英国空军装备的战斗机主要是"飓风"和"喷火"。这些战斗机的战技性能各具特点，水平基本相当。

试探、开局阶段战情

1940 年 7 月 10 日，不列颠战役拉开了序幕，至 8 月 12 日构成了不列颠战役前的试探阶段。在这一互相试探阶段，德国空军要达成的主要作战目的是，查明英国空军的部署，了解其防空作战能力。英国空军在此阶段主要是验证雷达的预警能力，摸索使用地面雷达引导空中拦截的方法，并检验其效能。通过作战实践，英国空军发现了空情组织传递过程中存在的问题，及时进行了改进和完善。例如，1940 年 7 月 11 日，有一个雷达站发现并上报一批空情，但是却没有报出具体的架数。防空区指挥员判断为敌机一批架，令防空分区派出6架"飓风"战斗机升空拦截。可是，实际出现的敌机不是一批架，而是一批由40架战斗机和轰炸机组成的机群。

1940年8月12日9点，德国空军第210试飞大队首先袭击了部署于英国南部海岸多佛尔、佩文西和莱伊的雷达站，雷达站的简易营房被摧毁，雷达停止工作。中午时分，15架容克88型轰炸机袭击了部署于怀特岛文特诺的雷达站，雷达天线被炸飞，雷达工作室起火燃烧，雷达站花了3天的时间才将雷达修复。德国空军没有发现攻击雷达站的价值，也没有利用和扩大这一攻击的战果。

1940年8月13日至9月6日，为不列颠战役第一阶段。德国空军要达成的作战目的是消灭英国空军主力，夺取制空权。在这一阶段，对英国雷达有所察觉的德国空军，持续对英国南部沿海部署的防空本土链雷达站实施了攻击，试图摧毁英国南部的雷达网。

1940年8月13日，德国空军出动容克轰炸机继续攻击英军机场和沿海岸线部署的雷达站，但未能阻止地面雷达引导战斗机的拦截作战，英国空军以损失14架战斗机的代价，击落德国空军战机43架。

1940年8月15日，德国空军第1、2轰炸机联队袭击了部署于肯特郡的雷达站及周围的城镇。德国空军损失战机72架，英国空军损失32架。

1940年8月16日，德国空军再次猛烈攻击位于肯特郡、汉普郡和苏塞克斯郡的机场和雷达站。由于空中投弹很难直接命中雷达天线塔架，加上英军组织严密的地面防空火力，德国空军未达成摧毁雷达站的预期目的。

1940年8月18日，德国空军第77轰炸机联队，炸毁了防空本土链中的一个关键雷达站——波林站，这对英格兰南部的防空体系构成了巨大的压力。波林站一直到月底才恢复运转。

1940年8月30日，英国空军经历了不列颠战役中最为惨痛的一天。当天，有5个防空分区的6个雷达站遭到猛烈空袭，损伤十分严重，英国南部的雷达网濒临崩溃的边缘。

在 1940 年 8 月 24 日至 9 月 6 日的空中攻防作战中，英国空军飞行员 103 人战死，128 名重伤，466 架"飓风"和"喷火"战斗机被击毁或损伤严重。道丁上将事后坦承，如果德国空军继续保持空中进攻战略目标不变，已遭重创的英国空军可能无法继续组织有效抗击。

就在这攸关英国命运的时刻，两起不相关的偶然事件，为英国赢得了喘息之机。

首先，德军情报部门获悉，在英国沿海架设的雷达天线高塔，虽被炸得千疮百孔，但仍在辐射雷达信号。实际上，英军采用了欺骗战术，在受损雷达站架设了普通的发射机，通过继续辐射信号，佯装雷达站没有停止工作，诱导德军情报部门得出错误结论：尽管付出了重大代价——德国空军摧毁了若干雷达站，但其核心部分位于地下，仍照常运转，并未对英国的防空系统构成实质性影响。德国空军司令戈林向司令部参谋人员发话："是否继续攻击雷达站值得打一个问号。按照收集到的证据，遭到攻击的雷达站迄今没有一部丧失工作能力。"德国空军随即停止了对雷达站的进攻。

其次，1940 年 8 月 24 日，德国空军轰炸机在执行轰炸罗彻斯特及储油设施任务时，阴差阳错地飞越了泰晤士河，最后将炸弹投向了伦敦。这一举动激怒了丘吉尔，他下令在第二天晚上及接下来的一周，出动轰炸机空袭柏林。这些轰炸并没有给柏林造成太大的损失，却令希特勒痛感颜面大失，发誓要实施报复。德国空军情报局长等人认为，在彻底打垮英国空军之前，对英军的机场及防空设施的攻击不应停止。然而，戈林还是执意按照希特勒的意思行事，将空中进攻的主力及打击的重点目标转向了伦敦。

丘吉尔亲自督战

1940 年 9 月 7 日至 10 月底，不列颠战役转入第二阶段。在此阶段，德国空军试图通过大规模空袭伦敦，迫使英国屈服。1940年9月7日下午，德国空军出动348架轰炸机，在617架战斗机的掩护下，对伦敦进行了连续12小时的狂轰滥炸。伦敦城里多处起火，火光熊熊。空袭造成近360人死亡。在1940年9月8日和9日夜晚，德国空军继续猛烈轰炸伦敦，又造成近800人死亡，伦敦损失惨重。不过，德国空军空袭目标的转移，无意中为道丁赢得了宝贵的喘息之机。等到戈林重新将打击重点目标对准英国空军有生力量时，英国空军机场的基础设施经过抢修，基本功能得以恢复；防空本土链雷达网也得以重组和恢复；一批有生力量充实了防空预备队，英军的防空系统重新焕发活力。

1940年9月15日是一个星期天，这天天气晴朗，德军将发起新一轮大规模空袭。日理万机的丘吉尔首相下决心把手头的事情先放一下，驱车前往驻扎于尤科斯布里奇空军基地的第11战斗机大队，想亲身体验一下防空作战的实况。部署于该基地的防空区指挥所，负责组织实施英国南部及首都伦敦的防空作战任务，下辖6个防空分区和25个战斗机中队。显然，在6个防空区中，该防空区最为关键，任务也最重。丘吉尔跟随第11战斗机大队指挥员凯斯·帕克少将进入了距离地面约15米深的地下指挥所。当二人沿着扶梯往下走的时候，帕克告诉丘吉尔："不知道今天会有何战事。目前平安无事。"

地下指挥所外观像是一个两层的小剧场，一层是空情处理室及表图大厅，二层是指挥、控制室。丘吉尔来到位于二层正中间的一间屋子，透过玻璃，可以看见楼下大厅空情标图桌。空情标图桌上铺着一张包括英国本土、法国北部及比利时和荷兰沿海的大比例尺地图，上面用间断线划分出了英国南部及相邻防空区的责任范围。20多名头戴耳机的男兵及妇女辅助队队员，每人手握一支木耙，围绕在标图桌旁标图，不时将代表英军和德军战机的木制标牌移动到地图上的相应位置。其中，英国空军中队用一块A形木牌表示，在一侧标示的数据，分别表示飞行高度以及批号，顶上插着一面小旗，用红色标明的数字代表中队代号；德军战机用圆木块表示，上面标示的数据，如"30+"或"40+"分别表示德军战机30多架或40多架。用这种方式，将复杂的空中态势清晰地展现在标图桌上。在一层其他屋子里，挤满了专门负责接收、处理各雷达站上报空情的士兵，他们按照每分钟一次的传递速率将综合后的空情报给标图桌旁的标图员。

一层大厅，正对着二层指挥室的墙壁上覆盖了一块大黑板，上面划分为 6 列。每列代表一个防空分区，每列下面的行，代表防空分区所辖的战斗机中队，每个战斗机中队所在行，又细分出 7 个子行，代表其所处的具体状态。当位于第 7 子行上的灯点亮时，表示该中队已做好一等战斗准备，能够在两分钟内上升作战；当位于第 6 子行上的灯点亮时，表示该中队已做好二等战斗准备，能够在 5 分钟内升空作战；当位于第 5 子行上的灯点亮时，表示该中队已做好三等战斗准备，能够在 20 分钟内升空作战；当位于第 4 子行上的灯点亮时，表示该中队已经升空；当位于第 3 子行上的灯点亮时，表示该中队已经发现敌机；当位于第 2 子行上的灯——红色灯——点亮时，表示该中队正在交战；当位于第 1 子行上的灯点亮时，表示该中队正在返航。在黑板的右侧显示着最新的天气预报信息，以及防空气球施放的高度等数据资料。黑板上还挂着一个对时用的时钟。

用玻璃墙隔断的左边屋子，是对空观察情报室，有 4 至 5 名军官负责分析和判断所收到的对空观察情报。当时，有 5 万多人在对空观察哨服役，他们依靠望远镜和电话机上报深入英国内陆上空的敌机情报（受早期雷达水平制约，部署在沿海一线的雷达站还无法掌握其背后的空情）。1941 年 10 月 18 日，时任驻英国大使顾维钧，参观了爱丁堡地区民防司令部指挥所。那里的军官人数不多，秩序井然。指挥所配备了标图桌和一个电话交换台。标图桌上铺有一张英国本土地图，并以 1 平方英里（约 2.6 平方千米）为单位将其划分成网格状。一旦收到对空观察哨上报的敌机情报，由标图员用直尺和笔将其标注在相应的方格上，同时向防空区指挥所报告，并向相邻地区的民防司令部通报。

用玻璃墙隔断的右边屋子，是由陆军负责的高炮部队指挥室。值班军官负责组织与空军的协调，按照事先规定的空域和高度，区分防空作战任务，以防误伤。

1940 年 9 月 15 日，大约在中午 11 点，空情标图员开始忙碌起来，雷达上报的空情显示，40多架敌机正从迪耶普地区机场方向飞来。依据战斗机中队在第7子行上灯点亮的数量，可知有若干个战斗机中队将在2分钟内升空迎战。不久，雷达上报的空情显示，又分别有20多架和40多架敌机飞来。顿时，在英格兰南部地图上布满了双方战机的指示牌。空情标图员每分钟更新一次空情态势信息，敌情仍连续不断地出现在标图桌上，40多架、60多架，最多的一批为80多架。

11点30分，根据黑板上的灯显示，已有两个中队正在实施拦截作战，另有9个中队已经飞临待战空域并发现敌机。依据"飓风"战斗机的性能指标，起飞后，大约需要花10分钟的时间才能爬升到6千米的高度。

随着空战的激烈展开，帕克少将不时下达调配使用战斗机的补充指示。一位作战参谋依据其指示，拟制成具体的作战命令，并下达给防空分区。作战参谋还根据标图桌上出现的新情况，传令相应中队立即升空至待战空域巡逻。帕克在屋子里来回踱步，警惕地注视着空中瞬息万变的战况，检查作战参谋下达的口令是否正确及各中队执行命令的情况。转眼间，帕克手中的预备队已悉数投入战场。黑板上的灯显示，有些中队已经开始返航，机场要做好加油和重新装弹的准备。帕克拿起电话直接向空战指挥部的道丁报告当前战况，请求从邻近的防空区抽调3个中队归其指挥，以防返场加油的中队遭敌偷袭。虽然邻近防空区的兵力也很紧张，道丁还是同意了帕克的请求。未几，新转隶作为预备队的3个中队也投入了空战。丘吉尔从帕克脸上的表情觉察到其心中的焦灼不安。一直观战不语的丘吉尔开口问道："我们还有其他预备队吗？""没有，一点也没有了。"帕克摇摇头回答。丘吉尔听后，心情十分沉重。丘吉尔在二战回忆录中写道："我当时十分焦虑，如果返场加油的飞机遭遇40多架或50多架敌机的突袭，那么我们将损失殆尽！"

5分钟后，帕克的战斗机中队大部分已经降落在机场上，加油车、弹药车在跑道上来回穿梭，飞行员在抓紧时间喘息。此时的机场上空一览无余，帕克已经派不出任何掩护机场的兵力了。"遭袭的可能性极大，幸免的机会极小，生死存亡悬于一线。"丘吉尔这样追忆当时的心境。突然，标图桌上的最新空情显示，德军机群开始掉头向东运动，防空区内没有出现新的来袭编队。又过了 10 分钟,这场空战终于画上了句号。当丘吉尔如释重负地回到地面上时,空袭解除的警报正好拉响。"首相,我们很高兴,你能亲自临阵督战。"帕克说道,"当然,在最后的 20 分钟,空情实在太多,我们已经捉襟见肘。你一定看出了我们力量的极限所在。今天的空战已经远远超出了我们力量的极限。"

16 点 30 分,身心俱疲的丘吉尔回到契克斯的住所后,上床倒头就睡,直到晚上 8 点才醒来。他的私人秘书约翰·马丁拿着一摞世界情况汇总向他做晚间汇报。"尽是些不如意的消息。"丘吉尔后来回忆道,"不是这里出了问题,就是那里误了时机,或是某某的答复令人不满意,再就是大西洋上又有许多船只沉没。"不过,马丁在结束报告时说:"这一切都由今天的空战补偿了。我们一共击落敌机 183 架,而自己只损失了不到 40 架。"后经核实,当天实际击落敌机 56 架。不过,1940 年 9 月 15 日仍然是不列颠战役中十分关键的一天。因为,就在两天后,希特勒决定无限期地推迟入侵英国的"海狮"计划。

雷达的地位和作用

根据白天的观战情况,丘吉尔口授了一封信,发给内阁秘书处军事组雅各布上校:

"(1)一年多前,我们全都认为,不久在内陆地区就可以遍设雷达站。然而,现在依然完全依靠对空观察哨。不错,对空观察哨成效显著,但是,遇到像昨天那样的天气,就难以观察准确。我相信,如果在内陆地区哪怕只建五六个雷达站,就会为空中拦截作战带来莫大的好处。这对于威特海角的希尔内斯岛上空而言尤为重要,因为这里可能是进袭伦敦的主要航路。据我所知,有些雷达站存有两套设备,以作备份之用,或许可以重新调配这些备份雷达,用在其他需要的地方,将其投入防空作战,我认为此事非常紧迫。

"（2）明天是周一，空军费尔德中将应召集科学界相关权威人士讨论，并于当天向我报告：①在内陆地区建立雷达站的必要性；②建成后的实际效用，即或在只能建少数几个雷达站的情况下，有效发挥作用所需的时间。他应拿出方案，尽早使 6 个或 12 个雷达站在内陆地区投入战斗，同时，还要组织好备份雷达的储备。

"（3）如果提出的方案计划切实可行，我将亲自交给飞机生产大臣。"

丘吉尔对雷达使用和建设的思考并非观战后的临时起意，实际上，为了指导 1941 年的军需工作。1940 年 9 月 3 日，即在不列颠战役犹酣之际，丘吉尔就发布了一项关于军需工作优先权的指示："鉴于德国陆军和空军装备规模巨大，我们的任务，正如军需大臣所提醒的那样，确实十分艰巨。不过，这次战争绝不是一场双方投入大批人员，相互发射大量炮弹的战争。唯有发明新武器，尤其是借助科学的指导，才能最有效地应对敌人的数量优势。例如，正在从事的一系列发明，以便在空中或地面，在任何能见度的条件下，也能发现和命中敌人的飞机。如果这些发明能够实现我们的预期目标，则不但战略形势，而且军需情况也会发生极大改观……因此，我们必须像优先重视空军那样，重视前途无量的雷达领域，实际上，它也是空军的一个主要组成部分。延揽优秀科研人员，加强对研究人员以及操纵此类新兵器人员的培训，是我们应当优先考虑和努力工作的方向。"从中不难看出，雷达在丘吉尔心目中所具有的重要地位。

要量化分析评估，雷达在不列颠战役中所发挥的作用实为不易，然而，依据逻辑推理，可以做出定性的分析评估。在不列颠战役发起前，英国空军和德国空军可谓旗鼓相当，不相上下。德国空军在飞机和飞行员数量上占有优势，数量之比接近 2∶1；英国战斗机在质量上略占优势，但远未达到"代别差"的程度；在指挥员、飞行员及参谋人员的素质和训练水平上，两国空军难分伯仲，就士气而言也基本相当。总的来看，在不考虑雷达的情况下，开战前，两国空军的实力基本持平，处于一种均势状态。按照这一前提条件，不列颠战役的空战损失比应该是 1∶1，而实际损失比却是 2∶1，即德国空军多损失了 1 倍的战机。在势均力敌的情况下，为什么会出现这样的结果，恐怕只能从英国防空本土链雷达上去找原因。因为，相对于德国空军，英国空军对空中战场的感知能力更及时、更强大。用当今的术语讲，就是空中战场环境对英国空军形成了单向透明。正是由于雷达的发明与运用，才使天空由不可防御转变为可以防御；正是由于雷达夺取了空中信息优势，英国空军才能以逸待劳，以合适兵力，在合适时机，合适空域，实施最有效的拦截。德军战机同英军战机的空战损失比，才会成为 2:1，而不是 1:1。雷达为不列颠战役的胜利做出了实质性和关键性的贡献。

在不列颠战役中，时任德国空军第 3 航空队作战部长，后出任德国空军参谋总长的维尔纳·克莱佩在回忆录中说："在整个不列颠战役的日间作战阶段，最让我们感到头痛的意外可能就是雷达的出现了。这在当时是一种新发明，而我们对其却一无所知。在德国战斗机和轰炸机临近英国空域时，它能够及时向英国人发出预警。雷达的投入使用，使英国空军可以识破德军的佯攻，并将力量集中在真正需要的方向。因此，英国空军的效率至少提高了两倍。"美国军事史学家詹姆斯·莱西和威廉森·默里在《激战时刻：改变世界的二十场战争》一书中说，在不列颠战役中，"英国拥有的最大优势在于过去 5 年里构想和发展的一套防空体系。从技术角度讲，雷达为英国的胜利做出了重要贡献。由雷达和对空观察哨获取的空中情报，使英国空军能更好地组织协调防空各要素的反应，从而能最有效地应对德国空军发动的猛烈空袭。"

烽火连天，狼烟预警

丘吉尔在《第二次世界大战回忆录》中专门讲述了在不列颠战役期间，英国对空观察哨的规模和所做出的贡献："在对空观察哨执勤的男女青年有5万多人。当时，雷达还处于发展初期，它可以及时发现飞临英国海岸线的敌机，并发出空袭警报。但是，当敌机窜入内陆地区及飞临空袭目标上空后，就要靠配备望远镜和电话机的对空观察哨提供空情。在一场空战中，他们往往要上报上千批空情。"说到这里，不妨先把欧洲的战事暂且放一放，把目光转向中国抗日战场。在当时积贫积弱的情况下，中国是如何为反空袭作战提供空中情报的？

早期的对空观察哨

那时的中国一穷二白,雷达对中国军队而言无疑是方外之物,遥不可及。中国的防空预警,只能完全依靠配备简陋的观察、通信设备的对空观察哨。1935年,在浙江沿海的一些岛屿上,中国建立了最早的对空观察哨,主要为杭州笕桥机场提供空袭预警情报。由于日军不断地侵略扩张,在1937年7月"卢沟桥事变"前,中国空军开始在上海、杭州和南京的三角地区构建防空预警网。在澳大利亚籍通信工程师马利的帮助下,使用电话线和电报设备将部署在上述地区的对空观察哨连接起来,组成一个整体,可以及时、连续提供空袭预警情报。为了防御日军夜间的空袭,南京周围还部署了数十部探照灯,所形成的探照灯网,覆盖了南京城区上空,可以基本保障城市防空的需求。在《巨流河》一书中,齐邦媛写下了她在南京亲历的空袭警报声、随后的飞机轰鸣声和炸弹爆炸声:"(1937年)8月15日起,日机已经开始轰炸了,第一枚炸弹投在明故宫机场……空袭警报有时早上即响起,到日落才解除……夜晚,月光明亮的时候敌机也来,警报的鸣声加倍凄凉。在紧急警报一长两短的急切声后不久,就听到飞机沉重地临近,接着是爆裂的炸弹与天际的火光。"

淞沪战役期间,位于浙江沿海的对空观察哨,最先经历了战斗的洗礼。1937年8月14日下午,日军从台湾机场出动两批10余架九六式轰炸机,准备偷袭杭州笕桥和安徽广德机场。沿海附近岛屿上的对空观察哨,首先发现了来袭的轰炸机编队。当轰炸机编队从温州地区上空进入时,又被部署于青田的对空观察哨所掌握,并及时将空情传递到笕桥机场。16点,中国空军第4大队第21中队9架战机正好从河南周家口机场赶到。飞机刚着陆,就获悉日机已飞临诸暨上空,21中队连加油都来不及,就立即升空迎战。由于空袭预警及时、连续和准确，日军轰炸笕桥机场的6架九六式轰炸机，被击落了3架，第21中队损失为零。

随着抗战的全面展开，新建立的对空观察哨陆续覆盖了日占区以外的各个角落。许多对空观察哨的工作条件十分艰苦，有的连基本的观察、报知设施都不具备。在内陆偏远地区，因山高路险、通信设施缺乏等原因，对空观察哨还在使用最原始的手段传递和发布空袭预警情报。1940年4月的一天早晨，两架日军侦察机从武汉机场起飞，飞往重庆执行侦察任务。据日军飞行员河内山让回忆，当飞越湖北恩施上空时，他看见在晨雾弥漫的山谷中，防空观察哨相继点燃了黄色的狼烟，其交接传递的速度比飞机的速度还快。1小时后，当侦察机沿着长江飞临重庆上空时，接到空袭警报的中国空军战机已经升空迎战。

柳无忌先生在《南岳山中的临时大学文学院》一文中回忆："'七七事变'之时，我任教的南开大学被炸，有一天，我忽然接到通知，说南开已与北大、清华在长沙组织临时大学，即将开学，要我立刻前去参加……文学院学生80余人，他们（11月16日）来到后，南岳山中顿时热闹起来……山中交通甚为不便，无报纸可看，大家便聚在一起闲谈，长沙有人来就去打听消息，而消息越来越坏。南京失守，长沙遭轰炸。号称世外桃源的南岳山中，也受两次空袭警报的威胁，铿锵的锣鼓声打破了山居的沉寂。"

当时，在防空作战中，遇到的最大问题是难以把握空袭动态情报。没有实时、准确和连续的空中动态情报，指挥员就难以判断轰炸机到达的时间及准确位置，要想组织战斗机实施有效拦截，无疑如大海捞针。中国早期的防空预警网，发现空情后，使用电话、电报，甚至狼烟报告一个大概的空中目标情况。这种空袭预警方式，对于担负城市的防空预警任务尚可，对于保障战斗机及时升空、实施有效拦截作战就力不从心了。

1938年2月18日，天还未亮，汉口王家墩机场就陆续响起空袭警报声。依据收到的空情报告判断，日机有空袭成都的企图。午饭前，机场指挥员命令第4大队23中队飞往孝感拦截来袭日机。23中队飞临孝感上空后，经搜索并没有发现日机，便返回王家墩机场。正午时分，对空观察哨又传来空情报告，有日机向汉口进袭。第 4 大队大队长李桂丹随即下达了作战编组命令：由四架伊-15 战斗机组成第 1 战斗群，担负截击任务，长机为李桂丹；第 22 中队的七架伊-15 为第 2 战斗群，担负截击任务，长机为中队长刘志汉；第 21 中队的七架伊-15 为第 3 战斗群，担负支援掩护任务，长机为中队长董明德；刚从孝感返回的第 23 中队 10 架伊-16 为第 4 战斗群，担负截击任务，长机为占基淳。由于对空观察哨无法提供实时动态空情，具体的起飞时间一直定不下来。挨到午后，指挥员张廷孟才下达起飞命令，可是，为时已晚，错过了最佳的起飞时机。

第 1 战斗群起飞 3 分钟，高度只及百余米时，驾驶 3 号机的张光明发现了位于后上方的敌机群，于是迅速靠拢长机，用手势示警，但长机仍率领机群以大仰角爬升高度。见 10 余架日机已从身后俯冲而下，张光明立即做侧滑飞行，规避日机的射击。可是，长机被击中起火，2 号机和 4 号机也先后被击落。

第 2 战斗群刚爬升至 2 千米左右的高度，也遭到从四五千米高空俯冲下来的日机袭击，双方进入了缠斗。第 3 战斗群见势，折向西北方向，并迅速爬升到有利高度。之后，与及时赶到的第 4 战斗群一同俯冲而下，解救第 2 战斗群。混战中，共击落日机 12 架，第 4 大队损失战机 8 架，阵亡 5 人，伤 1 人。

当日来袭日机，共有战斗机 30 架，轰炸机 15 架。如果空袭预警及时、准确和完整的话，第 4 大队就可以提前 10 分钟升空，抢占有利高度迎战，就有可能给敌机以毁灭性的打击。大队长李桂丹、中队长占基淳就有可能避免无谓的牺牲。据张光明日后回忆，在武汉会战期间，通常日机从芜湖、安庆机场起飞后，直到过了九江，飞抵鄱阳湖时，空袭警报才会拉响，能为战斗机提供的战斗准备时间过于短促。这样一来，飞行员必须随时在战机旁待命，时值夏季，武汉的天气十分湿热，飞行员只能打赤膊在机翼下躲太阳。空袭警报一响，飞行员又要立即穿上羊皮飞行服，在紧急起飞过程中汗流浃背。可是一旦升到高空，气温骤降到零下数十度，背上的汗水立刻凝结，粘在身上寒冷刺骨，苦不堪言。

中国空军第 2 大队第 11 中队队长龚颖澄日记记载："1938 年 7 月 16 日 10 点，据报敌机 18 架由通山向北进袭武汉。不到 30 分钟，敌机已临空，我机虽已升空，但因高度不够，且尚未远离，被击落战斗机 2 架，轻型轰炸机 2 架。此皆空袭警报延误所至，痛哉！

"7 月 19 日 8 时许，武汉突发空袭警报，不久，敌机已侵入上空。时适我一队轰炸机正在降落，我等在地面焦急万分，示警无效，结果 201 号机在滑行中被炸毁，梁国璋足踝受伤，林兆元严重灼伤，机枪手曹如章当场被炸死。3004 号机则在半空被击落，机枪手边相林遇救，高威廉因不谙游泳溺毙，轰炸员祁正杋随机坠毁殒命。1500 号机在地面被炸毁。统计我损失 3 架轻型轰炸机，3 人阵亡，3 人受伤，损失惨重。"

张治中将军在回忆录中，也记载了一个因没有实时、准确和连续的空中动态情报，致使其身陷险境的案例。1939 年 3 月至 1940 年 9 月，张治中任侍从室第一处主任。一天，他随蒋介石去广西柳州开会。早上 8 点到，住羊角山。11 点，"忽来警报，但接着并无消息。我陪蒋吃午饭，吃完了，也没有听到（新的）情报。蒋已休息了。我从楼上下来，也准备休息一下，刚把上衣脱掉，忽然想起：何不打一个电话问问防空司令部？刚拿电话筒到手，只听得一片'轰、轰'的声音，敌机袭来了！赶忙穿上衣服，叫副官速请蒋下楼。这时，敌机业已临头。附近并没有好的防空洞，只有一个一丈（约 3.3 米）多深的天然石洞，我随蒋进去躲避。敌机共五六十架，9 架一批，分批来袭，集中投弹，前后左右，落弹数百颗，洞内泥土翻滚，我和蒋坐在里面，躺在地下的随从人员，一个个都被泥土掩蔽了⋯⋯假使敌机不先在柳州城内兜一个圈子，那更危险。"

防空预警网的完善

通过总结实战经验，中国空军进一步加强了防空预警网的建设和完善：开展对空观察哨员的培训，使其学会判断机型和架数的方法；规范空情传递、处理的程序，力求空情保障及时、准确和连续；为关键对空观察哨配备手摇式发射电台和简易密码；在日军机场附近设立监视站，只要日机一起飞，就通过电台向防控指挥部发报，报告日军起飞的机型、数量、起飞时间等，待其返航后，报告着陆的机型、数量及伤亡情况；通过技术侦察手段，掌握日机通信动态，通过日机之间相互联络的数量，来推断其出动的架数。随着实战经验的积累，负责处置空情的人员，能够对来自不同渠道的空情进行相互验证，综合处理，提高了防空预警网的效率与效能。

1941年12月7日，珍珠港事件爆发，美国志愿援华航空队两个飞行中队的34架P-40战机从缅甸转场到昆明，并在郊外建立了一个空军基地，以保卫云南。到1941年12月19日，通过不懈努力，美国志愿援华航空队指挥所已经和云南的防空预警网相互联通，还与监听站建立了联系。时任美国志愿援华航空队指挥员的陈纳德回忆："自从10月中旬以来，我一直为没有预警系统而担心，现在总算可以松一口气了。"

1941年12月20日9点45分，陈纳德接到空情报告：10架从越南老街机场起飞的日军轰炸机，已飞越云南边境，正向北飞来。随着日机不断向中国境内深入，云南防空预警网接连传来空情报告："X-10号对空观察哨听到巨大的发动机轰鸣声""P-8号对空观察哨上空发现来历不明飞机""C-23号对空观察哨上空有多架飞机飞过的声音"。根据防空预警网陆续传来的空情报告，在美国志愿援华航空队指挥所的标图板上已经形成一条航迹，清晰地标出日军轰炸机已飞临昆明以东约80千米的空域。

陈纳德立即命令第2中队的一个4机编队前去拦截，另一个4机编队在昆明上空实施掩护；第1中队16架战机作为预备队，在昆明以西集结待命，做好在关键时刻出击的准备。不久，从指挥所吱啦作响的无线电收信机中传出空中编队对话的声音：

"他们来了！"

"不对，那不可能是日本小子。"

"看那些红色的圆球。"

"干掉它们。"

接着是一阵令人揪心的沉寂。陈纳德根据新的空中态势，命令作为预备队的第 1 中队飞往位于昆明东南约 48 千米的宜良，它处于日机可能会经过的航线上。不一会儿，防空预警网报告，日军轰炸机已掉头返回印度支那方向。接着，无线电收信机传出猛烈地枪炮声。未几，收到空中报告：大批日军轰炸机在宜良附近山区被击落。那天，来袭的 10 架日军轰炸机被击落了 9 架，美国志愿援华航空队只有 1 架战机迫降，飞行员受轻伤。

对于这场漂亮的反空袭作战，何兆武先生是这样记叙的："那天下午空气依然清新如常，我想也许是高原上空气稀薄的缘故，看得清楚极了，就见一些飞机在天上来回盘旋，速度非常之快，声音也非常好听。我们虽是外行，可是一看就知道那是一种新型的飞机，非常先进。第二天又有警报，日本飞机又来了，可是那天很有意思，大概他们也知道美国的志愿队来了，所以不像以前那样排着大队伍，只是试探性地来了 10 架，而且也没能到达昆明上空。第二天我们看报纸才知道，那 10 架飞机全军覆没（原文如此），都给打下来了。自从那天起，以后就再没警报了。"

当时，美国志愿援华航空队及后来的美军第 14 航空队，最缺乏的是飞机燃油和飞机零备件，日军掌握了美军的这一弱点，在加大空袭中国空军基地频度的同时，还经常变换空袭的节奏，以到达拖垮和耗尽美军战斗力的目的。进入 1943 年 7 月后，日军不时发起空中进攻，企图夺回制空权。那时，美军第 14 航空队经常会从各种渠道收到一些不实的空袭情报，如果没有防空预警网的及时修正，第 14 航空队仅有的一点燃油和战机可能会被消耗殆尽。

不可磨灭的功绩

防空预警网除了严密监视和实时提供日机的进袭情报，还为迷航的美军飞机提供导航，为因飞机失事跳伞的飞行员提供紧急救助，还协助美军技术人员搜寻日军坠毁的飞机。1942年4月18日，杜立特中校率领由16架B-25轰炸机组成的编队，从"大黄蜂"号航母甲板上起飞，首次对日本东京、川崎、横须贺、名古屋、神户等地进行了轰炸。完成任务后，杜立特编队中，除一架因迷航降落在苏联的符拉迪沃斯托克外，其余15架飞到中国，在浙江衢州和临近江西的山区迫降。75名机组人员中，3人在迫降或跳伞中死亡，8人被日军抓获，其余64人，包括杜立特中校，在第一时间得到中国军民救援，并被安全地护送到重庆。

这次轰炸行动，极大地振奋了美国人民的士气，也使日本天皇恼羞成怒。几天后，裕仁签发命令，要求对浙江全省和长江以南毗邻地区进行扫荡。美国作家戴维·贝尔加米尼在《天皇与日本国命：裕仁天皇引导的日本军国之路》一书中写道："（日军）在最后一架美军飞机坠落仅两周后便扑向浙江。他们持续蹂躏面积相当于宾夕法尼亚州的整个浙江和毗邻的江西地区达3个月之久，到最终于1942年8月中旬撤走时，他们已屠杀了25万名中国人，其中大多数是平民。美军飞行员在西去重庆途中，那些曾款待过他们的村庄被夷为平地，男女老幼都被刺死。"在谈到中国军民对杜立特轰炸机群的帮助时，陈纳德将军写下了这样一段文字："为了报复杜立特轰炸机群对日本的空袭，日军把血腥的屠刀直插进中国东部地区的中心地带，烧杀抢掠。在约5200万平方米的范围内施行'三光政策'。捣毁可供飞机降落的场地，杀光被怀疑帮助过杜立特轰炸机群的中国人。美军轰炸机群经过的村庄被洗劫一空，连孩子都不放过……中国人为杜立特轰炸付出了惨重的代价，但是他们从来没有抱怨过。在之后的战争岁月里，他们对那些迫降在日占区的美军飞行员的帮助也从未犹豫过。上百名美军空勤和地勤人员能够活到今天，多亏了那些中国人的救助。而带领他们返回安全地带的农民、游击队员和士兵都很清楚，一旦被日军发现，他们就会被处死，他们的全家连同邻居都会被杀光，但是，他们没有退缩。当做出巨大牺牲的中国人听到那些从未参加过作战的美国官员，咧开大嘴，把个人不快归咎于中国人在抗日战争中不肯做出牺牲时，他们的气愤可想而知。"

随着抗日战争转入相持阶段，云南成了中国通向外部世界的主要门户，昆明机场成为连接重庆与印度、越南和香港（后两者在被日军占领前）的交通枢纽，也是美国运输机飞越"驼峰"喜马拉雅山后的中转基地。云南逐渐成为抗战中上报空情最多的省份。日军侵占海南岛后，以其为基地，不断对中国的几个航校所在地实施空袭，先是对柳州，后又对昆明。为了有效应对日机的威胁，云南成为对空观察哨最早使用无线电传递空情的省份之一。当时，相关部门先设法从香港把所需的无线电零部件秘密带入云南，然后在美国通信技术人员的指导帮助下，再将其组装成无线电台。有了无线电通信手段，就可以将分布在云南各地的对空观察哨连成一体，组织成一个防空预警网，以覆盖日军从海南岛向云南进袭的所有航路。据此，驻在昆明的美国空军可以获得足够的预警时间，从容不迫地迎击日军的空袭；在昆明的老百姓可以依据防空警报，及时疏散隐蔽。

根据汪曾祺先生的记忆：防空警报有3种。一是预行警报，在昆明的制高点五华山挂3个红气球，表示日军飞机已经起飞；二是空袭警报，汽笛声一短一长，表示日军飞机已进入云南省境；三是紧急警报，汽笛发出连续短音，表示日军飞机朝昆明飞来。

当年在西南联大任教的费孝通先生在《疏散》一文中说："跑警报已经成了日常的课程，经验丰富后，很能从容应付。警报密的时候，天天有。偶然也隔几天来一次……10点左右是最可能放警报的。一跑可能有三四个钟头，要下午一两点才能回来。所以，一吃过早点，我太太就煮饭，警报来时，饭也熟了，闷在锅里，跑警报回来，一热就可以吃了……

"1940年9月，我们就是这样过去的，到10月初还是这样。到后来，敌机哪天要来，连轰炸的目标，事先都会知道，而且又不常错的。"

日军南进侵占了印度支那和缅甸之后，云南的防空预警网还相应地进行了延伸和拓展，以覆盖日军新的进袭路线。最多时，位于云南地区的对空观察哨达到了165个，其中不少站建在极其偏远的高山上，有的连最简易的道路都没有，需要依靠空中投送补给。在荒无人烟、缺少基本生活保障的条件下，对空观察哨的官兵们依然恪尽职守。还有的对空观察哨遭日军空袭及日军特攻队的袭击，官兵们献出了宝贵的生命。但无论环境艰险，还是流血牺牲，他们都不离不弃，始终保持对空观察哨的正常运转。

据陈纳德将军回忆，驼峰航线作为中国与外界联系的唯一通道之所以没被切断，沿驼峰航线的中国机场之所以能成功抵御日军无数次疯狂空袭，是因为云南的防空预警网起到了至关重要的作用。1944年圣诞节前夜，一架从印度支那起飞的日机，偷袭了一批刚从驼峰飞来，正在昆明上空盘旋、准备降落的美国运输机。那天，防空预警网报告，发现"一批不明身份"的飞机从云南边境朝昆明方向飞来。但是，当晚值班的美军军官不相信这一空袭预警报告，因而没有及时做好应对准备。这是驻昆明基地的美军，唯一一次被日机偷袭得逞。

为了表彰和激励对空观察哨的官兵，有一次，陈纳德将军还特地把一份美国空军行动的战报，摘要制成中文传单，散发到各个对空观察哨。让在那里战斗的官兵了解，对空观察哨是如何帮助中美两国空军取得空战胜利的，让在那里战斗的官兵知道，对空观察哨在空战中所发挥的不可或缺的作用，让在那里战斗的官兵自豪，每次击落敌机都有他们的一份功劳。在抗日战争胜利前夕，陈纳德将军特地从美国民防部门要了几千枚为防空预警人员制作的奖章，送到在对空观察哨日复一日、年复一年顽强战斗的官兵手上，以表达对他们崇高的敬意。

距艰苦卓绝的抗日战争结束已经过去70多年，当年在对空观察哨战斗的老兵们，如今还健在的屈指可数。他们的姓名，如同他们已经逝去的战友，在史书上鲜有记载，难以寻觅。然而，他们建立的功绩，历久弥新，永远鼓舞后来人，担当生前事，不计身后名。

看似寻常，意蕴深远

　　用现在的眼光来看，谐振腔磁控管可谓二战中十分重要的科技发明之一。正因为有了谐振腔磁控管，才彻底解决了微波雷达心脏不过关的问题，英国和美国才能研发出波长更短的微波雷达，不仅提高了雷达的探测精度，还为雷达小型化得以装备战斗机扫清了关键技术障碍。更为重要的是，英国和美国把原先在雷达技术领域与其不相上下的纳粹德国及轴心国家远远甩在了身后，从而使微波雷达投入大西洋战场后，达成了技术上的突然性，起到了撒手锏的作用。

　　战后迄今，英国在大功率微波器件的研发领域，诸如大功率微波行波管等，一直保持着技术领先优势，这与其研发起点较高不无关系。发明谐振腔磁控管（法国科学家也做出了贡献）的是英国两名年青的科研人员，研发大功率微波器件并不是他们的主业。在严酷的战争年代，在十分简陋的工作环境条件下，他们却一举攻克了这一世界级的难题，个中缘由仍值得回味和思索。

研发大功率微波器件

从研发雷达伊始，瓦特已经认识到微波雷达的诸多优点。在提交防空研究委员会的第二份备忘录中，瓦特表达了对工作波长更短的微波雷达发展前景的关注。微波雷达的天线尺寸可以做得比较小，能够提高距离和方位的探测精度，还能够分辨米波雷达不易区分的几个相邻目标，抗地杂波影响的能力也更强。微波雷达虽具有上述优点，但问题是当时的微波功率管可以产生的功率太小。功率管如同雷达的心脏，其性能指标不符合要求，要想研发出满足作战需求的微波雷达是不可能的，这也是前文提到过的博文，费了九牛二虎之力，却始终无法完成机载厘米波雷达研制项目的根本原因。

为了寻求解决这一卡脖子的问题，1939年年初，由英国海军部牵头成立了一个专委会，以协调、推动在微波领域顶尖的两所大学——牛津大学和伯明翰大学，为军方研发微波雷达服务。牛津大学卡莱顿实验室接下了设计、研发微波接收机的任务，伯明翰大学物理系接下了设计、研发10厘米波长雷达发射机的任务。

这年夏天，伯明翰大学物理系实验室主任马库斯·奥利芬教授，著名物理学家卢瑟福的学生，带领实验室的人员来到空军部署于怀特岛的文特诺雷达站，现场考察和听取雷达技术发展情况的介绍。其间，二战爆发，奥利芬把兰德尔和布特留在雷达站，进一步跟班见学。等到他们俩返回学校时，研发10厘米波发射机的主要工作已分工完毕，于是，奥利芬让俩人做一些辅助性的研究工作，其中一项是把德国一家公司生产的电真空管运用于微波检波器的方法研究。

兰德尔 35 岁，曾在德国学习无线电物理学，他长得短小精悍，充满活力，来到大学实验室任助理研究员之前，已是通用电器公司的一名无线电物理专家。布特比兰德尔小 12 岁，正在攻读硕士学位。俩人对受领的研究项目颇感失落，因为其纯属应用型研究，与科技前沿不怎么沾边。不过工作中，他们还是毫不马虎。兰德尔带着布特设计了一个微波检波器，在选用功率源时，颇费了一番功夫。当时，能够产生微波功率的电真空管有两种，一种是速调管，再就是磁控管。磁控管相比速调管要更简单些，兰德尔选择了磁控管。接着，俩人为研究项目设计了一款特殊磁铁。在等待磁铁加工制作的时候，俩人顺便对磁控管和速调管的工作原理做了一番详细梳理。磁控管由磁铁和真空管构成，从真空管一端的阴极发出的电子流，在磁场的作用下，沿着一条弯曲的路径到达真空管的另一端阳极，以完成能量转换，形成微波功率源。其存在的主要问题是，因阳极散热效率低，功率损耗比较大。在微波波段，磁控管能够产生的最大功率只有 30 至 40 瓦。速调管的名字源于希腊字"klyzo"，原意为涌上海滩的波浪碎成浪花，借用其表示将电子流分成若干电子束，从而把输入直流电携带的部分能量转换为高频交流电能量输出。速调管存在的主要问题是，阴极太小，制约了可以发出的电子数量；难以将大功率施加到高度聚焦的电子流中。俩人在切磋、碰撞的过程中，不由擦出一个思想火花：如果把两种管子结合在一起，组合成一支新管子，可不可以充分发挥二者的优点，互补二者原先的不足呢？这一想法挺有吸引力，可是两种管子的结构不同，要想将其组合在一起，最为关键的是，要使速调管甜圈形的腔体结构能够适配于磁控管的阴极和阳极结构。简而言之，就是要制作一个圆柱形的对称谐振腔，以构成一种新型的磁控管。可是，这种想法及构架具有理论依据支撑吗？如果有，理论依据又在哪里呢？

兰德尔想起了前些年，他携带妻儿去威尔士海滨小镇——阿伯里斯特威斯度假，一天散步时，随兴走进一家二手书店，书架上一本德国科学家赫兹写的《电波》的英译本引起了他的兴趣。在这本书中，赫兹描述了火花间隙试验的著名场景：基于一个导线环所构成的谐振腔，产生了高频无线电振荡。（另一种说法是，兰德尔在德国留学时，读过赫兹的一篇论文，文中有相关论述）。兰德尔突发联想，如果把这个导线环延展成一个立体的导线圈，不就变成了一个圆柱形的谐振腔吗？而且赫兹业已证明，这种谐振腔产生的电磁波长等于导线环直径的 7.94 倍。

1939 年 11 月的一天下午（具体日期兰德尔已无从记起），兰德尔将其由联想产生的灵感与布特做了交流，布特认为这一想法值得付诸一试。为了符合 10 厘米波长的要求，布特计算出谐振腔的直径应为 1.2 厘米。兰德尔在一个信封上画出了谐振腔构造的草图——一个对称分布在阴极周围的 6 孔槽阳极谐振腔。或许得益于奥利芬对他们的异想天开、胆大妄为撒手、放任，俩人从废旧金属零件中淘出了可用的物件，动手加工制作、组装实验装置。

1940 年 2 月 21 日，在一间用木板搭建的简易房里，兰德尔和布特对实验装置做了最后一遍检查。这个实验装置包括：一套汽车前照明灯，一个像发动机转子模样的金属圆柱体，其内壁对称地分布着若干个孔槽，以及将二者连接在一起的导线等。在布特将电源开关闭合的瞬间，连接导线上发出一个蓝色的电弧，6 瓦的汽车前灯刚被点亮就烧坏了。试验初步验证了兰德尔构想的可行性。在接下来的几天时间里，俩人进一步深入实验，逐步用实验装置点亮更大功率的灯泡，直至把霓虹灯点亮。很明显，实验装置的脉冲输出功率已达到近 500 瓦，这样的输出功率已可以满足研发 10 厘米波长发射机的需求。为保险起见，俩人采用"李切尔线"来精确测量输出功率的波长，经过 24 次反复测量，布特确信，波长为 9.5 厘米。至此，兰德尔和布特似乎在不经意间已然创新了大功率微波的产生方式。

如果说科学技术是一种成体系的知识，具有普适性、必然性，可以传授，那么科学研究的艺术则是一种创造性的本领，具有特殊性、偶然性，难以言传。兰德尔和布特之所以能够取得成功，这恐怕只能从他们宽松的工作环境，两人丰富的想象力，善于捕捉的直觉，做事的认真执着，脑子里没有条条框框中去找寻答案吧。《科学研究的艺术》一书的作者贝弗里奇说："一个伟大的科学家应被看作一个创造性的艺术家，把他看成一个仅仅按照逻辑规则和实验规章办事的人是非常错误的。""在科学研究中，诚然和在日常生活中一样，我们经常必须根据个人的判断来决定自己的行动。而个人判断的依据则是鉴赏力。唯有科学研究的细节，在纯客观、纯理性这个意义上才是'科学'的……科学研究是一种艺术，不是科学。"

对于兰德尔和布特的发明，丘吉尔在二战回忆录中不无自豪地写道："电波越短，飞机上雷达显示器的回波图像就越清晰。这种电波称为微波，而产生这种微波的器件完全是我们英国人发明的，这是海上和陆上无线电斗争中的一大创新。"现在回过头来看，在微波核心器件上的技术突破，使英国在雷达领域把原先与其不分上下的德国远远甩在了身后，且在二战中这一技术发挥了难以估量的巨大作用。

测试微波雷达

这种新型的谐振腔磁控管运用的物理定律虽然不难理解，但是有关电子迁徙，以及在恒定磁场和恒定电场作用下，电子是如何完成能量转换任务的理论细节，在很大程度上还是个谜。兰德尔和布特的构想和设计，基本上依据猜想以及实证经验，为此，实验室主任奥利芬对实验结果持谨慎乐观态度。他将实验结果严格保密，支持和鼓励他俩继续做更深入的试验验证。兰德尔和布特在提高管子稳定性和可靠性的同时，还对其功能做了拓展。他们设计出 8 孔槽、14 孔槽和 30 孔槽谐振腔磁控管，并进一步缩短了工作波长。管子的输出功率也得到进一步提升，6 孔槽谐振腔磁控管的脉冲输出功率达到了 12 至 15 千瓦，约为原型管的 30 倍，比速调管及其他电真空管至少高出了 1000 倍。为了将科研样品工程化，伯明翰大学将设计资料转交给了通用电气公司，以实现工艺化、标准化及量产。

到了 1940 年 7 月 19 日，第一批量产出来的谐振腔磁控管运抵电信研究所，由菲利普·I. 迪领导的研发团队，使用这种微波管研发厘米波雷达。在延揽了原属博文机载雷达项目组的伯纳德·洛威尔和阿兰·霍德金后，在很短的时间里，该研发团队就拿出了一部原理性样机。1940 年 8 月 12 日，样机被安装在一个转台上做试验，结果跟踪到一架在几千米之外，沿着多塞特海岸线飞行的飞机。这是第一次基于谐振腔磁控管的微波雷达探测到空中目标，瓦特闻讯后，立即和罗维一起赶来察看。

第二天下午，研发团队的一名技术员骑着一辆自行车，后架上固定着一块锡箔板，沿着多塞特海边的一段悬崖公路来回兜圈子。如果使用米波雷达探测，如此低的仰角，从锡箔板反射回来的信号无疑会被淹没在强烈的地物杂波中。但是，依据洛威尔的观察记录："当我们转动抛物面天线跟踪自行车运动时，在阴极射线管显示器上闪现出回波信号。"这表明，利用微波雷达探测低空目标的梦想朝实现迈进了一大步。1940 年 11 月，样机又发现、跟踪到在多塞特附近海域游弋的一艘英国海军潜艇的指挥塔。

原理性样机的验证试验获得成功后，按照抗击德军夜间轰炸的军事需求，研发团队全力以赴地展开 10 厘米波长的机载雷达研制工作，包括提高发射机工作的稳定性，完善天线性能，为接收机提供更好的检波器等基础工作。与此同时，电信研究所还要开展为陆军和海军微波雷达服务的专项研发计划。陆军防空与发展部门关注的是跟踪精度更高的高射炮瞄准雷达，海军部则关注新型的舰载雷达。面临如此庞大的军事需求，生产能力不足的问题日益突出。新发明的谐振腔磁控管，尽管其运用潜力巨大，毕竟还属于初创阶段，还有一些性能指标需要进一步完善，制造工艺、标准化，以及大规模量产的问题也急需解决。英国工业生产基础虽然很好，但是，二战爆发后，英国的海上运输供应线遭到德军潜艇的破袭，造成生产原材料匮乏，再加上人力资源的严重不足，实际的工业产能萎缩，根本无法满足战争的巨大需求。

英国不得不把目光投向了大洋彼岸的美国。实际上，早在 1939 年年底，蒂泽德就设想组成一个技术代表团访问美国，向其披露雷达和其他核心军事技术秘密，以换取美国的合作与支持，充分利用和发挥美国的巨大工业潜力，迅速将这些新技术、新发明转换成实用的军事装备。刚开始提出这一计划时，政府部门间的意见不尽一致，主要表现为，是无偿提供还是以秘密换取秘密，例如，英国空军非常希望获得美国诺顿公司研发的机载轰炸机瞄准具的技术细节。1940 年 5 月，丘吉尔出任战时首相，在与美国商谈以英国的海外基地换取 50 艘驱逐舰时，丘吉尔就表现出战略上的高瞻远瞩："当然，这 50 艘经过修理的驱逐舰，既陈旧而且效能低下，而美国从享有这些海岛基地（指英国所属的西印度群岛基地）使用权所得到的战略上安全则是永久的。所以，二者之间的真正价值当然是难以比较的。但是入侵的威胁以及在英吉利海峡对大量舰只的需求，使我们刻不容缓地需要获得美国的驱逐舰。再说，这些海岛只有对美国才具有战略价值。""正如我一向认为的，英国的生存与美国的生存是分不开的，在我和我的同僚看来，将这些基地交到美国人手里，实际上是有利的。因此，我没有只从英国人的视角，以狭隘的眼光来看待这个问题。"丘吉尔拍板决定，访美技术代表团不附加任何条件，以尽快促成美国的通力合作与支持。

"蒂泽德使团"出使美国

蒂泽德临危受命，出任代表团团长后，立即着手组团及确定技术交流的项目。他挑选约翰·考克罗夫特作为副手，考克罗夫特是世界上第一台粒子加速器的设计者，由他向美国人介绍雷达领域的项目，以及其他技术项目。博文作为雷达专家负责介绍谐振腔磁控管及机载雷达项目。此外，由陆海空三军各派一名军官，负责依据最新的作战实践，提出具体的军事需求。来自空军部的亚瑟·埃德加·伍德沃德纳特任代表团秘书。

1940 年 8 月 7 日，博文造访了位于伦敦郊区温布利的通用电气公司，听取了谐振腔磁控管的工作原理及制作工艺介绍。4 天后，他再次来到公司实验室，从第一批生产出来的管子中挑选了一支谐振腔磁控管，放入一只黑色金属公文箱里并上好锁。博文随身携带这只箱子，乘地铁来到军需部，将这只箱子交予卫兵保管。1940 年 8 月 28 日晚，博文从军需部取出箱子，叫了辆出租车，把他送到坎伯兰旅馆，那里距离伦敦的尤斯顿火车站很近。

博文携带的这只金属公文箱个头有点大，放不进旅馆的保险柜，只好塞在床铺底下，这让博文一夜都未睡踏实。第二天一大早，在上出租车时，司机坚持要把金属公文箱与其他行李一起搁在车厢顶上，博文一路上悬着颗心，生怕车厢顶上的金属公文箱会发生什么闪失。好在一路无碍，8点15分前，博文抵达尤斯顿火车站，一位车站的行李员将这只金属公文箱扛在肩上，大步流星地走向火车站，博文紧随其后，两眼死死盯着在来来往往的人群中晃动的金属公文箱。其实，车站前的人群中，没有人关注博文的那只金属公文箱，可博文并不这么想。这一天离二战爆发一周年只剩5天的时间，英国正遭遇历史上最阴暗的时期之一。从挪威到法国沿岸，德军对英国已形成包围之势。德国空军正在实施猛烈的空袭，入侵英国的计划正在按计划展开。冥冥之中，博文有种预感：自己携带的这只金属公文箱里，蕴藏着影响战争进程和改变英国人命运的力量，因而容不得半点闪失。

8点30分，开往利物浦的列车已经停靠在站台旁，博文从行李员手中接过金属公文箱时，舒了口气。他上车找到了预订的头等包厢，只见窗帘已经拉开，靠窗的小桌上放了张座位预留的告示。博文落座后，望着对面空着的席位，心里想坐在那的会是一位什么样的旅客呢？

直到开车前几分钟，一位衣着讲究，修饰整洁的先生走进包厢，在博文对面坐下后，随手拿出张报纸阅读起来。火车快起动时，有几个旅客推开厢门，看到还有地方可坐十分兴奋。不料这位神秘的伴侣把眼睛一瞪，厉声说道："出去！没看见这是专门预留的吗？""那几个人吓坏了。"博文事后回忆道，"之后，一路上再没有遇到任何打扰。"

火车喘着气徐徐驶入利物浦车站，博文遵嘱没有下车，对面那位一路不语的伴侣也依旧坐着，好像报纸还未看完。不一会，站台上来了一队全副武装的士兵，一名军士长派了3名士兵上车取走金属公文箱，并放进停在不远处的一辆汽车里。陪同博文一路的神秘伴侣卷起报纸，稍稍向其点了点头，就转身离去。

在格莱斯顿码头，博文登上"里士满公爵夫人"号客轮，与技术代表团的主要成员会合，后来常将这一技术代表团称为"蒂泽德使团"。蒂泽德和空军代表F. L.皮尔斯上校已在几天前，乘飞机飞往大西洋彼岸。伍德沃德纳特将那只金属公文箱锁在一个坚固的舱室内，只有他和一名军方代表持有舱室的钥匙。一旦在海上遭遇德军的袭击,他俩负责把金属公文箱里的秘密投入大海。

当天晚上,客轮离开码头,沿着默西河驶向爱尔兰海。就在晚饭后,德军空袭了利物浦,有几枚炸弹在航线附近爆炸,船长临时决定在靠近默西河口处停泊一夜。1940年8月30日早晨,客轮再次起航,只见河面上漂浮着一些被炸毁船只的残骸,有几艘扫雷舰在前面扫雷,后面还有2艘驱逐舰,一直将客轮护送到公海上。

客轮开足马力,采用之字形航线全速前进,以规避德军潜艇可能发动的袭击。在横渡大西洋的途中,考克罗夫特对客轮遭鱼雷攻击后,金属公文箱随同客轮一同沉没的概率做了个有趣的计算,结论是,由于金属公文箱的框架上均匀分布的小孔,其漂浮在海面上的概率很大。

1940年9月5日晚,客轮驶向纽芬兰的开普雷斯,第二天破晓时分,驶入哈利法克斯港,在那里,博文等5人换乘火车前往美国华盛顿,在一家酒店,同先期到达的蒂泽德会合。

"蒂泽德使团"冒着危险,历经辛苦,将世界上顶级的科技产品,也是战争中的核心机密,带到大洋彼岸,准备无偿地与美国同人分享,以实现丘吉尔的战略目标。那么,到了美国后他们会遇到什么样的际遇呢?能够完成他们的使命任务吗?

远涉重洋，点燃炉火

虽然丘吉尔深谋远虑，力排众议，把世界上最尖端的谐振腔磁控管及其研发技术无偿地与美国分享，可是，"蒂泽德使团"在美国的说服工作，依然经历了由怀疑、不解到理解的磨合过程。即使在完全理解了谐振腔磁控管的作用和意义之后，在美国建立生产线，形成相应的工艺标准，把科研样品转变成工程化、标准化和批量化的产品，并在此基础上研发出微波雷达，也需要时日，不可能一蹴而就。但是，战争形势逼人，不列颠防空战役尚未结束，空间范围更广，持续时间更长，战斗更加激烈的大西洋战役已然拉开了帷幕。美国这只"巨大的锅炉"，能否为反法西斯同盟国贡献充足的抵抗热量？

初步接触

1940年8月22日,蒂泽德抵达华盛顿,不过,并没有如他所期望的那样,有人出面为他接风洗尘。好在转天,美国海军部长诺克斯会见了他,为双方的技术交流确立了基本的规则和程序。1940年8月26日,罗斯福总统接见了蒂泽德,在表示欢迎的同时,又向其解释,出于政治考虑,美国还不能与英国共享诺顿轰炸瞄准具的技术细节。两天后,蒂泽德与美国国防研究委员会主席万尼瓦尔·布什接上头。布什了解微波领域的前沿发展情况,不过,尚不知情英国已经研制出谐振腔磁控管,蒂泽德在交谈中也没有透露他带了一只谐振腔磁控管来到美国。布什表示,国防研究委员会非常希望与"蒂泽德使团"进行技术交流与合作,但目前还有待于美国军方的批准和安排。蒂泽德在日记中对美国的漫不经心颇有微词:"对我的任务没有做出行政上的安排,既无办公室,也无打字员,十分恼人。"

博文等其他代表团成员到达后,"蒂泽德使团"先与美国军方进行了技术交流,在不透露谐振腔磁控管秘密的前提下,蒂泽德要求代表团成员,尽可能给美国军方留下英国技术非常先进的印象。

在战争部和海军研究实验室,考克罗夫特和博文花了一周时间,向美军详细介绍了英国在米波雷达研究领域取得的成就,包括在不列颠战役中使用防空本土链雷达网的具体细节,以及在反潜雷达和敌我识别器方面的技术突破。美军方也向代表团展示了自己的研究成果。通过交流,双方了解到,英国和美国在20世纪30年代中期各自独立地掌握了雷达技术,相差时间也就几个月。英国防空本土链低空探测雷达与美海军的 CXAM 雷达技术性能相近,工作在相同的频率。在雷达接收机方面,美国的技术水平要更高一些。不过，美国尚没有开展机载雷达和敌我识别器等项目的研发，尤其是在微波领域，还没有找到能够产生足够大功率的方法。其间，美海军有个别要人，对与英国分享雷达关键技术抱有怀疑、甚至抵触情绪。

直到 1940 年 9 月 16 日，美军方才正式批准国防研究委员会参加技术交流。3 天后，国防研究委员会下设的微波分会主席艾尔弗雷德·卢米斯在一家酒店举行派对，首次与"蒂泽德使团"进行技术交流。卢米斯向英国同行坦承，在研发厘米波雷达方面遭遇了技术瓶颈，关键是找不到能够产生足够大功率的电真空器件，也不知道下一步该如何走。到了这个时候，蒂泽德才让博文和考克罗夫特从金属公文箱中亮出了手中的王牌——谐振腔磁控管，并说它可以在 10 厘米波段输出 10 千瓦的脉冲功率，这大约是美国同波段微波管输出功率的 1000 倍，一下子把美国同行给镇住了。这样大小的一个装置竟然能产生如此大的微波功率？美国同行惊讶之余，心中也不免带有些许疑问。

1940 年 9 月 28 日，星期六，为了释疑解惑，卢米斯派车把微波委员会的其他关键成员接到自己的庄园，与"蒂泽德使团"进一步探讨谐振腔磁控管及其在雷达领域可能引发的变革。这些成员中有卡罗尔·威尔逊和爱德华·鲍尔斯，后者是麻省理工学院的教授，也是微波委员会的秘书。

或许是为了做一点铺垫，烘托一下气氛，卢米斯花了一整天时间，先向与会人员介绍了美国的先进技术。在附近的一个机场，他展示了一部连续波微波雷达原理样机，该样机采用速调管发射机。开机演示中，雷达探测到一架"古德伊尔"双座飞机，跟踪距离达到约 1.6 千米。晚上，卢米斯又展望了无线电技术拓展到微波领域可能会带来哪些收益。

直到第二天晚上，卢米斯终于让博文和考克罗夫特拿出谐振腔磁控管，以及设计蓝图和技术图纸。大家坐在一起，围绕着谐振腔磁控管的工作原理、运用和发展前景，进行了近 3 小时的深入研讨。博文后来回忆："整个客厅里充满了一种触电般的气氛——要让他们理解，眼前这么小的装置能产生如此大的微波功率，还真不是件容易的事。他们更难以相信，摆在面前的小装置会成为拯救盟军事业的救星。"实际上，爱德华·鲍尔斯悟出了其中的玄机，并表示出由衷的钦佩："哇，我们坐在那里唯一能做的就是赞叹。"战后，美国科学研究与发展局的历史学家詹姆斯·菲尼·巴克斯特在其《与时间竞争的科学家》一书中称，谐振腔磁控管是二战中，"从海外运到美国最具价值的货物"，此言不虚。

合作研发

  1940年10月初，蒂泽德在启程回国前，专门嘱咐留在美国的博文，推动和帮助美国制造出谐振腔磁控管"是你最值得干的事业"。几天后，博文将谐振腔磁控管带到贝尔实验室，希望与实验室主任默文·凯利一起具体研究谐振腔磁控管的设计、制造细节及技术规范。不过，凯利则希望先组织一次通电测试，如果谐振腔磁控管的确能够达到所说的性能指标，贝尔实验室愿意马上组织量产。

  1940年10月6日，博文和贝尔实验室的鲍恩等人，在实验室着手谐振腔磁控管在美国的首次通电测试。博文检查完磁场，把灯丝电压调整到所需的电位时，心里不由地感到一阵紧张。这支谐振腔磁控管经历了约4800千米的海上长途颠簸，迄今已有近两个月未经加电测试，会出现什么意外吗？"我小心翼翼地给阴极加上电压，在输出端立即出现约1英寸（约2.54厘米）长的辉光放电。"博文回忆，"我以前从未见过这种现象，大家都十分惊奇，觉得不可思议。"据现场估算，最大输出功率在10至15千瓦。贝尔实验室正在为美国海军研发40厘米波长的雷达，其电真空管的输出功率只有其七分之一。谐振腔磁控管的功率因数，比美国微波领域的任何一款电真空管都要大出许多，当时世界上还没有其他国家能够达到如此先进的水平。

  转天，兴奋劲还没有完全过去的博文，突然接到凯利从贝尔实验室打来的电话，让他立即到实验室一趟，却没有说具体缘由。正在外地出差的博文有点丈二和尚摸不着头脑："哦！上帝，不会把管子给弄炸了吧？"第二天一大早，博文搭乘最早一班航班飞回纽约。当他赶到贝尔实验室时，凯利和其他几名助手已在等候。会议桌上放着那只谐振腔磁控管，设计蓝图摊在一旁。贝尔实验室用X射线检查表明，该管子有8个谐振腔孔槽，而不是设计蓝图上所示的6个。这下把博文给弄懵了，他亲手挑选、带来的管子明明是6个谐振腔孔槽，怎么会变成了8个呢？他不得不与国内通用电气公司通话。刚开始，通用电气公司也被弄懵了，不过，很快查清了事情的原委。原来第一批试制的12只管子中，有10支是标称的6孔槽谐振腔，在试制其余两支管子时，通用电气公司别出心裁，一支被试制成7孔槽，另一支被试制成8孔槽。在为"蒂泽德使团"出访做准备时，匆忙中，通用电气公司实验室忘了这一细节，博文在无意中挑中的管子正好是8孔槽。真相终于大白，可是新的问题接踵而至，贝尔实验室是按照设计蓝图制造，还是按照眼前的样管复制呢？经反复商议，多数意见认为应该参照设计蓝图，按照样管复制。这就造成，英国早期生产的谐振腔磁控管是6孔槽结构，而美国生产的是8孔槽结构。

卢米斯得知谐振腔磁控管通电测试成功的消息后，激动地告诉其表兄，时任美国战争部长史汀生："英国人的发明把美国微波雷达研发计划整整向前推进了两年。"从根本上解决了美国在雷达小型化、上飞机等科研项目上遭遇的瓶颈问题。美国国防研究会委员一致认为，除了在现有基础上加快各项工作的进展，还应在美国建立一个实验中心，专门从事与谐振腔磁控管相匹配的接收机、发射机和天线组件等的研究，为发展机载截击雷达、反潜搜索雷达、轰炸瞄准雷达和高炮瞄准雷达奠定理论和实践的基础。经综合权衡，这个实验中心建在了麻省理工学院，对外称辐射实验室，人员主要从各知名大学的科学家和教授中遴选，到1941年2月中旬，已经有30名科研精英加盟。实验室的主任是李·A.杜布里奇。辐射实验室的建立与运行，推动了美国在微波雷达领域实现了跨越式的发展。正如辐射实验室的物理学家，诺贝尔物理学奖获得者欧内斯·O.劳伦斯所言，他曾对英国的抵抗持悲观态度，可是雷达的出现"改变了胜算的概率，让我们尽快行动起来，竭尽我们所能去帮助英国人。"

在"蒂泽德使团"带来的冲击下，美国的科研部门开始紧锣密鼓地规划和推进雷达，尤其是微波雷达的研发工作。但毕竟刚刚起步，据估计即使在人力、财力和物力充分保障的情况下，也至少需要两年的时间才能生产出实用的雷达装备。这让博文和考克罗夫特有点坐不住了，战争形势逼人，英国随时有可能遭到德军的大规模入侵。在卢米斯组织的一次任务讨论会上，博文和考克罗夫特和盘托出了英国的军事急需，其中，放在首位的是机载截击雷达，它对于有效抗击德军的夜间轰炸至关重要；机载远程导航系统排在第二位，它有助于英国轰炸机准确飞临德国上空投弹；排在第三位的是高炮瞄准雷达，它能提升高炮的命中精度。俩人还提出了战术和技术要求清单，并提交了相应的研制技术规范。会后，路密斯召集美国研究团队，就加快机载雷达的研发工作进行协调，明确了抛物面天线、中频放大器和阴极射线管显示器等部件的研发单位；明确要求贝尔实验室在1个月内，交付5支谐振腔磁控管。不过，美国的机载雷达研发团队，除了能够从博文身上分享一些经验，在机载雷达研制方面没有任何实际经验，这注定了机载雷达的研发不会一帆风顺。

1942年春季，在波士顿港附近海域，辐射实验室的诺曼·拉姆齐研究团队组织了一次3厘米波长验证性雷达样机的飞行试验。他们在海面上设置锡罐和油桶来模拟潜艇的潜望镜，可是，当飞机做巡航飞行时，雷达平面位置显示器上没有出现目标回波。一位研究团队成员通过机内电话告诉飞行员："带我们去找一艘小船试试。"飞行员回答："好的。"并很快补充道，"发现一艘小船。"可是，雷达显示器上依然没有反应。拉姆齐接过话筒对飞行员说："再找一艘更大点的船。"如此重复了数次，雷达显示器上依然没有任何反应。最终，飞行员不耐烦地回答："我们正从'玛丽皇后'号邮轮上空飞过。"

迫切需求

一方面微波雷达的研发尚需要时日，急不得；另一方面欧洲战场的形势，咄咄逼人，时不我待，而且复杂多变。英国本土面临的空中威胁在逐渐减少的时候，来自海外，尤其是大西洋上的威胁却与日俱增，压得英国喘不过气来。丘吉尔万分焦虑："在纷至沓来的严重事件中，有一件事最令人感到不安。战斗可胜可负，冒险可成可败，领土可得可失，但是支配我们全部力量，使我们能够进行战争，甚至得以生存下去的关键问题是，控制远洋航线及船舶可以自由出入港口。敌人潜艇在速度、续航力及活动半径方面都在不断改进，能够从北起挪威北角、南至西班牙奥特格尔角的漫长海岸线上任意一个港口或海湾出击，摧毁我们海上运输粮食和商品的船队。""我对于海上战斗的忧虑，远胜过对不列颠光荣空战的忧虑。"

二战之初，德军潜艇部队司令邓尼茨就认为："要使英国彻底屈服，最省时的策略就是占领英国。不过，先决条件是必须夺取英吉利海峡的制海权和制空权。第二种策略是占领地中海，把英国赶出近东。但是，英国即使失去地中海及近东，其所受到的严重打击也只是间接的，因为这并未对英国本土安全及攸关其生命的海上交通线构成直接的和致命的威胁。要迫使英国求和，只有采取第三种策略，即袭击英国的海上交通线，这是对英国最直接的打击。英国的海上交通线与英国民族的命运休戚相关，英国要进行战争非依赖海上交通线不可。一旦海上交通线面临生死存亡的危险，英国的政策必定会做出反应。"

为此，邓尼茨集中潜艇兵力，瞄准英国的阿喀琉斯之踵——海上运输船队，利用大西洋夜幕的掩护，采用"狼群战术"，从水面快速发起攻击，猛烈攻击英国防御最薄弱之点——海上运输船队。1940年6月，在大西洋上，德军每艘潜艇每个出航日平均击沉舰船吨位数为514吨，7月为593吨，8月达到664吨，9月攀升到758吨，10月飙升到920吨。同期，德军只损失了6艘潜艇。这些击沉的吨位数意味着什么呢，按照美国空军的测算："假如潜艇击沉2艘6000吨位的商船和1艘3000吨位的油船，那么损失为42辆坦克、8门152毫米的榴弹炮、88门87.6毫米火炮、40门40毫米火炮、24辆装甲侦察车、50挺布朗式自动机枪、5210吨弹药、600支步枪、428吨坦克配件、2000吨储备品及1000桶汽油。如果这3艘船能安然抵港和卸载，敌人若使用空袭来摧毁这些军用物资，就必须出动3000架次飞机并实施有效攻击。"

1940年12月8日，丘吉尔在拍发给美国总统罗斯福的电报中说："敌人集中优势兵力迅速一击，彻底消灭英国的危险，目前已经大大减少了。继之而来的是另一种逐渐形成的和长期的危险，虽然这种危险不像前一种那样突如其来，触目惊心，但同样会致人死命。这种致命的危险就是我们船舶的吨位一天一天、持续不断地在减少……1941年的战争进程，取决于船舶以及远涉重洋，特别是大西洋的运输力量。

"我们船舶的损失程度，几乎已和上次战争损失的最大一年不相上下。在11月3日以前的5个月中，损失吨位达到420300吨。为了使我们的作战活动保持充分的力量，估计每月应进口的吨位数为4300万吨。而9月进口吨位数只达到3700万吨，10月为3800万吨。如果船舶吨数像现在这样持续减少，那么，除非真能及时得到远超目前补充的吨位数，否则后果不堪设想。"

除了船舶吨位数遭受严重损失，还牺牲了大批的海员，其中包括许多中国海员。当时在英国和美国商船上工作的海员中有大批中国海员，在英国商船上尤其多。英国许多海员应征入伍，商船队急需补充人手营运。于是，英国的航运公司从香港等地招募了不少中国海员，以维持其海上运输。这些中国海员从事的工作与英国海员相同，所受到的待遇却远不如英国海员。他们为英国及世界反法西斯的事业做出了不可磨灭的贡献。

1940年12月29日，美国总统罗斯福审时度势，在向尚处于孤立主义氛围中的民众发表的《炉边谈话》中说："思考今天，展望未来，我直言不讳地告诉你们，合众国要想尽可能不卷入这场战争，现在就要不遗余力地支持那些正在保卫自己并抗击轴心国的国家，不能对他们的失败袖手旁观，也不能屈服轴心国的胜利，等待他们对我们的进攻。

"不言而喻，我们必须承认，我们采取任何方针都要承担风险。但是我坚信，我国大多数人都会同意我所提议的方针，从目前来看，风险最小；从长远来看，会给世界和平带来最大的希望。

"我国必须成为民主制度的巨大兵工厂，对我们来说，其迫切性不亚于投身战场。我们必须像亲临战场一样，以同样的决心、同样的紧迫感、同样的爱国主义精神和献身精神投身于我们的工作。"

曾任英国驻美国大使的爱德华·格雷，多年前对丘吉尔讲过一句话："美国好像是'一只巨大的锅炉。一旦在它下面生起火来，它就能够产生无穷的力量'。"

1941年1月30日，希特勒在柏林发表演说："到新年，我们将在海洋上展开潜艇战……空军也将发挥作用，所有武装力量将迫使他们做出这样或那样的决定。"1940年12月至1941年2月，英国每月损失商船分别为61艘，265314吨；44艘，209394吨；79艘，316349吨；合计184艘，791057吨。1940年，英国商船年产量为125万吨，平均季产量为312500吨。显然，这3个月，英国损失的商船吨位数已经超过了新建吨位数的约2.5倍，其承受的海上压力在不断增大。美国的工业生产潜力虽然巨大，但要转变为现实产品还需要假以时日。

为了应对刻不容缓的海上严峻形势，丘吉尔做出决策，把反潜艇作战列为最重要的事项，其重要性超出所有其他事项，并称之为"大西洋战役"。这一名称与先前的"不列颠战役"称谓相似，为的是使相关部门和人员密切关注和参与反潜艇作战。到了1941年3月，英国设立了大西洋作战委员会，委员由内阁相关部门的大臣和高级官员组成，既有军人也有文职人员，丘吉尔亲任委员会主席。委员会每周开一次会，时间通常不少于两个半小时，以统筹反潜艇作战的各种资源，协调反潜艇作战的行动。当时，反潜艇作战面临两个突出问题，一是如何保卫运输船队，使其免遭德军潜艇的突然袭击，解决之道在于，增加快速护航舰艇的数量，装备能够及时发现潜艇的对海搜索雷达；二是如何摧毁夜间在水面上高速行驶、实施偷袭的潜艇，这不仅需要装备续航时间更长的远程飞机，更需要加装能够准确测定、连续跟踪潜艇位置的对海搜索雷达。

不列颠战役虽获重大胜利，但远未结束。涵盖空间更大、持续时间更长和生死博弈更加残酷的大西洋战役又开始了。

道高一丈，降服"狼群"
——I

二战爆发后，纳粹德国盯上了英国的阿喀琉斯之踵——大西洋海上运输线。德军统帅部在给海军的第1号作战指示中，明确提出海军的主要任务是："实施经济战，重点打击英国。"德军潜艇部队在邓尼茨的指挥下，集中兵力对英国及同盟国的商船展开了猛烈的袭击。1940年5月至12月，英国、同盟国及中立国商船损失达324万吨，到1941年，英国、同盟国及中立国商船损失达到了419万吨。其中，英国损失占了大头。丘吉尔对德国的海上战略心知肚明："大西洋战役是整个战争的决定性因素，在陆地、海上和空中发生的一切，最终都将取决于大西洋战役的结局。"

为了保卫大西洋海上运输线，英国只有与美国联手，形成强大的护航、反潜力量，为商船队保驾护航。而要在各种气象条件下消灭一艘浮出水面高速行驶的潜艇，首先要能及时发现、连续跟踪和准确定出潜艇的位置。为护航舰只和反潜飞机紧急加装雷达，并组织反潜训练，提高反潜实战能力，就成为盟军的必然选择。

大西洋航线上的较量开启

1940年6月,德军占领法国北部地区后,德军潜艇部队司令邓尼茨将其指挥机关搬到了法国巴黎。在邓尼茨的指挥所里,有两间名为"情况研究室"的房间。一间的墙上挂着一幅很大的航海图,航海图上用针或小旗标出潜艇的位置和所掌握的同盟国护航运输船队及其航线,以及同盟国空中护航兵力的活动范围、作战半径等数据,还用图解注记的方式对航海图信息加以补充。例如,作战海区的时差、海流、潮汐、浮冰的情况,以及当天的气象预报、作战潜艇的续航力、潜艇的进出港日期等。此外,还放置着一个直径1米多的地球仪,使参谋人员有亲临大西洋之感,为拟制作战计划及精确测量海上距离提供了便利。

另一间房间的墙上挂有各种图表,标绘出被击沉的舰船数量、潜艇的损失数据,以及护航运输船队的活动数据。在战况图上,击沉敌舰船的总吨位根据潜艇的报告加以汇总统计,以显示潜艇每月战果的升降情况。邓尼茨经常查看这些图表、曲线和数据,其中,尤为关注每艘潜艇每个出航日击沉同盟国舰船的平均吨位数,以及潜艇每月损失数占出航潜艇总数的百分比。他将前者视为评判潜艇战斗力的唯一标准,而将后者视为潜艇作战代价可接受程度的风向标。邓尼茨的指挥所每天在"情况研究室"召开例行情况报告会,对潜艇的作战做出决策,并实施指挥。

在英吉利海峡彼岸的英国海军部指挥所设有"潜艇跟踪室",在其一面墙上也覆盖着一幅航海图,图上标注着护航运输船队航行计划、航线,空中护航兵力的配置,以及德军潜艇的活动海区。丘吉尔和海军部人员非常重视通过图表、曲线及统计数据，严密监视德军潜艇的行动，推断潜艇战所要打击的主要目标。丘吉尔特别关注英国及同盟国每月船只损失的数量和损失的总吨位数，以及击沉潜艇的数量。他将后者视为衡量反潜作战成效的唯一标准，而将前者视为大西洋上作战形势风云变幻的晴雨表。丘吉尔在回忆录中写道，保持通往海外生命线畅通无阻，是海军部的首要责任，"在我们一起考虑权衡这一问题时，不是依靠辉煌的战役和灿烂的成就，而是依据全国人民并不知晓、公众也不了解的统计数据、图表和曲线"。

从地缘政治的观点来看，大西洋航线是世界上最重要的海上通道之一，也是英国的海上生命线和同盟国大战略的基石。只有保持这条海上通道的畅通无阻，英国才能生存，盟军才能据此最后一块跳板，从英国跨越英吉利海峡向纳粹德国发起反攻。

1940年年末，丘吉尔在预测1941年战争形势时说："1941年的成败决定于海上。"为此，英国尽其所能地加强海上护航力量，保护大西洋海上交通线。可是刚开年，英国就遭受惨重损失，似乎预示着流年不利。1941年1月至2月，英国的护航运输船队损失了60艘舰船，总吨位达323565吨。1941年3月初，嗅觉灵敏的邓尼茨，把潜艇的主力集中部署到冰岛以南海区。5天后，德军潜艇发现一支即将进港的护航运输船队，并将其中的5艘商船击沉，2艘击伤。在1941年3月随后的日子里，海上形势似乎出现了有利于英国的变化。德军潜艇没有任何斩获，却有5艘潜艇先后被击沉，其中包括3艘王牌潜艇，尤其是U-47号潜艇。该潜艇曾在斯卡帕湾海域击沉英军"皇家橡树"号战列舰，在大西洋共击沉商船28艘，总吨位达160935吨。这引起了邓尼茨的不安，他怀疑是否因敌人采用了新式武器所致。不过，事后查明，1941年3月几艘战绩赫赫的潜艇，在同一时间段相继被击沉纯属偶然。

1941年1月至2月，美国和英国海军，以及航空兵和陆军参谋人员，在美国华盛顿开始秘密会谈。美军首脑同意，一旦战火蔓延到美洲和太平洋，大西洋和欧洲战场会被视为这场战争的关键战场。当前，美国海军的主要任务是保卫大西洋上的航运及海上交通线。1941年2月1日，美军成立了大西洋舰队。1941年4月18日，大西洋舰队司令、海军上将欧内斯特·J.金宣布，美国的大西洋安全区将延伸到大西洋东部海区西经26度线，这里距美国沿岸（纽约）2300海里（4259千米），距欧洲（里斯本）仅740海里（1370千米）。

随着美国海军介入程度的逐步加深，其护航舰只与德军潜艇的遭遇及直接冲突日益凸显。1941年6月20日，德军U-203号潜艇在英国周围的封锁海区，与美军的"得克萨斯"号战列舰遭遇。潜艇向其发起攻击，但没有命中，战列舰也没有发现潜艇。第二天，根据希特勒的指令，潜艇部队指挥所向潜艇部队下达命令："领袖命令，在以后几周中避免与美国发生任何意外事件，无论遇到什么情况均需遵循这一原则。此外，对确认无疑的敌舰攻击，也仅限于巡洋舰、战列舰和航空母舰。熄灯航行的军舰并非是敌舰的象征。"

1941年9月4日，U-652号潜艇遭到美军"格里尔"号驱逐舰的跟踪追击。驱逐舰向其投掷3枚深水炸弹，潜艇随即发射了2枚鱼雷，但未命中。罗斯福迅速抓住这一时机，在当天晚上发表的《炉边谈话》中说："当（德国人）攻击悬挂美国国旗的船只时，也就威胁到了我们最为宝贵的权利……当响尾蛇摆开架势要咬你的时候，你不能等它咬了你才把它踩死。"1941年9月15日，美国海军部长诺克斯向美军舰队发布指令："采取一切可行手段对轴心国，不管是水面还是水下的海盗舰艇统统给予截击和消灭。"1941年9月17日，邓尼茨随海军司令雷德尔专门向希特勒报告并请示对策。希特勒不愿意同美国发生正面冲突，仍坚持原先命令，即只有当潜艇遭到攻击时才能进行自卫。1941年10月17日和31日，为英国运输船队护航的美军"奇尔尼"号驱逐舰和"鲁本·詹姆斯"号驱逐舰，分别被德军潜艇发射的鱼雷击伤和击沉。

美国加快微波雷达的研发

1941年12月7日晚，在首相别墅中，丘吉尔通过收音机获悉日本人袭击了美国在夏威夷的舰只。既震惊又振奋的丘吉尔冲出餐厅，三步并作两步地进入办公室，不到 3 分钟，他要通了罗斯福总统的电话："总统先生，有关日本的袭击是怎么回事，是真的吗？""千真万确。"罗斯福回答，"他们在珍珠港向我们发动了进攻。现在，我们在同一条船上了。"丘吉尔闻之不禁感慨万千："我知道美国已经完全和拼命地投入了这场战争……战争会持续多久，或者它会怎样收场，没有人能够预言……但是，对于结局已无须再有什么疑虑了。"那天晚上，丘吉尔满怀感激的心情，睡了一个自开战以来从未有过的安稳觉。据丘吉尔的儿子伦道夫·丘吉尔回忆，正当德军入侵法国时，他走进父亲的卧室，"首相说：'坐吧，我先刮胡子，你看看报纸。'首相离开两三分钟后又转了回来，'我想我看到出路了。'接着便继续刮胡子。我很惊讶，问道：'你是说我们可以避免战败吗？似乎有可能，或者打败那些人？似乎不太可能。'他把瓦利特剃须刀扔进脸盆，转过身来说：'我说的当然是打败他们。'我回答说：'我当然同意这么做，但不知道我们怎么才能做到。'这时首相已经用海绵擦干了脸，转过身来对着我一字一顿地说：'我要把美国拉进来。'"

　　1942 年 4 月，为了适应战争形势，使联合参谋部更好地跟上新技术发展的步伐，向民用研究机构提出具体、细化的作战需求，美国战争部长史汀生在联合参谋部下专设了一个新武器装备委员会。委员会由 3 人组成，1 名陆军准将、1 名海军少将，国防研究委员会主席万尼瓦尔·布什兼任主席。雷达在不列颠战役中的出色表现，给史汀生留下了深刻的印象，他决定聘用一名雷达专家，为雷达的部署和运用等方面的问题提供决策咨询，布什向其推荐了微波委员会的秘书爱德华·鲍尔斯。

　　"珍珠港事件"爆发后，德国正式向美国宣战。1941 年 12 月底，德军派出的首批 5 艘潜艇驶向美国东海岸，攻击区选择在圣·劳伦斯河和哈特腊斯角之间。由于美国战前准备不足，对沿海一线的防御事先没有制订切实可行的计划、方案；美国陆军航空兵没有接受过专门的反潜训练；海军尽管拥有水上飞机和水陆两用飞机，对于反潜作战的实践也不在行。因此，在事关重大的几个月中，美国和盟国的船只遭受了惨重损失。1942 年 4 月 1 日，当鲍尔斯作为史汀生的雷达顾问上岗时，德军潜艇在美国东海岸及美洲沿岸的肆虐丝毫没有好转的迹象。

如果在美国家门口都无法遏制德军潜艇的进攻势头，保护大西洋海上运输线的畅通无阻就更无从谈起。如果没有足够的油轮和其他作战物资补给船队到达英国，那么，反攻欧洲大陆的计划也就不可能实现。在美军临时拼凑起来的护航体系中，除了为数不多的护卫舰，只装备了轻型武器的拖船及其他小型舰只，仍是搜索、反潜的主力，反潜护航能力十分有限。

如何才能改变这一被动局面呢？据一份研究报告称，如果把一架B-24"解放者"远程轰炸机用于海上护航任务，在其担负空中护航任务期间，可以替换下6艘在海上巡逻的护卫舰。受到启发的鲍尔斯认为，为了迅速扭转反潜作战的不利局面，使用空中力量是最好的选项，而要充分发挥空中力量护航范围大、效率高的优势，应尽快地研发微波雷达，并将其装上飞机，投入战场。当时，美军高层对雷达在现代战争中地位和作用的认识还很不到位，结果，未能邀请到陆军参谋长马歇尔和陆军航空队司令阿诺德观看机载雷达演示验证。鲍尔斯转而设法说服百忙当中的史汀生部长，亲自考察机载雷达的功效。

1942年4月22日，鲍尔斯精心地为史汀生安排了一次演示验证。他在海面上部署了一艘舰只，以模拟浮出水面航行的潜艇。不过，这艘水面舰只的具体位置只由史汀生一人掌握，出海搜索的飞行员事先并不知情。为了防止雷达操纵员偷窥，飞机舷窗被拉上了窗帘。一切安排妥当后，史汀生随鲍尔斯登上一架"搜救Ⅱ"型飞机，观看雷达操纵员搜索、引导飞行员飞向海上目标的过程。在飞机飞临目标上空后，雷达操纵员拉开窗帘报告："瞧，目标就在我们下方。"透过舷窗，史汀生果真看到了那艘舰只。史汀生非常高兴地说："马上回去。"第二天，在马歇尔和阿诺德的办公桌上分别放着一张史汀生手写的便条，大意是：我已观看了新型雷达演示，你们为何不能拨冗一看？

视察之后，史汀生对雷达在现代战争中的地位和作用有了更加直观的认识，他意识到机载微波雷达的装备及运用，将会使反潜作战发生根本性的变革。辐射实验室主任李·杜布里马上抓住这一契机，让辐射实验室拟制出生产17部微波雷达，加装在B-24"解放者"远程轰炸机上的计划。不过，鲍尔斯并不满足于此，他反对把雷达的加装及运用仅仅当作一种技术支援措施，极力主张应围绕着雷达来整合反潜作战中的诸要素。为了使以雷达为核心的反潜作战发挥最大效益，还必须运用运筹学来精心规划其作战使用方法。

运用运筹学规划反潜作战

运筹学的发轫可以追溯到一战前英国开展的作战运用研究和实践，二战爆发后，其快速发展并走向成熟。运筹学的英文名称是"Operational Research"，其实质是将数学方法和统计技术运用于作战运用研究领域。运筹学家依据原始作战数据，如地理、气象数据、作战图表数据等，借助数学模型，综合运用数学分析和统计评估等方法、手段，考察作战数据与作战结果之间的相互关系，量化其对作战结果产生的影响，从而找出提升武器装备作战效能、效率，以及改进武器装备战技性能的途径与方式。

1942年年初，英国海军运筹学专家团队，依据1941年在北大西洋攻击潜艇的数据资料，经统计分析评估，得出结论：德军潜艇发现黑色涂层的"惠特利"巡逻机，要比发现白色涂层的同型号飞机早12秒。因为白色涂层易融于天空背景之中，不易被潜艇发现。英军将"惠特利"巡逻机全改为白色涂层之后，击沉潜艇与发现潜艇数之比，很快提升了近三分之一。

1942年5月初，美国海军反潜战运筹学专家团队发布了一份反潜战评估报告：一艘装备雷达的驱逐舰，每小时可以搜索75平方英里（约194平方千米）海面；一架装备米波雷达的巡逻机，每小时可以搜索1000平方英里（约2590平方千米）海面；一架装备微波雷达的巡逻机，每小时可以搜索3000平方英里（约7770平方千米）海面。显然，盟军要想击败德军的潜艇战、赢得大西洋上的控制权，关键是要赢得大西洋上的空中优势，而要赢得大西洋上的空中优势，微波雷达至关重要，不可或缺。这为美军组建专门的海上搜索、攻击分遣队的工作重点指明了方向。

1942年5月20日，在弗吉尼亚兰利空军基地，美国陆军航空队组建了海上反潜搜索、攻击研发部，由杜兰上校领导。研发部首先论证了在B-18轰炸机上加装微波雷达的可行性。在B-18轰炸机上完成设计、加装和飞行试验工作后，杜兰将"搜救Ⅰ"型和"搜救Ⅱ"型飞机与加装了微波雷达的B-18轰炸机搭配在一起，组建了美军第一个海上反潜搜索、攻击分遣队。杜兰领导的部门除了担负组建反潜搜索、攻击分遣队的任务，还担负了编写战斗条令和培训机组人员等任务。

起初，海上反潜搜索、攻击分遣队的表现并不尽人意。在1942年执行的209次反潜作战任务中，共升空巡逻飞行1274小时，仅搜索到18艘潜艇，被击沉的潜艇只有4艘。经研究分析，美军找到了原因：一是加装的雷达设备布局不够合理，雷达操纵员和投弹手之间难以协调。雷达显示器置于机舱，雷达操纵员发现目标后，须通过机内电话告诉位于机头下方的投弹员，才能完成目标引导和投弹任务。二是飞机巡逻高度规划不尽合理。由于飞得太高，不利于投弹员发现海上目标及投弹，尤其是在夜晚，投弹命中精度更难保证。三是飞机续航时间短，飞机难以持续保持对潜艇施压。为此，首先对机上雷达设备的布局进行了优化，在机头下方，专门为投弹员引接了一个雷达显示器，使投弹员可以根据雷达操纵员在画面上的指示，同步进行搜索和发现目标。其次，优化巡逻高度，提高投弹的命中概率。再次，提升反潜飞机的续航能力。美军在1942年8月，已经规划为250架B-24"解放者"远程轰炸机加装SCR-517微波雷达，专门用于反潜作战。

现在把目光转回大西洋彼岸。在大西洋战役初期，英国就设法在一些护航舰和飞机上紧急加装"马克Ⅰ"型空对舰雷达，也就是博文团队研发的科研样机的工程化产品，以加强英军在比斯开湾海区的反潜作战能力。比斯开湾是法国西南与西班牙以北相拥的一片大西洋水域，它是德军潜艇进出法国西部基地的必经海区，自然成为英军反潜作战的重要战场。自1941年始，英军虽不断加强对比斯开湾的空中巡逻，但是，并未对德军潜艇构成太大的威胁。究其原因:"马克Ⅰ"型空对舰雷达的探测距离有限,抗海杂波干扰的能力很弱。白天,在能见度良好的情况下,德军潜艇指挥塔上瞭望兵的目视距离与雷达探测距离相当,甚至超过雷达的探测距离。夜晚,在飞临目标上空后,因受海杂波的影响,只能依靠飞行员目视发现和跟踪在海面高速航行的潜艇,实战效能并不理想。

1941年年初,在"马克Ⅰ"型空对舰雷达的基础上,英国研发出"马克Ⅱ"型空对舰雷达,并陆续加装到护航舰只和300多架飞机上。该型雷达的战术技术指标得到改进,其工作波长为1.5米,在1500至3000英尺(约457至914米)的高度上,对浮出水面潜艇的发现距离提高到8海里(约15千米)。由于增加了自动旋转机构,雷达天线的搜索范围扩大,进一步提升了发现潜艇的概率。通常,"马克Ⅱ"型空对舰雷达可以将巡逻飞机引导到距离潜艇不小于1英里(约1.6千米)的位置,再靠近,雷达显示器上的潜艇回波就会被海杂波所淹没。白天,到达1.6千米的距离后,可以转而依靠飞行员目视搜索;夜晚,到达1.6千米的距离后,则使用"利"型探照灯。该探照灯安装在巡逻飞机的机腹,由机上投弹手操控,当雷达将巡逻飞机引到距潜艇最小距离时,投弹手突然打开"利"型探照灯,可以一举捕获已来不及下潜的潜艇。随着"马克Ⅱ"型空对舰雷达及"利"型探照灯的投入使用,海上反潜作战形势发生了有利于同盟国的积极变化。

道高一丈，降服"狼群"
——II

盟军反潜部队加装了米波雷达之后，海上局面发生了不小的改观。然而，道高一尺，魔高一丈。德国针对雷达探测目标必须辐射电波这一软肋，很快还以颜色，为潜艇研发出一款雷达告警接收机，并迅速投入战场，使海上局面再度逆转。与此同时，英国和美国在雷达技术领域技高一筹，正在加快厘米波雷达的研发步伐。丘吉尔在1942年6月7日给空军大臣的信中写道："听说H2S型雷达（10厘米波机载轰炸雷达）的初步试验大为成功，甚为欣慰。但是，生产进度如此缓慢，令人尤为焦急。8月生产3套，12月生产12套，这连最低需求都满足不了。尽管我们还不能使所有的轰炸机都安装这种装置，但是，无论如何，我们必须千方百计地生产出足够的数量，以使轰炸机能够发现目标。为此，任何事均不得妨碍这种装置的生产。"1943年年初，加装了厘米波雷达的轰炸机投入战场，盟军能否扭转海上反潜作战的颓势？

德军潜艇连连遭袭

1942年2月6日，德军U-82号潜艇在返回基地途中，在比斯开湾以西海区发现了OS18护航运输船队，但不久该艇与指挥所的通信突然中断，U-82号潜艇被击沉了。1942年3月底，U-587号潜艇在同一海区发现了WS17护航运输船队后，同样被击沉。1942年4月15日，U-252号潜艇在同一海区报告，发现OG82护航运输船队。根据前两次的经验教训，邓尼茨命令莱尔兴艇长小心从事，只有在夜间或有利时机的条件下才可以发起攻击。可是，这艘潜艇还是被击沉了。由于3艘潜艇报告发现英国护航运输队的时间、位置，与按照英国护航运输队在该海区活动规律进行的推算不符，这使邓尼茨和潜艇部队指挥所产生了怀疑。邓尼茨在战争日志中写道："我认为英国人很可能故意让一支特种反潜兵力组成的假船队通过这个海区，而该海区正是德国潜艇向西航行的必经之地，从而为德国潜艇设下陷阱。因此，他命令潜艇部队，凡是在BE方格区（西经10至25度，北纬43至50度）内发现敌护航运输队时不得进行进攻，应在远处监视和报告情况。"对于同一海区3艘潜艇接连被击沉，德军潜艇部队指挥所的另一种猜测是，在白天、夜晚及各种气象条件下，英军护航兵力都能向潜艇发起精准攻击，很可能是预先发现了潜艇的位置。

德军潜艇部队指挥所询问海军司令部主管探测技术的业务部门，在潜艇进入飞机的目视观察范围之前，飞机能否发现潜艇？业务部门的答复要么模棱两可，要么干脆否定。夜幕和风浪是德军潜艇的天然保护伞，在夜晚和不良气象条件下，浮出水面高速航行的潜艇一般不会被发现。那么，到底是什么原因造成了接连不断的损失呢？

为此，德军潜艇部队指挥所特别关注 1942 年 5 月至 6 月潜艇与护航运输队的战斗，以期查明英国是否装备了新型反潜装备，尤其是对水面的探测器。1942 年 6 月 17 日，邓尼茨使用密码同莫尔艇长联络，当时他正在指挥一个潜艇群，对 ONS100 运输船队实施攻击。

15 点 07 分，邓尼茨问："从敌防御情况来看，你本人对水面探测器是否有所了解？"

15 点 10 分，莫尔上尉答："昨天我曾 7 次突破驱逐舰的重围。依据艇位推算，敌人的掩护兵力往往都从艇部前端出现。潜艇下潜两次，敌驱逐舰带恐吓性地投掷了深水炸弹后再次消失。在其他情况下，我认为没有被敌发现。我认为驱逐舰的曲折机动是正常的大幅度运动，因为它没有笔直地向我驶来，驱逐舰在规避机动时也未向后转向……"莫尔认为，英国驱逐舰向他驶来时，预先并没有测出浮在水面的潜艇位置，因为，驱逐舰没有直接向潜艇逼近。

当潜艇返回后，德军潜艇部队指挥所更加详细地听取艇长们的意见，特别是敌人是否使用了新型水面探测器的问题。多数艇长以一系列理由说明，敌人还未装备新型水面探测器。1942 年 6 月，德军一艘潜艇通过比斯开湾时，首次在夜间遭到空中袭击。当时，一道探照灯光从 1000 至 2000 米的距离上突然照到了毫无准备的潜艇，炸弹接踵而至。一个月中，又有 3 艘德军潜艇在比斯开湾相继遭遇类似的空中袭击，损失惨重。

此后，或许是通过部署在英吉利海峡的监听站，抑或是俘获了一部雷达，德军潜艇部队指挥所获取了"马克Ⅱ"空对舰雷达战术技术指标的情报。据德国科学家的分析，装备了这种雷达的飞机，无论在白天、夜晚，还是在能见度不良的情况下，只要潜艇浮出海面，都可以在潜艇瞭望兵目视发现飞机之前，发现和确定潜艇所在位置，以发起精准攻击。1942 年 6 月 24 日，德军潜艇部队接到命令："在比斯开湾遭空袭的危险极大，潜艇必须不分昼夜地潜航，只有在充电时才允许浮出水面。"

1942 年 7 月 17 日，U-564 号潜艇发回的一份报告，坐实了英军已装备对海搜索雷达的情报："0 点 14 分，当四引擎岸基飞机出现时，我艇紧急下潜。看来该机装有水面探测器，因为它依次飞向在护航运输船队周围的所有潜艇……"

雷达告警接收机面世

弄清潜艇损失的原因之后，在1942年6月的最后一周，邓尼茨在巴黎潜艇部队指挥所，召集海军司令部业务部门的专家，分析研究英军"马克Ⅱ"型空对舰雷达的特点，并提出了以下技术对策、战术对策。

技术对策：立即为潜艇研发雷达告警接收机，使潜艇可以依据其给出的提示，判断是否已被雷达探测和发现；尽快为潜艇加装雷达，使其能尽可能远地发现来袭敌机；为潜艇加装高射机枪，加强防空能力；研究潜艇隐身措施，使敌人的雷达接收不到目标潜艇的回波，从而无法发现潜艇。

战术对策：针对"马克Ⅱ"型空对舰雷达分辨能力不强，无法将紧挨在一起的目标区分开来的弱点，潜艇可采用紧贴护航运输船队的战术。只要潜艇能够迅速贴上去，同护航运输船队靠得足够近，隐蔽在运输船队和护航舰只之间或附近，并随护航运输船队的航线行进，避免大幅度改变航向，就可以规避雷达的追踪，免遭反潜飞机的攻击。

针对德国报刊、电台大肆宣传潜艇取得的战果，邓尼茨认为有必要提出警告，以引导国内的舆论。他不失时机地在德国报纸上刊文指出，潜艇将进行艰苦的战斗，潜艇必将面临更加困难的时期。有意思的是，英国海军对邓尼茨的文章进行详细研究后，做出了德军潜艇将有大动作，准备在大西洋再次袭击英国护航运输船队的解读。

由于德国在米波雷达领域具有技术储备，德国梅克托斯公司很快研发出一款雷达告警接收机，其功能相当于一部没有发射机的雷达。这款雷达告警接收机的天线，用一段金属导线缠绕在一个木制十字架上构成，可以方便地固定在潜艇指挥塔上，以接收雷达的辐射信号。德军潜艇兵戏谑地称其为"比斯开湾十字架"。这种外插式接收机的波段下限为 1.3 米，正好覆盖"马克 Ⅱ"型空对舰雷达的工作波段。该接收机的灵敏度较高，能够在雷达发现潜艇之前，先期截获到雷达的辐射信号，以分析、判断潜艇是否已被雷达探测、跟踪。装备雷达告警接收机后，在绝大多数情况下，德军潜艇都能及时下潜，规避空袭。原因很简单，雷达接收的是自己发射的回波，信号从雷达到潜艇，再从潜艇返回雷达，走过了双程路程。雷达告警接收机直接接收雷达探测潜艇的信号，信号仅走过单程路程，这意味着，在理论上，雷达告警接收机的作用距离将是雷达探测距离的两倍，实际上可以达到雷达探测距离的 1.3 至 1.5 倍。

1942 年 8 月末，第一批"梅克托斯"雷达告警接收机装备潜艇，投入使用。一个月后，德军大部分潜艇紧急加装了"梅克托斯"雷达告警接收机，还没有来得及加装的潜艇，与加装了的潜艇组成编队，跟在其后航行。"梅克托斯"雷达告警接收机的出现，成为英军米波雷达的克星，海上的反潜作战形势再次出现了逆转。德军潜艇战斗力，即每艘潜艇每个出航日击沉同盟国舰船的平均吨位数，在 1942 年 7 月为 181 吨、8 月为 204 吨、9 月为 149 吨、10 月为 172 吨、11 月为 220 吨，12 月虽因海上风暴不断，限制了德军潜艇和同盟国护航运输队的行动，但是，德军每艘潜艇每个出航日击沉同盟国舰船的平均吨位数，仍然达到 96 吨。1942 年 7 月至 9 月，德军损失潜艇 32 艘；10 月至 12 月，损失潜艇 23 艘。德军潜艇每月损失数占出航潜艇总数的比例分别为 1942 年 7 月 15%、8 月 9%、9 月 6%、10 月 12.4%、11 月 6.3%、12 月 5.1%。

可以看出，后 3 个月德军潜艇的战斗力同前 3 个月相比，在总体上呈上升趋势；可以看出，后 3 个月德军潜艇的损失情况同前 3 个月相比，在总体上呈下降趋势。这说明德军潜艇加装了"梅克托斯"雷达告警接收机并采取相应的战术对策后，海上作战形势朝着有利于德军的方向发展。罗斯基尔在《海上战争》一书中写道："刚开始时，在比斯开湾的反潜攻击似乎大有希望。但德国采用了雷达告警接收机，到 1942 年 10 月，反潜攻击出现了停滞状态。"

实际上，从 1942 年夏末开始，英军战机在比斯开湾发现潜艇的次数急剧下降，大约只有之前的五分之一，击沉潜艇的数量也随之急剧下降。据此，英国海军运筹学专家团队分析判断，德军潜艇除了运用规避战术，一定还具备对抗海上搜索雷达的技术手段。为了恢复之前的反潜效能和效率，必须加快正在进行的H2S型雷达的生产进度。该型雷达的探测距离，理论上可以达到"马克Ⅱ"型空对舰雷达的近4倍，更为关键的是，其工作波段远远超出了"梅克托斯"雷达告警接收机的覆盖范围，而且德军尚不知晓同盟国在微波雷达领域已经达到的技术水平。起初，研发H2S型雷达是为了解决轰炸德国工业基础设施精度差、效能低的问题。保密代号之所以称为H2S型雷达有两种说法，一种是，林德曼教授认为没有早一点想到研发机载轰炸雷达来解决轰炸精度低的问题是一件糟事（硫化氢分子式也是H2S，代指臭鸡蛋味）；还有一种说法似乎更靠谱，H2S为Home Sweet Home之意，代表轰炸机瞄准目标精确投弹。该雷达的研发始于1942年年初，不过，由于多种原因，研发进度迟缓。1942年7月3日，丘吉尔在首相官邸召集会议，专题研究H2S型雷达研发进度问题。丘吉尔穿着件蓝色连裤服，独自坐在长条桌的一边，林德曼、瓦特及研发团队的负责人伯纳德·洛弗尔等人坐在其对面。丘吉尔说，在1942年10月15日前，必须拿到200部H2S型雷达。当听到这绝无可能的答复时，丘吉尔将嚼了几口，但并未点燃的雪茄朝背后扔出："到10月，我必须拿到200部。"过了几分钟不见有人附和，丘吉尔便转向林德曼，"教授，你说呢？""（不走工艺流程）在电路板上把它们制造出来。"林德曼回答。丘吉尔不容置辩地强调：H2S型雷达是反击敌人的唯一手段。散会后，丘吉尔吩咐与会者到隔壁的房间去想出办法，如何在1942年11月前，为两个轰炸中队装备H2S型雷达。罗维回忆道："之前，电信研究所也遇到过各种紧急计划，但是，从未像这次这么紧急。"

盟军合力拼死应对

1942年9月，随着海上反潜作战形势进一步恶化，洛弗尔被告知，要将一部分 H2S 型雷达转用于反潜作战任务。这引发了轰炸机司令部同海岸防御司令部就使用优先权问题的激烈争执。1942 年 11 月 4 日,为了进一步加强对反潜作战相关事宜的统筹,英国成立了反潜艇委员会,由丘吉尔亲自主持。为了迅速扭转反潜作战的颓势,反潜艇委员会果断下令,将新研制出的首批 40 部 H2S 型雷达加装到"威灵顿"轰炸机上,用于反潜作战。由于该型雷达原准备装备空军重型轰炸机,以轰炸德国的工业基础设施,临时改变用途,需要做一些适应性的改装,这就难以按要求的时限完成加装任务。此时,英国的生产能力已经发挥到极限,勉力生产出的 40 部雷达,也无法满足反潜作战的巨大需求。另外,同盟国护航运输船队的损失惊人,英国全年商船进口货物量下降到 340 万吨以下,比 1939 年减少了三分之一,对英国的生存构成了严重威胁。

形势严峻,挑战巨大。坐立不安的丘吉尔,在得知美国有一批 B-24"解放者"远程轰炸机已经完成了厘米波雷达的加装后,1942 年 11 月 20 日,发电报直接求助罗斯福总统:

"一、追歼敌人潜艇并保护我们运输船队最有效的武器之一,便是装备机载雷达的远程飞机。

"二、德国潜艇最近装备了一种接收机,能侦听到我方 1.5 米波长的机载雷达发射的电波。因此,在我方飞机到达现场之前就可以安全潜入海底。结果,在天气不好时,白天,我们在比斯开湾的巡逻大部分无效,夜间,借助探照灯巡逻的飞机几乎全部失效。因此,发现敌人潜艇的数量急剧下降,9 月为 120 艘,到 10 月就只有 57 艘了。在飞机上装备一种敌人尚无法侦听其发射电波的机载雷达,即厘米波机载雷达之前,不能指望这种情况会有所改进。

"……

"……总统先生,我请求你考虑,立即从供应物资中调拨装备了厘米波机载雷达的 B-24'解放者'远程轰炸机约 30 架,以解我们的燃眉之急。据我了解,美国已有这样的飞机,这些飞机会立即用于对美国作战活动有直接贡献的海区。"

1943年1月，在摩洛哥卡萨布兰卡，由美国和英国军事人员组成的参谋长联合委员会，对整个战局及各个战场情况进行了分析评估，提出了"1943年的作战方针"。其中，把击败德国潜艇列为第一位的任务。美国承诺进一步加强在大西洋的作战力量，将部署80架加装了厘米波雷达的远程轰炸机，以填补格陵兰地区的空中巡逻空档。

也是在1943年1月，邓尼茨成为德国的海军司令，德军的潜艇作战得到进一步的重视和加强。因大西洋上的风暴天气阻碍了德军潜艇的作战行动，1943年1月，同盟国护航运输船队的损失不大。然而，进入1943年2月，护航运输船队的损失直线飙升。到了1943年3月，大西洋已然成为德军潜艇的狩猎场。一连数日，盟国有超过140艘的商船、驱逐舰和护卫舰同德军潜艇展开混战。当硝烟散去时，至少有21艘舰船被击沉，而德军只损失了1艘潜艇。在1943年3月的头20天，盟国护航运输船队的损失达到了97艘，总吨位超过了50万吨。整个1943年3月，护航运输队船只的近三分之二被击沉，德军损失的潜艇只有12艘，仅占德国潜艇月产量的约一半。罗斯基尔说："在三年半的战争中，护航编队逐渐成了英国海洋战略的法宝，如果护航编队失效，那么海军部该怎么办呢？海军部心中无数。但是，海军部必然已感到失败已经降临到他们头上，虽然没有人会承认这一点。"英国海军部事后坦诚，1943年3月的头20天，是最危险的时候，德国人几乎掐断了美国和英国之间的海上交通线。

大西洋上出现的严峻局面，令后来成为美国科学研究与发展局局长的万尼瓦尔·布什十分震惊，他后来回忆道："1943年年初，德军潜艇造成的损失之大，在我看来无疑会使我们走向灾难的深渊。……很明显，如果让德军潜艇继续保持这样的进攻势头，美国有可能无法从海外向德国发起反攻，英国有可能因饥馑而就范，苏联有可能放弃单独抵抗。我们很有可能不得不面对这样一种情况，即唯有使用原子弹才有可能扭转德国、日本独裁统治世界的厄运。可是，就当时所知，原子弹研发能否成功还两说呢。"

在极度紧张的那几个月里，经过布什的各种报告，预示着一系列新型反潜武器的涌现，包括微波雷达、寻的鱼雷及机载磁探测器等。其中，微波雷达列于各种新型武器清单的榜首，原因很简单，反潜飞机、护航舰要想向潜艇发起攻击，首先必须发现潜艇，并准确地确定出其所在的位置。此时，美国的辐射实验室已超负荷运转，约有2000名科研人员围绕着50余项科研项目夜以继日地工作。其研制生产的各型米波和微波雷达，占1943年美国出口雷达的近三分之二。

针对德军潜艇的强劲反扑势头，在1943年第一季度，英国将32架刚加装完"H2S"型雷达及"利"型探照灯的"威灵顿"轰炸机，立即投入了反潜作战。可是飞机的续航时间短，数量也有限，难挽狂澜于既倒。1943年3月18日，丘吉尔再次向罗斯福发报："在两天内，又有17艘舰船在北大西洋海域被击沉，这说明我们护航力量的战线拉得太长了。"丘吉尔建议，马上停止为前往苏联的运输船队提供护航，将所有护航飞机和舰只都用于大西洋。罗斯福回电说："对于最近的损失，我们和你们一样感到难过……我们将竭尽所能提供更多的飞机，希望你们也可以增加一些飞机。"罗斯福不顾海军的意见，直接命令海军上将欧内斯特·J.金，将60架B-24"解放者"远程轰炸机从太平洋战场调往大西洋战场。这种远程轰炸机装备了厘米波轰炸雷达及深水炸弹，可以连续飞行18小时。

不过，让人寄予无限希望的厘米波轰炸雷达的初期表现并不尽如人意。据英国空军海岸防御司令部统计，在比斯开湾，厘米波轰炸雷达的表现只比米波雷达略好一些。在美军对德军潜艇发起的8次攻击中，只有2次是依靠厘米波雷达引导的，其余6次仍然依靠飞行员目视。主要原因是：作战观念没有及时转变，飞行员仍然习惯依赖传统的目视发现；雷达操纵员训练不到位，操作水平跟不上；雷达维护保养工作达不到要求，雷达的完好率低。显然，仅为部队提供先进的武器装备，并不能起到立竿见影的效果。一种新装备的引入，绝不会自然而然地形成战斗力，相反，往往会出现一段时间的低效，甚至无效。为了使新型武器装备尽快形成战斗力，需要运筹学专家的支援，以及部队和运筹学专家的密切配合，假以时日搜集、积累和总结使用经验，以发现和解决装备的不完善之处；需要积极引导部队转变作战观念，形成符合实际的训法、战法，强化基础训练，提高武器装备使用水平；需要加强督促检查，设法提升部队维护和保养武器装备的水平。如此，才能使新型武器装备的潜在作战能力，尽快转化成部队的实际战斗力。

　　随着 1943 年新年大幕的拉开，盟军与德军在大西洋上的拼死对决迎来了历史性的转折。

道高一丈，降服"狼群"
——Ⅲ

加装了厘米波雷达的远程轰炸机及时投入大西洋战场后，不久就发挥了决定性的作用。运用厘米波与米波雷达之间的高技术差，盟军把握先机，先敌一步，打了邓尼茨一个又一个措手不及。不过，邓尼茨并未认输，依据掌握的情报，他组织德国的科研人员研发新型雷达告警接收机，以挑战盟军厘米波机载轰炸雷达这一利器，试图东山再起。然而，历史已经扼住了德军潜艇部队的咽喉，纳粹德国最终覆灭的丧钟已然敲响。

德军潜艇被迫停航

自从加装了"梅克托斯"雷达告警接收机，德军潜艇艇长变得越来越自信，他们在白天肆无忌惮地浮出水面，快速航行或为潜艇电池充电。他们认为，即使附近出现反潜兵力，雷达告警接收机也会在第一时间先敌发现、及时报警，使其有足够的时间紧急下潜、规避攻击。不过，好景不长，正是由于这种过度自信，转而造成一场灭顶之灾。进入1943年3月，越来越多的德军潜艇向指挥所发出抱怨，他们在遭遇攻击之前，雷达告警接收机却沉默不语，过去的敏锐和灵验不知跑到哪里去了。还有，曾经管用的贴近护航运输队的隐蔽战术也失去了效用。

1943年3月15日，U-333号潜艇艇长维纳·斯沃夫上尉报告，夜间在比斯开湾，在"梅克托斯"雷达告警接收机没有发出报警的情况下，潜艇遭到空中攻击。1943年3月16日，U-156号潜艇艇长维纳·哈藤斯汀少校报告了同样的情况。

1943年3月，德军潜艇被击沉12艘；4月，被击沉14艘；5月，被击沉38艘；6月，被击沉14艘。在第二季度，德军潜艇的损失第一次超过了其补充的速度。同期，盟国船只被潜艇击沉的吨位数却在减少，3月，被击沉514744吨；4月，降低到241687吨；5月，进一步降低到199409吨；6月，更是降到了21759吨。显然，盟军的反潜作战出现了历史性和决定性的转机。

形势的急转直下，令邓尼茨十分沮丧。德军潜艇部队指挥所判断，盟军可能装备了新型的对海搜索装备。但是，具体为何物呢？他们请来德国技术专家会商，可是，技术专家也得不出定论。或许因微波领域，尤其是微波大功率发射器件领域的落后，囿于米波雷达的技术框架，德国技术专家没有考虑雷达波长正在向更短的方向发展，反而一头钻进了太过超前的红外辐射领域的牛角尖。他们猜测，盟军反潜兵力装备了红外探测器，即通过检测潜艇引擎辐射的红外能量来发现潜艇位置。于是，他们想尽办法，采取各种措施来降低潜艇的红外辐射。可是，事与愿违，德军潜艇损失数量继续攀升。德国专家又怀疑，盟军装备了频率分集雷达。为此，花费了许多时间和精力研发频率分集接收机。可是，其工作波段并没有得到扩展，结果依然无法对抗厘米波对海扫描雷达。走投无路的德国专家，又把怀疑目光盯向"梅克托斯"雷达告警接收机自身产生的些许电磁辐射，认为是这些辐射导致潜艇被发现。他们又投入力量研制几乎不辐射电磁能量的晶体检波器雷达告警接收机。然而，这一切都于事无补。

进入夏季后，由于电子反制措施不得要领，德军潜艇的境遇依旧。而盟军的海上搜索、攻击业已形成一套规范的样式和程序。在比斯开湾，英军7架反潜飞机编为一组，排成一行向前飞行，如果其中一架发现了潜艇，飞行员改为在目标上空盘旋，并用无线电台呼叫水面分遣队发起海空协同攻击。在亚速尔群岛海域，美军采用一种双机协同攻击战术，即发现潜艇后，一架"野猫"飞机发起追踪、扫射，迫使潜艇紧急下潜，另一架"复仇者"飞机瞄准下潜形成的漩涡，投掷一枚音响寻的鱼雷。

在1943年7月5日之后的10天时间里，美军第480反潜联队发现和攻击潜艇12次，由雷达发现和引导攻击的有8次，并取得击沉3艘、重伤2艘、轻伤2艘潜艇的优良战绩。其中，1943年7月12日的一次搜索、攻击很具代表性。当天，恩斯特·山姆少尉驾驶一架B-24"解放者"远程轰炸机，首次执行海上巡逻任务。飞机飞至距里斯本以北约200英里（约322千米）时，雷达操纵员威廉姆斯军士在SCR-517雷达显示器上发现一个海上目标回波，距离为23英里（约37千米）。按照威廉姆斯的引导，山姆驾机向目标位置飞去。当飞机降到200英尺高度（约61米）时，透过阴霾，山姆在飞机右舷约1英里（约1.6千米）处，发现了一艘浮在海面上的潜艇。山姆驾机迅速飞临目标上空，投下7枚250磅的"马克Ⅺ"型深水炸弹。前5枚没有命中，第6枚落在潜艇指挥塔前后爆炸，第7枚落在潜艇后舱后爆炸。当山姆驾机侧转回来，准备再次攻击时，只见潜艇艇首已高高翘起，很快被汪洋吞没。这艘U-506号潜艇的艇长是一名骑士十字勋章获得者。山姆第一次执行任务，就击沉德军王牌潜艇，心里非常高兴。"他值得信任。出发前，我告诉他，带我们去找。天啊！他真的带我们找到了。"山姆事后回忆道。

1943年7月，德军又有37艘潜艇被击沉，其中，31艘是被反潜飞机击沉的。1943年5月至7月，德军被击沉的潜艇数量达到了89艘，超过了其在1942年的全年损失数量——87艘。面对这种无法承受的损失，邓尼茨不得不承认："飞机和水面舰艇的雷达，不仅直接严重地影响单艘潜艇的作战，而且使敌人有了极其有效的方法，发现和规避潜艇预设阵位。这就是说，这个办法使潜艇丧失了它最重要的特点，即隐蔽性和突然性……雷达，尤其是机载雷达几乎使潜艇完全丧失了水面战斗能力。在空中侦察力量变得无比强大的北大西洋主战区，潜艇的狼群战术将无法继续使用。只有潜艇的作战性能有极大的改进，潜艇战才有可能恢复。"1943年8月2日，邓尼茨下令停止所有潜艇出航。

新型雷达告警接收机

早在1943年2月2日，德国空军在荷兰鹿特丹附近击落了一架英国战机。第二天，在对飞机残骸进行的例行检查中，德国技术专家找到了一部几近完整的"H2S"型雷达。经分析，德国科学家发现了盟军新投入反潜作战的核心技术秘密——10厘米波长的谐振腔磁控管。盟军最担心的事情还是发生了。可是，令人感到吊诡的是，德国海军直到1943年6月下旬才获悉这一信息，其中的蹊跷不得而知。邓尼茨在战后撰写的回忆录中说："今天我们才知道，护航运输队的掩护兵力都装备了10厘米波长的最新式雷达。我们的接收机无法接收这样短的电波，因而，潜艇也就不能预先防备敌人的搜索和发现。在潜艇没有装备能接收敌短波雷达的新型接收机之前，今后在不利的气象条件下，就再也不能与护航运输队作战了。"

为了紧急应对盟军的新型雷达，德国海军成立了科研指挥参谋部，负责与德国研究局及科学界和工业界协调、合作，研发一种新型雷达告警接收机，使之能够覆盖 10 厘米波段，重新为德军潜艇作战提供有效预警。其间，德军进行了近乎疯狂的战场试验。U-406 号潜艇在一次出航中，带上了德国在雷达告警接收机领域最优秀的专家格雷文博士和他的助手。他们携带了全套的试验设备和仪器，试图在实战环境中，搜集第一手数据，以破解盟军反潜作战的核心技术秘密。不过，事与愿违，U-406 号潜艇被盟军反潜部队发现和击沉，格雷文博士成为盟军的俘虏。

1943 年 8 月下旬，德国匆忙研制出了工作于 8 至 12 厘米波段的"纳克索斯"雷达告警接收机（邓尼茨在回忆录中称其为"哈格努克"）。由于在微波领域的技术储备不足，加上任务急、研发时间短，这款产品非常粗糙。它采用晶体器件，波段覆盖范围比较宽，天线又是全向的，故其作用距离很有限，为 8 至 10 英里（13 至 16 千米），与 10 厘米波雷达的探测距离相近。不过，在德军潜艇加装"纳克索斯"雷达告警接收机后的第一个月，盟军在比斯开湾发现潜艇的次数出现一些下降，不少潜艇躲过了致命的一击。

1943 年 12 月，通过多种情报渠道，盟军获悉德国已经研发出"纳克索斯"雷达告警接收机，并批量装备潜艇。这引发了反潜部队的恐慌，他们对"H2S"型雷达的效能产生了怀疑。加上德军潜艇已经装备了雷达和高炮，为了安全起见，一些反潜飞行中队甚至放弃使用雷达，重新依靠目视进行搜索。盟军的运筹学专家团队集思广益，想出了一些技术应对措施，诸如在雷达发射机中插入一个衰减器，当飞机接近潜艇时，使雷达发射机的功率同步地逐渐降低，以迷惑雷达告警接收机的操纵员。不过，为了使此方法有效，必须在大于 15 英里（约 24 千米）处发现目标，在通常情况下，该距离超过了雷达的平均发现距离，估计只有约一半的雷达可采用此方法。此外，研发也需要较长时间，最终没有采用该方法。除了技术应对措施，运筹学专家团队还提出了战术应对措施，一是隐蔽雷达的辐射特征。考虑雷达告警接收机的作用距离要大于雷达探测距离，在飞机接近目标时，禁止雷达使用扇扫或改变天线扫描频率，以免潜艇上的操纵员依据上述特征,判断出潜艇已被发现;二是间歇使用雷达,减少扫描次数。在1至2分钟内,雷达只扫描2至3次,对于微波雷达而言,"纳克索斯"雷达告警接收机定向天线接收到窄波束照射的时间就会很短,这可以显著降低其截获概率。如果单从技术上考虑,对于采用全向天线的雷达告警接收机,雷达间歇使用的战术效果不会太好。不过,这种只在较短时间内出现的短促信号,会造成雷达告警接收机操纵员的心理困惑,可以获得实际的收益。这些措施重新提振了反潜部队使用雷达猎潜的信心。

实际上,在与德军潜艇的斗争中,盟军反潜部队过高地估计了"纳克索斯"雷达告警接收机的性能和效益。其实,在"纳克索斯"雷达告警接收机装备潜艇之后,并未给德军潜艇提供太多切实可靠的保护。1943年2月,继研发出10厘米波机载轰炸雷达后,美国微波实验室开始研发3厘米波机载轰炸雷达。研发团队负责人瓦莱给这款新型雷达取名为"H2X",其中X表示3厘米波段(为了保密,英、美两国用英文字母来代表雷达的工作波段,如用S代表10厘米波段,用C代表5厘米波段,用X代表3厘米波段,用K代表2厘米波段等。可能因"H2S"中的S恰好代表10厘米波段,瓦莱便想到了用"H2X"命名。后来美国在研发2厘米波雷达时,又以"H2K"命名)。1943年6月,英、美两国商定,美国将致力于H2X型雷达的研制,并向前推进更短波长雷达的研发工作,英国将在圣诞节前为其3个轰炸中队装备3厘米波轰炸雷达。这将再次超出德军雷达告警接收机的波段覆盖范围,进一步扩大反潜作战中的雷达技术优势。1943年第四季度,盟军击沉了53艘潜艇,损失的商船只有47艘。

在加快雷达告警接收机更新换代的同时,德国科学家还在潜艇通气管技术上展开攻关,他们在通气管中加了一个特殊阀门,可以使潜艇在不浮出水面的状态下,也能为电池充电;他们还在通气管上涂覆吸波材料,进一步降低潜艇被雷达发现的概率。1944年1月20日,邓尼茨放言:"(虽然)敌人在防御方面已经取得了优势,但是将来总有一天,我要让丘吉尔见识一下第一流的潜艇战。潜艇这种武器并没有因1943年的挫折而彻底毁灭,相反,这种武器变得更加强大了。1944年将是成功的但也是艰苦的一年,在这一年中,我们将以新的潜艇武器粉碎英国的供应线。"

1944年1月,一架装备了3厘米波轰炸雷达的轰炸机在柏林上空被击落,德军从飞机残骸中找到了3厘米波轰炸雷达的一些部件,并从中准确测出了其工作波长。德军赶忙展开3厘米波段雷达告警接收机的研发,并于1944年4月开始装备潜艇部队。这一名为"突尼斯"的雷达告警接收机拥有两个天线,一个喇叭天线用来接收3厘米波段雷达信号,另一个抛物面天线用来接收10厘米波段雷达信号。安装在潜艇指挥塔上的天线,不能自动旋转,需要操纵员手摇使其转动。下潜时,还必须将天线卸下。此外,位于基尔海军实验基地的电子战专家海因茨·施利克,还为德国海军重启U形潜艇战计划,在电子领域应采取的综合措施进行了系统研究。不过,此时任何研究、任何装备都已无济于事。在1944年6月至8月的诺曼底登陆战役期间,邓尼茨派出30艘潜艇参加了45次作战行动。盟军反潜作战势头如虹,没有给德军潜艇重新表现的机会,德军30艘潜艇被击沉20艘,损失近千人。历史已经扼住了德军潜艇部队的咽喉,纳粹德国最终覆灭的丧钟已然敲响。

大西洋战役完胜之因

大西洋战役可谓跌宕起伏,惊心动魄。最终,盟军以压倒性的优势夺得了大西洋战役的完胜。然而,事非经过不知难,英国海军史学家罗斯基尔在《海上战争》一书中说:"在漫长的世界海战史中,还未曾有过相似的搏斗,因为这场搏斗是在数千平方英里的大洋里展开,没有具体的时空限制……这场连续45个月的战役比我们后人所能想象的要严峻得多,激烈得多。"单从武器装备的视角,关于盟军最终战胜德军潜艇的关键因素是什么的问题,在学术讨论中有两种意见:一种认为雷达及其运用是关键因素,还有一种认为英国布莱奇利公园(二战期间英国的密码破译中心所在地)破译了德军无线电通信密码的"巨人"机及其破译实践是关键因素。不过英国和美国两国官方历史学家看来更支持第一种观点。罗斯基尔说:"在所有反潜成就中,厘米波雷达可谓鹤立鸡群。因为雷达能使我们在夜晚和能见度不好的条件下照样发起攻击。"他的观点获得美国同行《第二次世界大战中美国海军作战史：大西洋战役》一书作者，美国海军史学家萨缪尔·埃列特·莫里森的认同："在1943年春季至夏初时节，是微波雷达为战机提供了大量猎杀潜艇的机会。"作为英国战时首相的丘吉尔，对于英国破译德军密码的工作肯定心知肚明，他在回忆录中说："相当长时间以来，我们的飞机曾携带雷达，以探测海上的舰只。这种雷达称为空对海搜索雷达。但是，到1942年秋季，德国人开始在潜艇中安装特制的雷达告警接收机，以获悉雷达的辐射信号。因此，德国潜艇便可以及时潜入海水底下，规避袭击。结果，空军海岸防御司令部击沉敌方潜艇的数量减少了，而商船损失数量增加了。以H2S型雷达（10厘米波机载轰炸雷达）来替换现役对海搜索雷达，非常有效。在1943年，H2S型雷达为最终击败敌方潜艇做出了不容置疑的贡献。"

邓尼茨作为"狼群战术"的设计者和发明者，也是潜艇战的直接策划者和组织指挥者，在其回忆录中说："敌人采用的一切新的或更强有力的作战手段，如护航航空母舰、支援群和'运程飞机'，之所以能取得成功，主要借助一种波长仅10厘米的超短波雷达。这种雷达使敌人能够不分昼夜地在任何气象条件下，在黑暗、浓雾和能见度不良的情况下发现水面的潜艇，引导飞机直接对潜艇实施攻击。"邓尼茨承认："美国在反潜方面除研制的雷达外，其他研制成果也发挥了重要作用，如舰载短波测向仪，以及1942年以来对德国无线电密码的破译等。"不过，他仍然认为："（是）雷达，尤其是机载雷达，几乎使潜艇完全丧失了水面战斗能力。在空中侦察力量变得无比强大的北大西洋主战区，潜艇的狼群战术已无法继续使用……在大西洋战役中我们战败了……这场战役之后，尤其是在出现新型雷达之后，两大海军强国的庞大海空防御力量最终挫败了潜艇战。"

客观地讲，盟军在大西洋战役中最终取胜的原因是多方面的，单从反潜武器装备及手段而言，就有远程轰炸飞机、寻的鱼雷、深水炸弹、短波测向仪、密码破译等，它们都为挫败凶狠的德军潜艇部队做出了自己的贡献。但是，要击沉一艘潜艇，及时发现目标，连续、准确地确定出目标位置终归是第一位和不可或缺的，因此，雷达情报的作用至关重要，是任何其他情报都难以替代的。正如同样知晓盟军密码破译情况的万尼瓦尔·布什所言："（在二战中，涌现出来的众多反潜武器中）厘米波雷达是最重要的。"英国历史学家保罗·肯尼迪在《二战解密：盟军如何扭转战局并赢得胜利》一书中说："厘米波雷达更应该算是一项突破，事实证明这是一项伟大的突破……有了这种雷达，盟国的侦察机或花级轻型巡洋舰，无论是在白天还是在晚上，在几英里之外就能发现德国潜艇的指挥塔。如果风平浪静，这种雷达甚至能发现德国潜艇的潜望镜……相比而言，英国布莱切利公园密码破译机与德国无线电侦听部门之间的竞争，似乎不是决定大西洋战役胜负的决定性因素，仔细研究一下1943年几个关键的护航战役就能得出此结论。"在夜间及能见度不佳的情况下，厘米波雷达还为盟军搜寻、发现水面救生筏，拯救海上失事人员的生命做出了重要贡献。

现在回过头看，同盟国之所以能研制出厘米波雷达，并正好在关键时刻装备部队，投入战场，追根溯源，还在于兰德尔和布特发明了谐振腔磁控管。这一发明一举突破了产生大功率微波能量的瓶颈问题，并为美国机载雷达的小型化扫清了技术障碍。也正因为这是一个世界级难题，德国科学家才会认为，同盟国想要研发出厘米波雷达是不现实的，对盟军已经装备机载厘米波雷达一直抱怀疑态度，以致在寻求电子对抗措施时，研究问题的方向一错再错。据统计，到二战结束时，美国共生产了100多万根谐振腔磁控管。谐振腔磁控管及厘米波雷达为同盟国挫败德军潜艇的强劲势头，最终夺取大西洋战役的胜利起到了举足轻重的作用。历史业已证明，大西洋战役的胜利对二战的进程和结局具有深远意义。

在美国正式加入二战前，罗斯福曾对丘吉尔说："决定这场战争成败的是大西洋。只有在那里赢得胜利，希特勒才可能征服世界。"丘吉尔在战后评价道："潜艇的袭击是我们最大的灾难。如果德国人为此不惜孤注一掷，那就聪明了。"有"沙漠之狐"之称的隆美尔说："事实上，自从美国参战之后，我们最后取得胜利的希望就已经极其渺茫了。如果我们的潜艇能控制大西洋，那么也许还有一线希望。即使美国能够生产大量战车、火炮和车辆，也仍然需要经过海运方能到达战场。可是，足以决定战争前途的大西洋战役，不久，就因为我们潜艇损失惨重而宣告失败。

这一事实就是一切胜负的主因,只要是美、英运输船队可以到达的地方,我们都必输无疑。"邓尼茨在其回忆录中说:"(丘吉尔)是反潜艇委员会的主要人物,同时又是大西洋战役委员会的主席,该委员会是为解决与大西洋战役有关的所有问题而专门成立的。战时内阁成员、各部部长、第一海军大臣、空军参谋长和一批技术顾问均是该委员会的成员……然而,我们在这方面做得怎么样呢?即便在战争开始之后,也没有将国家各个有关部门组成一个由国家首脑领导的统一的主管机构。不然,这个机构就能集中一切力量尽快地铸造潜艇部队这把利剑,以形成对英国的致命威胁……看来我们对这场海战的认识是不足的。我们缺乏像英国政府和军队首脑,以及英国公民那种对大西洋战役的清醒认识和理解。我们的目光较多地盯着陆上战役。有人认为,通过夺取陆上战役的胜利,我们同样也能战胜海军强国英国。"

空中漏情，社稷蒙羞

在不列颠反空袭作战中，雷达成为英军克敌制胜的法宝。依据英军的经验，太平洋战争爆发前，美军在夏威夷和菲律宾已经部署了防空雷达。然而，雷达及其作战运用是一个有机整体，仅有硬件，作战观念不随之转变，相配套的体制、机制，以及专业训练等软件规范建设跟不上，一遇突袭，依然于事无补，令社稷蒙羞。

准备偷袭珍珠港

二战爆发后,在德国咄咄逼人的闪击攻势下,英、法等国力不从心,明显减弱了对亚洲南洋地区的控制。日本认为这是"南进"一举夺取法属印度支那、英属缅甸、香港、荷属东印度群岛等地的天赐良机。1939年9月3日,最先提出"南进"策略的中原义正大佐在日记中写道:"(日本)必须利用欧战提供的机会,迅速诉诸武力控制南洋。"为达成此目的,日本海军应不惜与英、美一战。到了1940年4月,日本海军认为,这是占领荷属东印度群岛的最好时机。进入1940年6月后,更是把法属印度支那看成可以纳入囊中的"一个熟透了的柿子"。为了遏制日本"南进"野心,美国总统罗斯福于1940年5月,命令太平洋舰队在完成年度军事演习后,留在夏威夷,而不是返回南加利福尼亚州(以下简称"南加州")。

1940年7月27日,日本拟定了《适应世界形势演变的时局处理纲要》(以下简称《纲要》)。《纲要》正式确定了"掌握时机,解决南方问题"的南进政策,以及与轴心国联合行动的方针;并明确指出:"行使武力时,应极力将战争对手只限于英国一国。但是,即使在这种场合,对美开战也将不可避免,因此,应做好充分准备。"1940年7月29日,日本天皇裕仁传唤大本营的首脑到皇宫,专门听取与英、美作战的前景。据陆军参谋次长泽田茂记述,汇报中,裕仁问道:"在海战方面,日本能取得像过去日本海战役那样的战果吗……已经有消息说,美国将禁止对日出口石油、钢和废铁。石油,我们或许能从其他地方获得,可是获取钢和废铁不是很困难吗?"听完汇报,裕仁说:"尽管有危险,但是目前正是解决南方问题的好时机,看得出你们正在考虑实施这个计划……好时机具体是指什么?"

泽田茂回答："比如说，德国开始对英国的登陆作战就是一例。""我听了各种各样的意见。"裕仁总结道，"总而言之，你们是想趁当前的好时机解决南方问题，对吧？"裕仁批准了这份《纲要》，将其作为日本对外政策的基本国策。

1940年9月22日晚，日军侵入法属印度支那北部。4天后，作为回应日本在法属印度支那的行动，美国总统罗斯福下令禁止向日本出口钢和废铁。1940年9月27日，在德国柏林，日本与德国、意大利共同签署了德国、意大利、日本三国军事同盟条约。

1940年10月8日，时任美军太平洋舰队司令理查森与罗斯福总统共进午餐时，反映了面临的困难，建议太平洋舰队返回南加州。罗斯福回答："尽管存在你所说的问题，但我知道太平洋舰队在夏威夷水域的存在，已经而且正在对日本的行动起到一种牵制作用。"

为了"诸神保佑"，给德国、意大利、日本三国军事同盟条约"带来幸福的结果"。1940年10月17日，裕仁在皇宫神殿举行了一次特别的祈福仪式。日本开始积极为实现"南进"国策做两手准备，一方面，通过外交途径与美国谈判，力求不战而达成国策目标；另一方面，秘密筹划对美作战准备，一旦谈判不成，力求通过诉诸武力逼美国签城下之盟。

策划袭击美国的任务，交给了海军联合舰队司令山本五十六。山本五十六喜欢赌博，据说他讲过："不赌博的男人不是男人。"21岁时，他参加了对马海战，是"日进"号巡洋舰上的一名海军少尉候补生。战斗中，他右腿被炸伤，左手食指和中指被弹片削去。在长崎海军医院治疗时，伤口感染，医生建议截去左胳膊以保性命。山本却拒绝截肢："我要么死于感染，要么恢复过来继续当一名战士。我还有二分之一的机会，我要赌一把！"凑巧，真被他赌赢了，他保住了胳膊，并得以康复。

1940年11月26日至28日，也就是在英军航母编队奇袭意大利海军基地塔兰托半个月之后，山本主持了由海军高官参加的兵棋推演。演习结果表明，美军部署在珍珠港的太平洋舰队可以对日军向南方开进舰队的侧翼实施攻击。如果想要保证"南进"的成功，山本认为，日本唯一能把握的机会就是在开战初期，发起突袭一举拔掉美军"指向日本心脏的匕首"，"我们将竭尽全力在第一天就决定战争的命运"。

山本曾是日本驻美国使馆的一名海军武官，他深知与美国较量就几乎等于与整个世界较量。因此，在秘密拟制突袭珍珠港的计划时，他又展现了性格的另一面，即在下赌注时，瞻前顾后，十分谨慎。每天晚上，他都会反复推敲计划中的每个细节，发现尚存的问题，找出应对的办法。诸如，如何隐蔽突袭的企图，如何组织机动部队瞒天过海，横跨太平洋而不被沿线美军的巡航哨舰发现，如何在浅水湾实施空射鱼雷攻击等。不过，百密一疏，对于珍珠港装备了防空情报雷达，而且其探测范围延伸到海岸线以外很远的问题，山本似乎认识不足，并没有提出有效的应对办法。

经过近一年的策划、准备和突击训练，1941年11月27日，自以为诸事具备的日本海军机动部队，从千岛群岛择捉岛（伊图鲁普岛）的单冠湾起锚，开始向夏威夷开进。

美军的防御准备

日美关系日趋紧张，1941年5月初，罗斯福总统过问了夏威夷的防御情况。陆军参谋长马歇尔按照罗斯福的要求，呈送了一份关于夏威夷防御能力的评估报告："由于瓦胡岛已构筑防御工事，驻军可以依托有利地形和既设工事组织防御，因此该岛是世界上最强大的堡垒。

"防空能力。夏威夷拥有足够强的防空能力，只要敌人的航母编队进入距离该岛约750英里（约1207千米）的范围时就会遭到拦截；进入距离该岛200英里（约322千米）的范围时，将遭到攻击力更强的拦截，美军最现代化的战斗机还能给予充分支援。

"防空兵力。如将正在进行的航空兵调动包括在内，夏威夷将拥有35

架现代化的 B-17 '空中堡垒' 轰炸机、35 架中程轰炸机、13 架轻型轰炸机，以及 150 架战斗机，其中 105 架是最先进的。此外，夏威夷还能得到陆基重型轰炸机的增援。面对这样庞大的兵力，对瓦胡岛发动大规模进攻的胜算所剩无几。"

在报告最后，关于 35 架 B-17"空中堡垒"轰炸机，马歇尔还亲笔写了两句注释："即将于 5 月 20 日飞往夏威夷。如果形势恶化，这些轰炸机可立即派出。"

在马歇尔的评估报告中，列举了防御工事和火炮、飞机，似乎却没有提及新型防空装备——雷达。不过，依据英国的防空作战经验，在 8 月初，环绕瓦胡岛，美军开始部署 5 部 SCR-270 防空情报雷达，工作频率为 106 兆赫，最大探测距离达 320 千米。5 部雷达形成的探测覆盖范围，平均延伸至海岸线以外 150 英里（约 241 千米）处。按照飞机飞行速度每小时 350 千米计算，至少可以提供 41 分钟的预警时间，足以使防空部队完成战斗准备等级转进。单从硬件的角度讲，防空情报雷达的部署，无疑会使夏威夷的对空防御体系更加完整。

1941 年 11 月 26 日，美国国务卿赫尔拒绝了日本提出的不可接受的谈判条件。转天，美军陆军参谋长马歇尔向驻菲律宾、巴拿马运河和夏威夷的司令官们发出了警报："对日谈判实际业已结束，日本政府重新提出继续和谈的可能性微乎其微。日本未来的行动难以预料，敌对行动随时可能发生。如果敌对行动不可避免，美国希望让日本首先采取公开行动。但不应把这项政策理解为要你们坐以待毙、被动挨打……"

美军海军作战部长斯塔克向太平洋舰队和驻菲律宾的亚洲舰队司令发出了类似的警报："本电报应视为战争警报。为谋求太平洋局势的稳定而与日本进行的谈判已经结束，预判日本数日内将采取侵略行动。日军的数量、装备及海军特遣队的组成表明，若不是对菲律宾、泰国，就是对克拉半岛，也可能是对婆罗洲发动两栖攻击。务请做好适当防卫部署，准备执行 46 号战争计划所规定的任务……"

本该避免的漏警

　　1941年12月7日拂晓前，日本海军机动部队在瓦胡岛以北230英里（约370千米）水域完成了集结。6点前，日军一架"零"式水上侦察机飞往瓦胡岛空域实施侦察。6点，由渊田中佐领队第一攻击梯队的183架战机从航母甲板上起飞，扑向瓦胡岛。

　　当天，瓦胡岛上雷达站的开机工作时间是凌晨4点至7点。6点45分，位于瓦胡岛最北端的奥帕纳雷达站，更靠西边的卡维罗阿雷达站，以及位于东部的卡阿瓦雷达站，都探测到一批微弱的回波信号，但不久，回波信号就消失了。3个雷达站对此都没有做出反应。7时许，位于沙夫特堡的作战情报中心下达了雷达关机的例行命令。

　　奥帕纳雷达站阵地的海拔高度230英尺（约70米），所处位置最适宜探测正在入侵的日机。开始做关机准备时，操作员埃利奥特要求老兵洛卡特稍等片刻。7点02分，雷达显示屏上突然出现一大片回波亮点。洛卡特以为雷达出故障了，经认真检查后并未发现什么问题。对着显示屏再做仔细观察后，洛卡特判断，距离瓦胡岛以北约75英里（约121千米）处，飞来一个飞机编队。在埃利奥特的坚持下，洛卡特要通了沙夫特堡作战情报中心的接线员。7点20分，洛卡特向作战情报中心当班参谋泰勒中尉报告：方位3，距离120，发现大批飞机。之前，泰勒收到一份从137英里（约220千米）中转基地发来的飞行预报，当天，从本土加利福尼亚州（以下简称"加州"）出发的一批12架B-17"空中堡垒"轰炸机经转场将飞抵瓦胡岛，于是，泰勒未经进一步查证、核实，就草率地判断为，这是从本土飞来的B-17"空中堡垒"轰炸机编队。他告诉洛卡特："没事。"结果，两名雷达操纵员眼睁睁地看着日军攻击机群一点点逼近，直至7点39分，目标回波消逝在山峦形成的杂波之中。

7点35分，飞在最前面的渊田驾驶飞机绕过瓦胡岛西南的巴伯斯角，做攻击前的最后一次观察。按照预案，如果攻击梯队被发现，空中就会出现拦截的战机。届时，渊田必须发射2枚发烟火箭弹，示意在其上方5000英尺（1524米）高度的43架"零"式护航战斗机，立即向下俯冲，向拦截战机发起攻击，为轰炸行动强行开辟空中通道。令渊田庆幸的是，瓦胡岛毫无戒备。7点45分，渊田发出了"全体突击"的信号。7点55分，突击开始，珍珠港顿时陷入一片火海之中。

太平洋舰队司令金梅尔在家中获悉，"监护"号驱逐舰发现并击沉一艘不明国籍的潜艇，他立即冲出门，直奔司令部。他站在二楼一扇打开的窗前，目睹了日军机群的血腥屠杀。突然，一小块跳弹片击中其左胸部，将袋中的眼镜盒打落地上。金梅尔捡起眼镜盒，悔恨道："要是把我打死就好了。"作为一名职业军人，他知道他本该预有防备，挫败日军的偷袭，但一切为时已晚。

其实，6点45分，3个雷达站发现的第一批目标，正是日军率先起飞的那架"零"式水上侦察机。7点20分，洛卡特报出的大批机群目标，正是渊田带领的第一攻击梯队的183架战机回波。如果雷达战斗值班严谨，空情处理规范，值班参谋把雷达站的报告当回事，及时发出防空警报，至少能提供15分钟的预警时间。在机场值班的战斗机完全来得及紧急升空，抢占有利拦截阵位，给来犯的日机以致命的一击。

罗斯福在接到珍珠港遭袭、损失惨重的报告后，十分震惊："我的上帝，怎么会这样？"并一度咕哝道："我将会带着耻辱下台。"日本宫内大臣木户，在1941年12月8日的日记中写道："今天清晨，我海军航空队向夏威夷发起了大规模攻击。得知此事，我牵挂攻击的成败，不由自主地向太阳鞠躬，闭目默祷。7点30分，我会晤（东条英机）首相、两位参谋总长（杉山陆军大将和永野海军大将），听到我们突袭获得巨大胜利之佳音。我深感天神助力之恩。我从11点40分至12点受到陛下接见。如果我可以这么说的话，我惊讶地发现，值此未来国运系于战争之际，陛下似乎自信十足，毫无内心焦虑之迹象。"

菲律宾遭到突袭

1941年12月8日凌晨3点40分，驻节马尼拉的麦克阿瑟被一阵电话铃声叫醒。长途电话来自华盛顿陆军部，伦纳德·杰罗准将告诉他，珍珠港遭袭，损失情况不明，并称陆军部判断，不久，菲律宾也会遭到进攻。"这帮人终于动手了！"麦克阿瑟回答，"告诉参谋长，不用担心，我这里没有问题。"

开战前，美军驻菲律宾的航空队拥有265架各型战机（含储备战机），担负战备任务的战斗机有102架，轰炸机36架，水上飞机30架。其中，P-40战斗机和B-17"空中堡垒"轰炸机是新型战机。在1941年11月底之前，还有7部SCR-270防空情报雷达运抵菲律宾。不过，因阵地勘察、修建等工作缓慢，只有位于伊巴机场的两部雷达投入了战备值班。但不管怎么说，美军航空兵部队是同盟国在远东地区最强大的一支空中力量。

5点多，美军驻远东的航空队司令布里尔顿，向麦克阿瑟的参谋长萨瑟兰建议，立即出动B-17"空中堡垒"轰炸机，突袭台湾的机场和港口。萨瑟兰答称可以提前做些准备，是否实施，等待麦克阿瑟的命令。

黎明时分，日军13架轰炸机和9架护航战斗机从"龙骧"号航母上起飞，袭击了位于菲律宾棉兰老岛南部海滨的达沃海军基地。

7点15分，布里尔顿催促萨瑟兰下达命令。萨瑟兰答："将军否定了这个建议，并强调，你的任务是保卫马尼拉。目前有关日军在台湾军事基地的情报并不充分，盲目出击是一种冒险。"布里尔顿很不高兴地回敬道："日军已先出手，珍珠港遭到了重创，我们还有必要等下去吗？还等什么？"

布里尔顿回到位于尼尔森基地的司令部后，接到陆军航空队司令阿诺德从华盛顿打来的电话,珍珠港太疏忽大意,提醒他"一定要有所准备,以防万一。决不能再出现珍珠港那样悲惨和狼狈的局面。"

空情不明指挥难

伊巴机场雷达站临海,位于马尼拉东北方向。当天,雷达站接到了严密监视当面空情的命令。值班操纵员紧张地注视着雷达显示屏,生怕出现漏情。由于这些操纵员都是新手,没有经验,一群鸟从空中飞过,都有可能引发虚警。自从雷达开始运转以来,雷达站报出过数起虚警,造成机场指挥所的忙乱与不必要的紧张。

1941年12月8日9点30分,布里尔顿收到一架空中侦察机发回的空情报告:一批轰炸机正朝仁牙因湾方向飞来。这正是一批从台湾屏东等机场起飞的日军轰炸机。布里尔顿命令克拉克机场18架B-17"空中堡垒"轰炸机,除留3架之外,其余均升空规避;令驻德芒特机场的18架B-17"空中堡垒"轰炸机紧急疏散;令驻克拉克和尼克尔斯机场的18架P-40战斗机立即升空,飞往仁牙因湾上空拦截。不料,这批日军轰炸机执行的是轰炸吕宋岛北部土格加劳机场和中部碧瑶机场的任务,P-40战斗机扑了个空。

9点至10点,随着天气的好转,日军从台湾高雄、台南等机场分两批起飞了107架轰炸机和89架护航战斗机,执行攻击克拉克、德卡门和伊巴机场的任务。中途有6架战机因故被迫返航,其余190架按计划飞向攻击目标。

10点10分,布里尔顿再次向麦克阿瑟司令部请示突袭台湾的计划,得到的答复仍然是不准。不过,4分钟后,又接到了批准的电话。布里尔顿根据变化了的形势,令参谋部重新调整突袭计划。

11点,早先升空规避的B-17"空中堡垒"轰炸机回到克拉克机场。

布里尔顿从克拉克机场派出一架 B-17 "空中堡垒" 轰炸机飞往台湾方向巡逻；派另一架飞往吕宋岛北部巡逻；从尼克尔斯、伊巴和德卡门机场派出 54 架 P-40 战斗机分别在克拉克和伊巴机场上空警戒巡逻。

11 点 27 分，伊巴雷达站报告，在台湾方向发现一批目标。布里尔顿命令克拉克机场的 18 架 P-40 战斗机飞向巴丹半岛和马尼拉湾上空警戒巡逻。

12 点过后，先前派出警戒巡逻的 P-40 战斗机开始陆续返回机场。在克拉克机场着陆的 18 架 P-40 战斗机开始加油，准备再次升空警戒。

12 点 30 分，日军首批 "零" 式战斗机飞临克拉克机场上空。之前，伊巴雷达站向马尼拉情报中心报告了日机编队的方位、距离。马尼拉市拉响了空袭警报，布里尔顿下令尼克尔斯机场起飞 18 架 P-35 战斗机，飞往马尼拉市区上空警戒巡逻。因通信设施落后，电话线路不稳定，马尼拉情报中心没有将 "秃鹰聚集上空" 的空袭警报传递到克拉克机场指挥所。

此时，在克拉克机场的军官餐厅，飞行员一边吃午饭，一边收听马尼拉广播电台正在播报的午间新闻。在节目最后，播音员说："虽未经证实，但据一位消息灵通的人士透露，日军轰炸机正在飞往克拉克机场的途中。" 一个上午，飞行员一直疲于应对空袭警报，加上听惯了播音员不着调的调侃，所以对透露的空袭警报报以一片哄笑。然而，这次狼真的来了。

12 点 32 分，播音员的话音刚落，87 架日军战机向克拉克机场发起了攻击。12 分钟之后，50 架日军战机向伊巴机场发起了攻击。正在机场加油的飞机陷入爆炸声和火海之中。

当天，日军以损失 7 架飞机的代价，摧毁了美军驻远东航空兵一半以上的战机，美军唯一的一个对空警戒雷达站——伊巴雷达站也遭到了破坏。美军失去了在菲律宾及远东地区的制空权。

一错再错谁之过

麦克阿瑟在回忆录中说："我们只有一个雷达站投入运行。因此，防空预警主要依靠对空观察哨耳听目视。""在克拉克机场尚未遭袭时，布里尔顿将军曾向萨瑟兰将军提议突袭台湾。我根本不记得萨瑟兰就此同我商议过，布里尔顿也从没有给过我任何关于突袭台湾的建议或提示，整件事我是几个月后从一则新闻报道上才获悉的。""布里尔顿将军受到诸多批评，其大意是说他或玩忽职守，或由于判断失误，未能采取恰当的防范措施，导致其部分航空兵兵力尚未升空即遭到摧毁。""但这些言论却冤枉了这位军官。他的战斗机当时正在克拉克机场上空提供掩护，只是由于敌众我寡，未能成功拦截敌机。我们驻菲律宾的航空兵部队仍在使用很多老式飞机，而且装备吃紧，机场不足，疏于维护，几乎只是支象征性的队伍，人员生疏，缺乏经验。在此情况下，面对敌人压倒性的数量优势根本毫无胜算。"

实际上，如果麦克阿瑟果断批准突袭台湾的计划；如果战前加快雷达阵地建设步伐，7部SCR-270防空情报雷达全部展开，建立起正规的值班制度和空情处理机制；雷达操纵员训练有素；将雷达情报传递赋予最优先的通信等级。那么，布里尔顿就有可能依据及时、准确的空中情报，有的放矢地指挥防空作战，菲律宾避免成为第二个珍珠港并非没有可能。

陈纳德将军在其回忆录中写道："从平时到战时的突然转变，对于普通百姓而言的确很难适应，但是，对于职业军人而言就不应该成为借口。如果让我的战机在地面上被摧毁，就像驻守菲律宾和夏威夷的航空兵那样，我这辈子都无法面对我的同行。"

绝地出击，遗憾收官
——I

　　珍珠港事件之后，日军可谓所向披靡，闪电般地占领了广袤的东南亚及西太平洋地区，盟军节节败退，哀鸿遍野。除了陈纳德的志愿援华航空队表现亮眼，赢得了"飞虎队"的美誉，其他盟军部队几乎乏善可陈。为了提振一落千丈的士气，罗斯福急欲将真正意义上的战争带到日本本土。可这一宏大的愿景能够实现吗？

对雷达的重新认识

从珍珠港事件中，美军得出的一个血的教训，雷达是现代战争中不可或缺的撒手锏，其运用的好坏直接影响战争的进程和全局。珍珠港事件之后，美国迅速加快整军步伐，加紧落实雷达研发、生产和部署等方案或计划。到1941年12月中旬，美国海军已经调拨了6种型号、132部雷达，准备将其加装到现役军舰上，以提升防空预警和火控能力。其中，巡洋舰、战列舰和航空母舰加装了CXAM型对海、对空警戒雷达。美国海军对英国提供的"马克Ⅱ"型空对舰搜索雷达进行了改进，开始投入量产。在珍珠港事件中沉没的"加利福尼亚"号战列舰上的CXAM型米波警戒雷达被打捞上岸，安置在瓦胡岛雷达学校，以强化雷达操纵员的实际操纵培训。

美国陆军将SCR-270型远程防空情报雷达部署到夏威夷、中途岛等地，将SCR-268型近程防空情报雷达部署到冰岛、巴拿马和其他战略要地，以加强其防空预警能力。为了满足军方巨大的需求，辐射实验室专门安排人力、物力，开办了民用转军用培训班，为刚加入雷达研发、生产的企业及技术人员提供相关指导。显然，所有这些应急方案和改进措施，在有效发挥作用之前，还需要经过一个艰苦的过程，可是日本的侵略狂潮却没有因此止步。

美国志愿援华航空队

1941年4月15日，美国总统罗斯福签署了一项没有公开的行政命令，批准美军预备役军人及从陆军、海军和海军陆战队退役的军人，可以以平民身份自愿加入美国志愿援华航空队（以下简称"志愿队"），帮助中国抗日。1941年7月3日，负责组建美国志愿援华航空队的陈纳德辗转来到缅甸仰光。他来此要做3件事：考察选择一个机场，作为集合和培训队伍的基地；想办法筹措飞机零部件，以保证所装备的作战飞机始终处于良好状态；把临时拼凑起来的志愿队训练成军，能打仗、能打硬仗。5天后，第一批志愿者到达东吁机场，此地位于仰光北面约170英里（约274千米）。

在机场外场的教室里，陈纳德凭借其在美国陆军航空队当教官的经历，以及4年来在中国抗日的经验，自编教案、讲义，为先后到达的110名飞行员授课。除了飞行技术、战术，他还为飞行员介绍中国抗日的情况，以及中国防空预警网的构成和运作方式等。到1941年9月15日，每位飞行员都接受了72小时的课堂学习和60小时的飞行训练。陈纳德后来回忆道："我这一辈子一直做教员，从在路易斯安那州乡下的那种'一间屋'学校当老师（陈纳德大学毕业后的第一份工作，是在路易斯安那州的阿森斯教书，'一间屋'学校是美国早期的乡村学校，因各年级学生在同一个教室上课而得名）起，一直到在最大的航空学校当教官。但是，我相信，在我的从教生涯中，最出色的业绩是在东吁那些柚木搭建的教室里创造的。在那里，我把来自五湖四海的美国志愿者训练成了闻名世界的'飞虎队'。他们创造的空中战绩，没有任何一支相同编制的飞行队能够企及。"

美国志愿援华航空队以"飞虎"之名享誉世界，不过，"飞虎"并非其自创。当时，在一本《印度连环画周报》里，有一幅描绘英国空军部署在利比亚沙漠中的战斗机插图，在P-40战斗机的机头下部画着一幅鲨鱼的利齿。志愿队的飞行员非常喜欢这一创意，将其临摹下来，涂鸦在P-40战斗机高高翘起的机头下部，从远处看去，P-40战斗机就像一条张着大嘴，露出尖利牙齿的大鲨鱼。1941年12月20日，志愿队在昆明空战中旗开得胜，令饱受空中欺凌的昆明百姓扬眉吐气。昆明的报社争相报道空战经过，一位记者在其专栏文章中描述了美国志愿援华航空队的空中英姿："他们就像一群飞起来的老虎……"一传十，十传百，很快，"飞虎队"成为美国志愿援华航空队的昵称。美国志愿援华航空队的老兵罗伯特·T. 斯密斯在《美国志愿援华航空队历史》一文中回忆：始于滇缅公路保卫战直至 1942 年 7 月的战史，充分证明了美国志愿援华航空队的骁勇善战。在投入对日作战的初期，中国人民，以及新闻媒体就开始称我们为"飞虎"。

有关飞虎队名称的由来，有几种不同的说法。陈纳德将军在其回忆录中说："张着鲨鱼大嘴的 P-40 战斗机如何又被演绎成'飞虎'，我就不得而知了。不管怎么说，当我们刚得知自己得到这样一个绰号时，心里多少都有些惊讶。"1942 年 3 月，好莱坞的沃尔特·迪斯尼协会的罗伊·威廉斯，应中国驻华盛顿军需处的请求，为美国志愿援华航空队设计了队徽：一只插着翅膀威风凛凛的老虎，从象征胜利的 V 字形中飞身跃起。

1941 年 11 月底，英军将 2 部防空情报雷达运到了缅甸，分别架设在毛淡棉和仰光，其探测范围可以覆盖缅甸南部空域，但是覆盖不到东吁机场的东部方向。防空预警网向东吁机场传递空情信息，需要依靠缅甸人经营的民用电话系统，既费时又费事。

空情信息处理、传递，包括标图、报知和记录等是一门专业，为了保证空情处理、传递的及时、准确和完整，必须建立一套专门的标准、规范和程序，必须组织专司人员，进行专业训练，才能胜任。并非有了雷达、对空观察哨和电话线，防空预警系统就自然建成，可以有效运作了。在重庆早期的防空预警中，因未对传递空情的数字读音做出规范而出过洋相。一天，位于川东的一个对空观察哨发现一架日机由东向西飞来，立即向重庆防空指挥所报告。值班参谋不是四川籍，用中文进行核实："日机是几架？"川东籍哨兵回答："'思已戞'。"通信质量不佳，哨兵口音又重，值班参谋辨不清，再问："是 11 架吗？"哨兵回答："'晡思思已戞，兹思已戞'。"值班参谋还是辨不清："是 71 架吗？"哨兵有点不耐烦，口音更重："'晡思奇思已戞，久思已戞'。"值班参谋似乎终于听明白了："噢，91 架！知道了。"防空指挥所随即发布 91 架日机来袭的防空警报。

当时，在缅甸东部和泰国的机场之间，英军只建了一个对空观察哨，这个部署在靠近泰国边境丛林中的哨所，装备了一部望远镜和一部电话，由一名英国人看守。依据在中国抗战多年的经验，陈纳德在与英国驻缅甸的空军指挥员曼宁上校交谈时，多次建议其在仰光以西建几个简易疏散机场，在疏散机场和泰国边境之间增建一系列对空观察哨，使用电话专线和无线电设备，将其构成一个防空预警网，与雷达网互补。如此，就能为飞行中队提供足够的预警时间，使战斗机能够抢占有利高度来拦截日军飞机，并可在几个机场间适时机动及转移有生力量。曼宁上校有点刻板，他把陈纳德视为一个雇佣军头目，加上部队人手紧张，不愿意抽出军人负责对空观察任务。又因缅甸人敌视英国殖民者，曼宁不敢使用当地人负责对空观察任务，结果，临战前仅仅启用了那个唯一的对空观察哨，也没有在日军飞机攻击半径之外建疏散机场。

接连遭袭的英国空军

滇缅公路的起点在缅甸的仰光，从外部世界经海路运输到中国的军需物资，在仰光港口卸下，装上汽车经公路送达昆明，再从昆明分发、转运到内地各抗日战场。在日军占领中国的沿海城市之后，这条运输大动脉的地位和作用是不言而喻的。陈纳德的美国志愿援华航空队成军后，英国人盯上了这支新组建的队伍，要求将其部署在仰光附近的明加拉顿机场，以保卫仰光。后经英国与中国反复磋商，中国同意将美国志愿援华航空队的一个中队部署到缅甸，协助英国空军保卫仰光，另外两个中队部署在昆明，决心以滇缅公路的两个端点为基地，保卫这条至关重要的运输通道。

1941年12月23日，日军从泰国出动54架轰炸机，在20架战斗机的掩护下，向仰光发起了蓄谋已久的空袭。不出陈纳德所料，英军漏洞百出的防空预警网没有及时发出警报。日军轰炸机轰炸了机场和码头，战斗机向市区俯冲，对街上的平民进行低空扫射。所幸，美国志愿援华航空队第3中队在空袭前，奉命转场，在升空过程中，接到了英军指挥所的通报："东部方向发现敌机！"日军战机在完成空袭返航时，被第3中队追上。空战中，第3中队击落6架日机，自己也损失了3架。由于防空预警不及时，英军停放在明加拉顿机场的战斗机，还未升空就遭攻击，损失惨重。

1942年2月24日凌晨4点，日军出动战斗机向美国志愿援华航空队的训练基地——东吁机场发起突袭。英军防空预警网依旧反应迟缓，当飞行员从梦中惊醒时，指挥所和一个机库已被炸毁，3架在修的P-40战斗机葬身火海。英军的7至8架"布伦海姆"轰炸机也被炸毁。如果这样的空袭发生在8周之前，那么，美国志愿援华航空队就不可能成军了。

1942年2月28日，密切关注缅甸战事的丘吉尔要求参谋长委员会，针对雷达设施及任何改进建议提交一份报告，并附日期。然而，留给英军补救的机会已经没有了。驻缅甸的英国空军自诩在本土击败过不可一世的德国空军，他们起初根本没有把日军放在眼里，对陈纳德反复强调的加强防空预警网建设的建议置若罔闻，这为盟军在缅甸的空中作战埋下了失败的种子。1942年3月8日，仰光沦陷，中国失去了与外部世界相连的最后一个出海口。

1942年3月9日，日本天皇裕仁召见了宫内大臣木户。在日记中，木户写道："天皇像小孩儿一样喜气洋洋。他说，'战争果实滚进我们嘴里简直太快了。在爪哇战役，万隆之敌于7日宣布投降，现在我们的陆军正在荷属东印度群岛洽谈所有敌军的投降事宜。敌人在苏门答腊投降了，而在缅甸战线，敌人也放弃了仰光。'他是那么高兴，我都不知道如何向他表示祝贺。"珍珠港事件之后，日军可谓所向披靡，闪电般地占领了广袤的东南亚及西太平洋地区。盟军则节节败退，哀鸿遍野。到1942年4月中旬，只剩下保卫菲律宾科雷希多的美军还在做最后的抵抗。

空袭东京的战略设想

1941年12月19日，时任加利福尼亚地区高级指挥员的史迪威在日记中写道：

"飞到位于穆拉克的罗杰斯湖了解防卫要求。这里是沙漠地带,在轰炸机的航程内,距离圣贝纳迪诺有 70 英里(约 113 千米)的航程。史密斯中校对指挥中心毫无防备的状态感到非常担心。他肯定,日军飞机可以随时袭击他的部队。工兵营撤了,他不知道如何挖战壕隐蔽部队,手中唯一的武器是手枪。他非常担心日本伞兵会突然从天而降,或者从加州的某个秘密基地发起突然袭击,将他们全部消灭。日军也可能从洛杉矶前来偷袭,毁掉一切。看来唯一的解决办法就是多派些步兵来保护他们。部队中大量可用的重型轰炸机没有在他的防御计划之内,这些重型轰炸机及弹药库都在其防线之外。第 4 集团军命令我们派 2 个连增援他们。此外,中校见到过信号灯发出的可疑信号。

"眼下这种形势,又生出一些令人不安的奇怪状况。大家失去了最基本的常识,任何荒谬的言论都有人相信。"

1941 年 12 月 21 日下午,华盛顿,凄风冷雨。珍珠港事件之后,面对美国军民情绪由极端愤怒、团结开始向失望和恐惧跌落的情势,罗斯福总统在白宫椭圆形书房中召集总统特别助理哈里·霍普金斯、战争部长史汀生、海军部长诺克斯、海军作战部长斯塔克、海军舰队司令欧内斯特·J.金、陆军参谋长马歇尔、陆军航空队司令阿诺德开会,研究对轴心国,尤其是对日作战问题。在这次会议上,罗斯福首次提出了空袭日本本土的战略设想。日军偷袭珍珠港重创太平洋舰队,必须给日本人以回击,必须令其经历同样的震惊和屈辱,以提振美国低迷的民心和士气。据阿诺德回忆:"总统非常坚决,要我们拿出办法,以空袭的形式,将真正意义的战争带到日本本土。"可是在当时的双方态势下,要想实现这一战略设想,有点天方夜谭。最大的问题是,美军现役航程最远的轰炸机,其作战半径根本够不着日本本土。

用航母带轰炸机去轰炸

1942 年 1 月 10 日,星期六。晚饭后,正准备伏案工作的欧内斯特·J.金上将，看见作战参谋弗朗西斯·洛上校站到了门口。

"有事吗，洛？"金上将问道。

"我去了趟诺福克海军机场，察看新航母'大黄蜂'号的生产进度。"洛上校答道，"在机场跑道上，他们划出了一块与航母甲板同样大小的区域，用作训练舰载机飞行员起降。"

"嗯，那是训练舰载机飞行员的常规科目。"金上将有点迷惑不解。

"如果轰炸机能在如此短的距离内起飞。"洛说道，"我的意思是，我们为什么不能把轰炸机搬到航母甲板上，用航母带轰炸机去轰炸日本本土，甚至轰炸东京？"

这真是个大胆而又新颖的想法，与金上将迫切想要实现总统战略设想的愿望十分吻合。"洛。"金上将说道，"这可能是个好主意。你去和邓肯商议一下，让他把商议结果报给我。"唐纳德·邓肯上校是金上将的空中作战参谋。

第二天早上，洛和邓肯如约在海军部会面。正忙着的邓肯说："你来找我，最好有正经事。""搞一个轰炸机从航母上起飞轰炸东京的计划如何？"洛接着说道，"在我看来，要落实该计划要回答两个关键问题，首先，陆军的中型轰炸机能否开上航母甲板；其次，满负荷的轰炸机能否从航母甲板上起飞？"用海军航母搭载陆军远程轰炸机，这一强强联手、前无古人的创意一举破解了空袭东京的难题，也撞出了邓肯的思想火花。邓肯认为，为确保出其不意和航母的安全，轰炸机完成任务后，可以不飞回航母或在水中迫降，而是继续飞往中国，在中国东部沿海机场降落。这样一来，就要选择一型既能从航母甲板上起飞，其航程又可以到达日本本土，还可以飞到中国的轰炸机。经初步筛选，B-25 轰炸机比较合适。邓肯还拟选择正在进行试航的新航母"大黄蜂"号作为 B-25 轰炸机的载舰，拟选择"企业"号航母作为护航舰。

听了邓肯和洛的初步研究结果后，金上将十分高兴："拿它去见阿诺德将军，如果他同意你们的计划，就让他和我联系。"金上将最后严肃地命令道:"绝对保密,不许跟任何人提起这个计划!"

大约在1942年1月13日,洛和邓肯来到阿诺德将军的办公室。听完介绍,一直在为如何落实罗斯福的战略意图而伤脑筋的阿诺德不由得拍案叫绝。不过,下决心之前,他想找一个自己的得力干将,对该计划的可行性再做一个专业性评估,立马跳入阿诺德脑海的人选是杜立特。杜立特有一双灰色的眼睛,不大却有神,他身高仅1.62米,但非常精悍。早在二战之前,他已是享誉美国的竞赛和特技飞行高手,他在麻省理工学院获得自然科学博士学位,也是美军飞行员心中公认的偶像。

杜立特应召来到阿诺德的办公室。阿诺德问:"吉米(杜立特的昵称),我们的轰炸机中,哪一型可以挂载2000磅(约907千克)炸弹,在500英尺(约152米)距离内起飞,并载着全体机组人员飞行2000英里(约3219千米)?"

"将军,让我想一想。"杜立特回答。

第二天,杜立特报告,B-23轰炸机和B-25轰炸机都行。不过,这两种机型都需要加装额外的油箱。

阿诺德又增加了一个要求:飞机的翼展必须能在小于75英尺(约23米)的宽度内起飞。

"那就只剩下一种机型了。"杜立特回答,"只有B-25轰炸机符合要求。"

杜立特选择的机型与邓肯所选的不谋而合。阿诺德放心了,他随即拨通了金上将的电话,俩人商定着手准备,陆军负责轰炸机适应性改装、机组人员的突击训练等任务;海军负责海上后勤技术保障、监督、吊装飞机上航母等任务。

第二天,杜立特再次被叫到阿诺德办公室,"吉米,我需要一个人负责一项特殊任务……"

早就憋着一股劲的杜立特毫不犹豫地回答:"我知道你要找的人是谁。"杜立特后来写道:"日本人自以为无懈可击……进攻日本本土可以造成日本人思想上的混乱,并怀疑其领导的可靠性。另外,这次进攻还有一个同样重要的原因——美国迫切需要提振民心、士气。"

"那好吧,就是你了。"阿诺德叮嘱道,"只要任务需要,任何资源调度,你都有权优先获得满足。不管是谁,只要妨碍了你的工作,就直接向我报告。"

绝地出击，遗憾收官
——Ⅱ

日军联合舰队司令山本五十六是个美国通，他十分了解美国人的性格。偷袭珍珠港后，如何防御美军航母对日本本土的攻击，成为山本的一块心病。为了保卫日本本土，日军部署了300架战斗机和700门高炮。但只有战斗机和高炮无法有效组织防空作战，防空作战的首要环节是尽远、准确和连续地发现来袭目标，实时动态掌握空情态势。在这一关键环节上，日军可资利用的手段跟不上，这为美军达成突袭提供了条件。

相关准备工作

1942年3月3日，负责执行空袭东京任务的杜立特中校来到艾格林航空兵基地，基地位于佛罗里达州瓦尔帕莱索镇附近，来自陆军航空队第17轰炸机大队的24个机组已先期到达。杜立特把近140名军官和士兵召集到飞行管理室开会。

领航员哈利·麦库尔回忆："我想象中他是一个巨人，可他真是只矮小鸭。"飞行员比尔·鲍尔回忆："我心怀敬畏，他是我的偶像。"飞行员查尔斯·麦克卢尔回忆："一听到他的名字，我们就知道，一定是要采取行动了，可以预期会大干一场。"

杜立特扫了一眼面前的志愿者，朗声道："我叫杜立特，如果你认为这不是你参加过的最危险的任务，那就连训练也不用参加了，现在就可以退出。"

"长官。"一位年轻军官举手问道，"能告诉我们有关任务的更多情况吗？"

"不，现在还不行。"杜立特回答，"在这里训练久了，你们就会逐渐体会到这是一项什么任务。我要强调的是，任务要严格保密，连你们的妻子也不能告诉。"杜立特最后说道："我们大概有3周的训练时间，也许更短。记住，如果有人想退出，就可以退出，不会有任何问题。"没有一个人退出。

1942年3月19日，邓肯只身飞到了夏威夷。为了严格保密，他随身携带了一份手抄的计划，以当面向太平洋舰队司令尼米兹传达任务。这份约30页的计划，概述了任务所需要的各型舰只、横跨太平洋的航线、后勤技术保障要求及气象条件等。

太平洋舰队的使命任务是，保卫美国的西海岸、夏威夷群岛和通往澳大利亚的航线。太平洋舰队只有4艘航母，而日军有10艘航母，且士气正旺，正在伺机一举歼灭美军航母编队。尼米兹非常清楚，突袭东京所面临的巨大风险，他认为，"太平洋舰队在各方面都明显逊于敌人，不宜采取激进的行动，只能采取打一枪就跑的袭击方式。"

"金上将让我转告尼米兹司令，并不是让他考虑提议，而是要他执行计划。"邓肯回忆道，"所以不存在是否应该这样做的问题，这项任务已经敲定。"

理解任务后，尼米兹找来有"蛮牛"之称的哈尔西中将商议，如何带由2艘航母组成的编队，深入距离日本本土不到640千米的虎穴，并在完成任务后全身而退。"比尔，你认为这样的行动可行吗？"哈尔西回答："这要靠很好的运气。""那你愿意率领他们去吗？"尼米兹追问道。"是的，我愿意。""那好。"尼米兹说道，"就全看你的了！"

邓肯随后给洛上校发去一份加密电报："告诉吉米，让他启程。"这是事先约定好的信号，即让洛上校通知杜立特，立马从东部的艾林格转移到西部的加州。为突袭东京的作战准备机器正在紧张有序、全力以赴地运转。可是，有一件事是杜立特无法直接过问和掌控的，那就是在中国的相关准备工作。

在杜立特拟制的任务计划中，有关中国机场的准备工作，最初建议与陈纳德上校取得联系，进行协同。陈纳德是美国志愿援华航空队的指挥员，在中国参加抗日战争多年，熟悉中国东部沿海地区的机场设施和防空预警网的情况，有利于接应、引导完成突袭任务的飞机在中国东部沿海地区机场安全降落，再转场重庆。然而，陈纳德在美军中是一个异类，并不受高层待见。阿诺德认为他只是一个雇佣兵，是一个离经叛道、异想天开的主儿，不值得信赖，于是他向即将去中国上任的史迪威布置任务。考虑严格保密的要求，阿诺德仅向史迪威简要地说明了行动所需的后勤保障问题，没有告诉他具体的行动计划。史迪威只知道一个轰炸机中队将在浙江衢州、丽水，江西玉山，福建建瓯，以及广西桂林机场降落，补充燃油后飞往重庆,加入中国的抗日战争。上述机场只需要做好油料、信号弹和无线电信标等保障准备。由于不明详情,史迪威并没有领会阿诺德的真实意图,对于完成该项任务的重要性、复杂性、紧迫性和艰巨性认识不足。

1942年2月10日,在启程前往中国前,史迪威在日记中写道:"回白宫去见哈里·霍普金斯……8点30分,麦克洛伊派人来找我。他担心陈纳德和比塞尔大吵大闹。我告诉他现在这些由我处理,我也这样告诉亨利。亨利对此也很关注。

"乔治·马歇尔似乎允诺蒋介石让陈纳德做空军的首席指挥官。宋子文向我发出一份未加批准的报告,但随后蒋介石否认此事。柯里发来电报,要求陈纳德尽快上任。陈纳德出人意料地拒绝比塞尔成为他的上司。现在我们需要中国人来告诉我们哪些人能做我的参谋,哪些人不能,这就是我们现在的处境。

"柯里与陈纳德约好时间商议此事,陈纳德要求改派其他人代替比塞尔。阿诺德怒火冲天。我站在比塞尔一边,坚持他位列陈纳德之上。阿诺德照此发布命令……"

经过20多天的海上、空中旅程,刚到中国不久,还未完全进入状态的史迪威,收到阿诺德发来的电报:"在中国东部机场安排燃油和补给炸弹一事进展如何?"因未收到史迪威的回复,1942年3月18日,又追加了一份电报:"机场准备方面进展如何?把燃油运到位,时间不多了。"1942年3月22日,史迪威终于回电:"加尔各答的美孚石油公司有3万加仑(约11.36万升)的100号汽油和500加仑的120号燃油,为了给美国陆军飞机使用,请授权将这些燃油运到中国。"阿诺德下令将燃油运往桂林,再次发电报告诉史迪威:"在你出发前,我和你讨论过的那个至关重要的计划是否能成功,就取决于这次空运能否按时完成,以及能否万无一失地保密。"1942年3月29日,史迪威在电报中建议,不从印度进口,改用中国的燃油。并转达中国的警告,只有衢州和桂林的机场可以起降重型轰炸机,如果要使用其他机场,美军必须先派人到机场察看。阿诺德回电:"要赶在4月10日之前,准备好中国的100号汽油和其他燃油。行动计划只需要机场接收一次中型轰炸机的起降，只需要在机场设置标示物……4月20日，特殊项目将抵达目的地。万一日期有变，将会通知你。但是，你也必须为没有通知的临时变更做好准备。"1942年4月3日，史迪威的空中作战参谋克莱顿·比塞尔派陆军中尉史普瑞尔乘坐一架C-39运输机前往衢州等机场检查任务准备情况，可是在飞行途中，C-39运输机坠毁。比塞尔在报告中说："无论是陆军中尉史普瑞尔还是C-39运输机都不适合执行这样的任务，但我们别无选择。"

1942年4月4日，史迪威在日记中写道："我们正在对4月18日和19日的突击队（杜立特对东京的空袭）做安排，但是3个重要的机场都遭到了轰炸。（杜立特的轰炸机将在浙江——中国东部的一个省份着陆，那里已经准备了可使用的机场）是走漏风声了吗？或者只是日军的预防措施？我怀疑是华盛顿方面走漏了消息。"（圆括号中的文字为史迪威后来添加的。）

日本本土防御

日军联合舰队司令山本五十六十分了解美国人。日军偷袭珍珠港，使美军太平洋舰队损失惨重。但是，珍珠港基地的修理、储油等设施并未遭破坏，太平洋舰队的航母完好无损，美军很快会从震惊中恢复过来，运用航母编队对日本实施反击，这令山本十分不安。

二战爆发前，日本的总体科技水平虽比英国和美国逊色，但是在无线电领域的发展及潜能与英国和美国相差无几。日本有数名物理学家和工程师名列世界顶级行列。1936年，日本大阪大学的冈部教授开始研究使用无线电方法探测飞机。在著名的"八木接收天线"的发明者八木教授的指导下，冈部研发出一部发射机和接收机分置的双站干涉探测器样机，其工作频段为40至80兆赫。1940年，干涉探测器投入量产。其间，八木、冈部和宇田还试制过几型可作为微波功率源的磁控管。在英国的布特和兰德尔发明大功率谐振腔磁控管之前，他们可能还试制过一种小功率谐振腔磁控管。1941年，日本开始研发脉冲雷达。

当时，在攻势思维的主导下，日本军方对研发雷达的兴趣不大。日本海军和陆军虽然拥有各自的无线电实验室，但彼此不相往来。民用工业部门中也没有一个牵头拉总的协调单位，以整合、发挥各家的优点。受人为因素的制约，日本的雷达研究发展缓慢。

1941年7月16日下午，日本天皇裕仁在皇宫召见了山下奉文中将，此人刚从德国考察回来，提交了一份颇有见地的考察报告。在为期7个月的考察中，山下走访了法国沿海地区，亲眼看见了英国空军正在发展壮大的空中优势。他还突访了一家生产雷达的德国工厂，所见所闻，令其感慨：在西方，雷达已经发展成一种可怕的战争工具，反观日本研制的雷达就太小儿科了。

山下的考察报告可能对日本雷达的发展有所促进，但是，在1942年4月之前，日本只在东京东南方向，距离60英里（约97千米）的胜浦架设了一部对空情报雷达，环绕东京及日本本土部署防空情报雷达还在计划之中。日本海军刚有2艘舰只开始装备对空、对海搜索雷达。

在几乎没有雷达的情况下，为了加强防御本土的侦察预警能力，日军只能采取铺摊子、拼人力的办法。在东经155度沿线附近，从南鸟岛北部到千岛群岛南部，日本海军部署了一道侦察预警线，由渔船负责警戒任务，每群由十七八艘至二十四五艘渔船组成。在其后面，从海岸线一直延伸至600海里（约1111千米）处，由海军派出巡逻飞机负责海上警戒任务。

利剑已然出鞘

1942年4月2日上午，准备出发的杜立特接到命令，要他上岸接一个紧急电话。杜立特以为这个电话是阿诺德打来的，当发现电话那头是马歇尔将军时，让他感到震惊。

"是杜立特吗？"马歇尔问道。

"是的，长官。"

"我打电话是要亲自祝你好运。"马歇尔说，"我们的关心和祷告会与你同在。再见，祝你好运，平安回来。"

临行前，陆军最高长官亲自打电话送行，这让杜立特一下子有点不知所措。这既是送行，更是殷切的期待啊！

"谢谢你，长官。"杜立特终于说出话来，"谢谢你。"

11点13分，"大黄蜂"号航母载着陆军76名军官和64名士兵，以及16架B-25轰炸机，缓缓驶出旧金山的金门大桥。到了下午晚些时候，已在公海上行驶的"大黄蜂"号航母的广播里响起了尖锐的鸣笛声。接着，舰上各战位听到了执行官嘶哑的嗓音："现在请听通知。"舰长米切尔上校接过话筒，向全舰官兵宣布："我们要带着陆军轰炸机去日本海岸，去轰炸东京。"顷刻，舰上的每个战位都爆发出从未有过的欢呼声。约翰·林奇中尉回忆道："这是开战以来最振奋人心的消息，我们要去轰炸东京！"

1942年4月13日早晨6点05分，从夏威夷出发，由哈尔西中将率领的"企业"号航母编队，在阿留申群岛和中途岛中间的位置，同"大黄蜂"号航母编队汇合。不久，哈尔西通过广播向"企业"号航母舰员宣布："我们将驶向东京。"多年后，哈尔西仍清晰地记得："我从没有听到过'企业'号舰员们发出过这样的呐喊！我认为，他们渴望复仇的一部分原因，是4天前巴丹的失守。"4月13日深夜，哈尔西率领特遣队越过180度子午线，即国际日期变更线，舰上的时间由1942年4月13日直接跳到了1942年4月15日。

特遣队劈波斩浪，每天向日本海岸挺进400英里（约644千米），舰上的气氛逐渐紧张起来。当特遣队驶入日军控制的海域时，"大黄蜂"号航母上的牧师爱德华·哈普不由问米切尔舰长："我们如何才能完成任务呢？""任务必须完成。"米切尔没有犹豫，"整个作战行动必须成功。"一天晚饭后，哈普在舰岛附近甲板上见到了杜立特。牧师后来回忆："我停下脚步，看了一会儿。那是杜立特，他标志性地低着头，在甲板上走来走去。我可以感觉到他在思索，他从这边的护栏慢慢地踱到那边的护栏。在那一瞬间，我感到了压在他身上的千斤重担。"

杜立特希望"大黄蜂"号能将其送至距离日本海岸450英里（约724千米）处。如果从550英里（约885千米）处起飞，预计任务也可能成功。杜立特测算的极限起飞距离是650英里（约1046千米），超出这一极限距离，飞机所载的油量就有可能不足以维持飞机飞抵中国机场。杜立特考虑了3种进攻策略：策略一，飞机在日出前3小时起飞，在黎明时分飞临东京上空。优点是可以利用夜幕掩护出击，达成出其不意的目的，并为投弹创造理想条件。其缺点是为准备飞机起飞，航母必须打开照明设施，这容易被日军潜艇发现。此外，夜间从航母上起飞具有一定的危险。策略二，黎明时起飞，在上午发起攻击。其优点是飞机可以在天黑之前飞抵中国机场，便于观察和降落。其缺点是白天遂行攻击任务，易遭到战斗机拦截和高炮的射击。策略三，下午起飞，在黄昏时分飞临东京上空。第一架飞机投掷燃烧弹，攻击城区最容易燃烧的地区，其后的飞机可以利用引燃的大火，寻找和发现攻击目标。完成任务后，飞机可以利用夜幕掩护退出，并在天亮时分飞抵中国机场。相比前两种策略，第3种策略风险最小，成功概率最大，杜立特选择了第3种策略。他将跟随他的15架轰炸机分成5组，每组3架。第1组轰炸东京北部，第2组轰炸东京中部，第3组轰炸东京南部及东京湾中北部，第4组轰炸神奈川南部郊区、横滨和横须贺海军船坞，第5组轰炸名古屋、大阪、神户。轰炸目标包括：炼油厂、储油罐区、钢铁厂、弹药库和造船厂等，但不包括任何民用设施。他还为每个机组分配了基本目标和备选目标，如遇不测，可以灵活转换。

1942年4月17日6点20分，海上狂风大作，巨浪滔天。在距离东京以东1000英里（约1609千米）海域，2艘加油船，分别为2艘航母和4艘巡洋舰加油。14点44分，"大黄蜂"号和"企业"号航母在4艘巡洋舰的护卫下，越过加油船和驱逐舰，开始向东京做最后的冲刺。哈尔西回忆道："我们把驱逐舰留在原处，当我们抵达日本附近，需要紧急撤退时，就没有牵挂了。"米切尔舰长把杜立特叫到舰桥上："吉米，我们已到敌人的后院了，从现在开始，任何事情都有可能发生。"

杜立特召集突击队举行最后一次会议。他重申命令，不准向日本皇宫或其他民用目标投弹。"如果一切顺利，我将首先起飞，在黄昏时飞临东京。你们在 2 至 3 小时后起飞，可以利用我轰炸引发的火光作为导航坐标。"像以往一样，他给每个人最后一次退出的机会，结果仍然无一人退出。"当我们抵达重庆时，"杜立特承诺，"我要为大家举办一个终生难忘的聚会。"

1942 年 4 月 17 日，在中国，美军爱德华·亚历山大中校和爱德华·巴克斯少校，带着 4 名会说英语的中国无线电台话务员，乘坐一架 DC-3 运输机再次从成都机场出发，准备将 4 名话务员分别送到建瓯、玉山、衢州和丽水的机场。由于天气不好和无线电设备故障，飞机不得不备降在昆明过夜。第二天一大早，DC-3 运输机强行起飞，飞机在云雾缭绕的山谷中飞了半个多小时，不得已在桂林降落。为完善 4 个机场无线电设施等所做的最后努力，仍无功而返。

绝地出击，遗憾收官
——Ⅲ

日本号称2600年来，从未遭遇过外敌入侵。杜立特突击队绝地出击，临空轰炸，且毫发无损地飞离，这无疑给日本民众的心理造成了极大的震撼。极富创意的突袭日本东京的行动，如行云流水，无懈可击。遗憾的是，后来在中国东部沿海寻找机场降落的过程中，杜立特突击队却遇到了大麻烦……

挺进目标

1942年4月18日，离天亮还有几个小时。"大黄蜂"号航母行驶在前，"企业"号航母紧随其后，两侧各有2艘巡洋舰护卫，所有舰只都熄着灯，以20节（每小时约37千米）的时速朝西挺进。"企业"号航母上的雷达值班开机，操纵员目不转睛地盯着雷达显示屏，警惕地搜索着周围的海情、空情。凌晨3点10分，雷达操纵员在左舷方向、距离12英里（约19千米）的海上，发现一批较弱的回波信号。经仔细辨识，操纵员判断是2艘潜艇。2分钟后，在相同方向，舰上的观察哨发现了海面上时隐时现的灯光。哈尔西下令做好战斗准备，并通过高频近程无线电台命令特遣队右转90度，以避开前面的敌舰。3点41分，雷达操纵员报告，回波信号在距离15英里（约24千米）处消失。4点15分，战斗准备警报解除，特遣队继续向西挺进。多前进1英里（约1.6千米），对杜立特突击队而言都至关重要。

天微明，3架轰炸机从"企业"号航母起飞，负责向西200英里（约322千米）范围内的空中侦察，另有3架侦察机和8架战斗机升空，负责特遣队周围的侦察和警戒。天亮后，气象条件转差。杜立特突击队的肯·雷迪在日记中写道："海面波涛汹涌，甲板上的轰炸机不断拉扯着固定绳索，就像马戏团里的大象试图挣脱锁链一样。"5点58分，实施空中侦察的奥斯本·怀斯曼中尉，发现一条船在海上起伏摇晃。按照命令，他没有发起攻击，而是掉头飞回"企业"号航母上空，投下一个通信筒。据怀斯曼中尉报告，在前方42英里（约68千米）处发现日军船只，并称日军船只已经发现了他的飞机。经分析判断，哈尔西再次选择规避，令特遣队向西南方向转进。7点38分，"大黄蜂"号航母上的观察哨，在8英里（约13千米）处发现1艘巡逻船。这是日军部署在侦察预警线上的"第23日东丸"号渔船，正在向东京发出报警电文："发现敌航母3艘（原电文如此，实为 2 艘）。位置在犬吠岬以东 600 海里（约 1111 千米）。"这条电文被特遣队截获，哈尔西随即命令"纳什维尔"号巡洋舰向日军巡逻渔船开火。

绝地出击

在"大黄蜂"号航母的舰桥上，杜立特和米切尔密切注视着海上的战斗。"看来你不得不赶紧启程了。"米切尔说道，"他们知道我们在这儿了。"几乎前后脚，米切尔接到哈尔西的命令："轰炸机起飞。杜立特中校和勇敢的突击队，祝你们好运，上帝保佑你们。"此时，"大黄蜂"号航母距离东京还有 824 英里（约 1326 千米），超出杜立特测算的极限起飞距离 174 英里（约 280 千米），出击的巨大危险不言而喻。然而，杜立特义无反顾，与舰长握手道别。"大黄蜂"号航母上的广播开始响起："现在注意！现在注意！陆军飞行员请上飞机！"

8 点 03 分，"大黄蜂"号航母转向逆风方向，并将时速提高到 22 节。海面上刮着 7 级以上的大风，惊涛骇浪，航母舰首在波涛中时隐时现，即使经验丰富的水手也感到了惊恐。"这是我一生中唯一的一次。"哈尔西回忆，"只见墨绿色的海水涌向航母舰首，再向飞行甲板冲来。"8 点 20 分，在众人注视之下，杜立特驾驶第 1 架 B-25 轰炸机跑过 467 英尺（约 142 米）长的飞行甲板，一跃而起，飞向天空。紧接着第 2 架、第 3 架……9 点 19 分许，最后一架 B-25 轰炸机从飞行甲板上腾空而起。

在空中调整好方向之后，杜立特将飞机下降到 200 英尺（约 61 米）的高度，贴着波峰飞行，以规避在空中巡逻的日机。第 7 架起飞的泰德·劳森机组在升空后不久，掠过了海面上的一艘商船。副驾驶员达文波特戏谑道："给他来一枚炸弹如何？"机组其他成员表示同意，只有泰德·劳森小心地驾驶着在低空飞行的飞机，没有理会大家的玩笑。"好吧。"领航员麦克卢尔说道，"但我敢打赌，那个家伙已经向东京发了一堆关于我们的消息。"显然，杜立特突击队已经开始了充满危险的航程。

9点23分，哈尔西下令特遣队立即掉头返回珍珠港。"大黄蜂"号航母一边掉头一边迅速将机库里的战斗机升上飞行甲板，做好战斗准备。特遣队全速朝东驶去，并保持无线电静默，以防日军军舰和潜艇发现、尾随追击。这样一来，美军太平洋舰队和陆军部就不可能获得杜立特突击队提前起飞的任何消息，中国沿海机场更一无所知。

1942年4月18日，日本濑户内海柱岛。6点30分（东京时间），在"大和"号旗舰上的山本接到了"第23日东丸"号哨船发回的报告。"第23日东丸"号提供的情报显示，美军太平洋舰队航母倾巢出动正在向东京逼近。山本下令按3号作战预案行动，迎战美军舰队。不过，海军参谋部认为，受舰载机航程的制约，美军航母必须前进到距离东京200英里（约322千米）范围内，才可能发起攻击，否则舰载机无法返回航母。因此，美军的攻击，最早也要到19日午后才可能发起，留给日军的准备时间还很充裕。

在犬吠岬以北50英里（约80千米）处，杜立特的飞机从60米的低空进入日本本岛上空，没有受到任何干扰。副驾驶员理查德·科尔回忆："地面上的人向我们招手，似乎到处都在打棒球。"飞入海岸线20分钟后，杜立特的飞机到达东京上空，其攻击目标是皇宫以北几英里外的兵工厂。杜立特把飞机拉升到1200英尺（约366米），"接近目标。"通过对讲机杜立特通知投弹手弗雷德·布雷默中士。"准备完毕，中校。"布雷默报告。杜立特使飞机保持平飞状态，驾驶舱仪表板上的红灯开始闪烁。12点30分（东京时间），第1枚燃烧弹投向兵工厂，接着是第2枚、第3枚……当最后一枚燃烧弹投下之后，日军的高射炮才开始射击。

第7架轰炸机进入日本本土后，机长泰德·劳森向机枪手下令："把眼睛睁大点，撒切尔。""我正在严密观察。"撒切尔回答。借助丘陵地形，劳森谨慎地驾驶飞机，沿着山谷飞向东京。突然，副驾驶员达文波特发现两个三机编队，从1500英尺（约457米）的高度迎面飞来。只见第1架战斗机从头顶上掠过，接着是第2架，最后一架却猛地脱离编队，开始俯冲。

"我看见他了。"撒切尔向机长报告。劳森问是否要给炮塔加电。"不。"

撒切尔回答,"再等等。""我不知道他搞什么鬼。"撒切尔最后报告,"我想他肯定返回编队了。"

掠过东京湾时,劳森的飞机离水面只有15英尺(约4.6米)。劳森看见岸边的码头和船坞,领航员麦克卢尔发现了前面轰炸引发的大火和东京北部上空笼罩的烟雾。劳森将飞机拉升到1400英尺(约427米)平飞,驾驶舱仪表板上的红灯闪烁起来,克莱弗用投弹瞄准仪瞄准日本钢管厂,投下了炸弹和燃烧弹。此时,地面高射炮炮火呼啸而来,撒切尔看见一枚炮弹就在飞机右翼边爆炸。"是高射炮,高射炮。"机组成员都在大声喊叫,"赶紧离开这里。"劳森猛一压杆,迅速俯冲逃离。其余14架轰炸机,除一架被迫将炸弹投向大海外,全部将炸弹投向了目标。

东京遭袭时,天皇裕仁正携皇后在御花园悠闲地采药。空袭警报响起后,他以为是防空演习,可接踵而来的却是爆炸声和轰鸣声。"哪里来的飞机?简直不可思议!"裕仁大声叫嚷着,顾不得体面和尊严,一把拽住皇后的手,急忙躲进樱花树林中。

日本号称2600年来,从未遭遇过外敌入侵。杜立特突击队的临空轰炸,无疑给日本民众的心理造成了极大的震撼。小熊谦二曾是一名普通日本士兵,其在战后访谈中回忆:那天是星期六,在东京早稻田实验学校念书的他,当天刚好值日。中午下课后,他负责清扫教室。12点30分左右,忽然发出一声惊人的巨响。在震动波的冲击下,学校的玻璃窗都碎了。幸运的是,一枚直接命中校舍的燃烧弹并未爆炸,只是撞穿了二楼天花板,然后卡在一楼天花板与二楼地板之间。"炸弹直接击中校舍时,我在一楼,幸好只是吓了一跳,逃过一劫。如果炸弹爆炸,我大概就死掉了吧。因为谁都没有想到真的会发生空袭,所以也没有发出警报。结果第二天变成反应过度,敌机根本没来,却从一早就响起警戒警报,甚至还发出了空袭警报。"这次空袭与隔年的空袭相比,规模还算小,但仍造成了87人死亡,466人受伤,262栋建筑物损毁。比起实际损失,人们心理上受到的震动要更加强烈。

飞往中国

完成轰炸任务的杜立特突击队，除 1 架因燃油泄漏不得已飞往苏联海参崴（现俄罗斯符拉迪沃斯托克）迫降外，其余 15 架在甩掉日机追击后，按计划飞向中国东部沿海地区机场。至此，美军极富创意的突袭日本东京的行动，如行云流水般，一气呵成。美军对日本本土防空预警及防空作战水平感到吃惊，美军的一份评估报告称，"对于东京这么重要的城市，日军的防空预警系统似乎没有起作用，战斗机的拦截行动乏善可陈，地面防空火力反应迟缓，也没有达到应有的分布密度。"杜立特事后回忆："我很惊讶，敌人战斗机数量居然如此之少，阻击我们的战斗机只有预计的十分之一。"

正在缅甸陷入苦战的史迪威，根本无暇顾及接应杜立特突击队事宜。在史迪威 1942 年 4 月 18 日的日记中只有以下记载："3 点，多恩叫醒我。梅里尔回来了。英国人在仁安羌陷入绝境。起床。叫醒罗，出发……我们所有的计划都泡汤了，3 天的时间，局势竟发生了如此巨大的变化……第 200 师在调动。我希望今晚有 3 列火车。眼睁睁看着却帮不上忙，真是紧张。不知道 60 英里（约 97 千米）的防线漏洞能不能被及时堵上。收音机里播放了东京被炸的消息。"

由于起飞时间大为提前，杜立特突击队飞入中国领海上空时是傍晚。天上下起了雨，雨滴稠密地敲打在杜立特眼前的挡风玻璃上。夜幕降临，能见度急剧下降。进入中国海岸线后，杜立特拉起操纵杆，使飞机爬升到 8000 英尺（约 2400 米）的高度，夜幕中，只能凭借仪表导航朝衢州机场方向飞行。杜立特把无线电台频道调到 4495 千赫兹，想收听从衢州机场发出的联络信号。但是，耳机里除了"吱啦啦"的噪声，一无所获。

时任驻衢州空军第 13 总站站长陈又超回忆："出事那天，下着大雨，晚上七八点钟，空军官兵确实也听到过飞机声。虽然也听出不像日本飞机的声音,但是他们还是不敢开放机场,毕竟接到的命令是 B-25 轰炸机翌晨才能到达。"衢州机场坐落于一片狭小的山谷中,若机场不打开照明设施,也没有地面引导站的引导,夜晚雨天,飞行员根本不可能找到跑道。杜立特回忆:"我们只能依据航位推算法,朝衢州方向飞行。然后,在半空中弃机跳伞,只希望我们降落的地方不是敌占区。"

飞机燃油所剩无几,"我们只能选择跳伞了。"杜立特通知机组成员,并规定了跳伞顺序。"如果你觉得我们离降落机场足够近了,我们就弃机跳伞。"杜立特对领航员说道。

1942 年 4 月 18 日 21 点 10 分,杜立特机组开始依次跳伞。副驾驶员科尔站在舱门口,心跳不由加剧。"我真的吓傻了。"科尔回忆,"(我)在一架即将耗尽燃油的飞机上,向下张望着黑乎乎的、即将把我卷入的那片陌生的土地。当初我应征参战时,根本没有想过,有一天会在这样恶劣的天气和漆黑的夜晚紧急跳伞。"

杜立特最后一个从机舱跳出,碰巧落在了一片水稻田里。当满身泥浆的杜立特深一脚浅一脚地走出稻田后,他看到不远处有些许灯光,他借着灯光来到了一间农舍门前。他敲了敲门,用情报参谋教过的中文轻声喊道:"我是美国人。"杜立特回忆:"我听见了屋里的窸窣声,然后是门闩被滑上的声音。""接着,灯火熄灭了,周围陷入死一样地寂静。"杜立特只得离开。他踅来踅去,无意中摸到了村里的水车舂米坊,他在里面度过了阴湿寒冷的夜晚。

泰德·劳森驾驶的飞机在燃油耗尽后,摔在了距离岸边不远的海上,劳森的下颚被撞得凹陷进去,左腿复合性骨折;领航员麦克卢尔两个胳膊摔断了;副驾驶达文波特和投弹手克莱弗伤得也不轻;机枪手撒切尔头上被划了个小口,鲜血直流,好在没有大碍。当 5 个人相互扶持,艰难地在海滩上汇合后,在不远的海堤上出现了两个身影。撒切尔将手枪上膛,瞄准目标,"要向他们开枪吗?"

"该死的,别。"麦克卢尔回答,"看上去像中国渔民。"

"你怎么知道？"撒切尔不解地问道。

"噢，我在《国家地理杂志》上见过。"麦克卢尔回答。

那两个身穿蓑衣、头戴斗笠的人，从堤岸边爬了过来。在他俩的身后又跟来了6个人。看到眼前的美国人后，其中一个人指着自己的胸口说："我们是中国人。"

撒切尔等人重复着情报参谋教的几句简单的中文，领头的那个人点了点头，另一个人数了数机组的人数，又指了指翻在水中的飞机，想弄清楚飞机里是否还有其他人。

这两个中国人帮忙把已经难以动弹的伤员背到了附近的一间房屋里。麦克卢尔十分惊讶："背我的那个人身材瘦小，几乎不到4英尺（约1.2米）高，体重不会超过100磅（约45千克）。他浑身湿透，像能挤出水来一样，若不是亲身经历，我肯定会认为这是在开玩笑。"这位领航员后来回忆道，"但他果断有力地把我架起来，并试着拉起我的手臂搭到他的双肩上。我的体重大概是205磅（约92千克）。后来，他看到我脸上十分痛苦的表情，就停了下来。我试着用肢体语言告诉他，我的胳膊受伤了。于是，他弯下腰用背撑住我，让我顺势趴在他的肩膀上，将双臂轻轻搭在他的胸前。就这样，他背着我起码走了200码（约183米）。"

小房里有两间屋子，墙是用泥砖砌成的，屋顶上盖的是茅草。两个中国人把伤员安置在床上。撒切尔就着油灯，为队友清理伤口。

突然，门被推开，冲进来一个中国人。先前的几个中国人围了过去，低声说着什么。通过肢体语言，他们告诉撒切尔，日军巡逻队开始在岛山搜查，寻找坠毁的飞机。

机长劳森睁开眼睛时，看到一个穿着开领衫和西式裤的中国人走进屋子。他查看了每个伤员，仔细分辨他们佩戴的徽章和制服纽扣。劳森暗忖，他不会在算计着把我们出卖给日本人吧？

"我叫查理。"这个人终于开口了。

劳森和队友们着实吓了一跳，不曾想到居然会遇到说英语的当地人。于是，大家向他投去疑惑的目光。

"我叫查理。"这个人又重复了一遍。

达文波特则重复说着那几句简单的中文。

"你们是美国人。"查理点头说道。

混合着英语和手势，查理告诉他们，离这最近的一家医院也需要几天的路程，重庆更是非常遥远："那需要很多天，要很久很久。"

查理尽力和劳森机组沟通，直到黎明来临。查理离开时，让他们尽管放心，他会回来帮助他们。劳森机组后来得知，他们迫降的地点是浙江省宁波市象山县南田岛。查理的中国名字叫贾福昌（依据英语音译），是当地的游击队队长。

绝地出击，遗憾收官
——Ⅳ

参加突袭东京的 80 名机组成员，有 5 人迫降在苏联；其余 75 人中，有 64 人被中国军民营救，3 人在迫降、跳伞时遇难，8 人被俘。被俘人员中，3 人被日军枪杀，1 人饿死狱中，4 人一直被关押至日本投降。16 架 B-25 轰炸机，除安全降落在海参崴机场的 1 架外，其余 15 架全部在中国境内坠毁，在中国组建 B-25 轰炸机中队的计划落空……倘若在严格保密的情况下，美国对中国这样一个盟国多一份信任；倘若阿诺德不是把接应的任务交给史迪威和比塞尔，而是交给陈纳德。那么，杜立特突击队的收官之作是否可以避免功败垂成，为突袭东京的行动画上一个更完美的句号呢？今天，当我们检讨思考这个问题时，还会感怀一件事，那就是在艰难万险的岁月里，中美两国人民休戚与共，结下了深厚情谊。

风雨同舟

不久,查理带着一群中国人回来了。他们站在屋外,冒着雨把带来的竹竿和绳子加工成简易的轿子。雨停时分,查理指挥大家上路。麦克卢尔打量着这些简易的运输工具,"这可不是舒适的轿车座位,它是原始的轿子。"他后来回忆道,"几个小时之内,我们由使用人类最快的交通工具,一下子换成了最慢的交通工具。"

江南的 4 月,春寒料峭,队伍中的中国人却赤着脚,两人扛一顶轿子,沿着杂草丛生的泥泞小路艰难跋涉。劳森回忆:"当我们爬坡的时候,他们行走在长满青苔的岩石路上,就如同行走在平整的台阶上一般。他们张开的脚趾能像手指那样抓住岩石。我被吊在绳索中间就像一只宰好的猪。"麦克卢尔也记忆犹新:"他们不时地在泥泞的地面打滑,每次都会牵扯我受伤的胳膊,使我疼得撕心裂肺。我非常恼火,不停地大喊大叫,为什么没有汽车或飞机?为什么没有马车?为什么没有吃的?为什么没有医生?恼怒之余,我根本没去想这些问题背后的原因。"

这支队伍来到一个游击队营地,劳森看到一群的游击队员,他们乐观昂扬,背着五花八门的万国造枪支,枪管上饰有色彩亮丽的流苏。劳森真想弄明白,这些艰难困苦的游击队员何以抵御诱惑,不把他们出卖给日本人。"游击队员中一个脸色铁青、面相凶狠的人站起身朝我走来。我躺在地上,一路上的疲惫让我顾不上想他会对我做什么。"劳森回忆,"只见他弯下腰,把右手放到了我的嘴唇上,当他的手移开时,我感觉在上下嘴唇还能合缝之处,多了一支点燃的香烟。我努力向他微笑,但是,我嗓子发酸,想哭。是惊讶还是欣慰,我不知道。我闭上眼睛,心头发热,感到无论现在何处,我身处一群善良的人中,这些人和我都在为一个共同的目标而战斗。"

在大家还在喝水休息时，一名游击队员气喘吁吁地跑来报告：日本人来了。这次，队伍是一路小跑，后面跟着 6 名持枪的游击队员。穿过一个小村子后，他们迅速上了一条平底船。船老大镇定地站在船尾摇橹，使平底船沿着运河左右穿行。"要想控制住自己不发出呻吟，实在太难了，即使太阳晒在船上，让人感到丝丝暖意。"劳森回忆，"我们沿着运河走了好几个小时，四周静悄悄的，唯一的声响就是船老大的摇橹声，以及游击队员间偶尔的悄悄说话声。有一段运河非常狭窄，伸出手就能触摸到岸边。有时两岸繁茂的树枝会迫使一路默默不语的船老大弯下腰来躲避。我只是躺在船舱里，感觉伤口的疼痛，想知道走完水路，前面会是什么，到时候我又会如何上路。"

下午晚些时候，船靠了岸。游击队员背起伤员，穿过一片水稻田，朝一座山脊爬去，麦克卢尔看到高处已有游击队员在站岗。山脊的另一面面对一个海湾，一条小船正向海滩靠近。正当他们准备向小船停靠处移动时，一艘日军巡逻艇突然横冲了过来，游击队员赶紧把伤员藏进一条山沟。劳森回忆："我看见它迅速靠上小船，难受和恐惧在我心头交织。我甚至可以听见日军的问话。躺在沟里等待是一种折磨，一种对生理和心理的折磨。我认为，日本人之前肯定看到我们了。他们一定获悉了空袭日本的消息，以及我们飞来中国的航线，正在疯狂地想要抓住我们。他们一定已经找到了飞机，他们会有办法让小船上的人开口。"不过，完全出乎劳森的意料，小船上的中国人镇定自若，应对自如。一无所获的日本人，只得悻悻而去。

游击队员把伤员小心地安置在船舱内，船工将船舱里的格子窗帘放下，把窗户遮严。大约在 18 点，小船出发了。"船慢得像蜗牛一样。"劳森回忆，"我们低声呻吟，开始要水喝，什么水都行。船舱里黑洞洞的，在我们感觉喘不过气来的时候，天上下起了雨。这时，游击队员似乎才明白我们想喝水。他们把船上的碗全拿出来接雨水，然后端给我们。我们大口喝着清凉的雨水，喝完把碗递给他们，还要再来一碗。"

午夜时分，小船停靠在一个偏僻之地。撒切尔跟随几个游击队员去寻找食物。回来的时候，端来几碗面条，上面漂着几片鸡蛋花。"我已经快饿疯了。"撒切尔回忆,"但是,那食物我实在咽不下去。"知道美国人不会用筷子,每个碗里还放着一把汤勺。为了帮助伤员下饭,游击队员还特地拿来一壶米酒。麦克卢尔回忆:"喝起来就像未经过加工的工业酒精。米酒淌过我的口腔,就像灼烧的碱液。"他当然不知道,这是当地百姓所能拿出来的最好食物了。

饭后,小船继续前行。"劳森不断地要水喝,因为他的牙齿被磕掉了,嘴里流的血让他喉咙发干。"撒切尔回忆,"我觉得那个糟糕的夜晚是那样绵长,似乎没有尽头。"第二天,还是在水上行走。一直到了傍晚,船终于靠上岸。当地政府倾其所有,热情地款待这5位盟军飞行员。1942年4月21日8点,当他们向临海一家医院转移时,"当地政府举办了一场盛大的送别仪式。"撒切尔回忆,"乐队里什么都有。"一队中国士兵沿街持枪列队,向经过的每位飞行员行庄严的注目礼。"我不由得热泪盈眶。"劳森回忆道,"我们中那些还能动弹的队员回敬了军礼,我想应该不会有比我们更吓人的游行队伍了。"

1942年4月19日黎明时分,下了一夜的雨终于停了。杜立特走出水车舂米坊,沿着一条小路向附近的村子走去。在路上他遇到一位下田的农民,两人无法用语言沟通,杜立特就摸出他的记事小本,在上面画了一列火车。打量眼前这位浑身泥渍、疲惫不堪的洋人,农民似乎明白了他的意思。他放下手中的农活,一路相伴,把杜立特送到附近的一个中国军队的营区。杜立特一颗悬着的心放了下来,他知道,他得救了。

香格里拉

据时任浙西行署主任贺扬灵回忆:"天目山位于浙江西北一带,海拔1600英尺(约488米)以上。有常绿的叶林和古刹,居住着四五十户简朴的人民……1942年4月18日,天气阴霾,17点一过,屋外已是漆黑一片。吃完饭,天气越来越坏,偶尔听到一阵低沉的引擎声。后来,四周不断响起一种呼啸声，时远时近，我确定这是轰炸机上发出的声音。立刻打电话给防空哨……约 20 分钟后，一声巨响落在不远处的山外，屋外除了风雨交作的喧哗，再也听不到其他声音……第二天，我接到一个来电报告，离天目山 30 里（15 千米）左右的青云桥附近，发现降落伞部队，乡民正在搜捕……后来，我又接到一个电话，说要送一个外国人到山上来。他们一个短小精干，一个比我高些，经询问得知，他们是昨晚跳伞下来的美国空军，我才知道昨天日本重要城市第一次遭受空中袭击。7 点 30 分，李区长陪他们上来。那个短小精干的美国朋友一上来就握着我的手，说了许多感谢的话。他率直地介绍自己，说他叫杜立特，领导这次轰炸东京的就是他，那个高个子叫科尔（Cole）中尉"谈话间，贺扬灵不满 7 岁的女儿贺绍英不知怎么就闯了进来，杜立特亲切地把小丫头抱起来……

杜立特的飞机，坠毁在衢州以北约 70 英里（约 113 千米）处的山头上。当天下午，杜立特与获救的机械师伦纳德专程前去察看。"对于一个飞行员而言，最糟糕的事情莫过于看到自己的飞机被摔得粉碎。"杜立特事后回忆，"飞机的碎片从山顶往下散布在几英亩范围内。"在天气恶劣、燃油耗尽的情况下，其他 15 架飞机一定遭到了类似的命运。"这是我执行的第一次战斗任务，从一开始，我就策划并直接领导了这次行动。我确信这也是我最后一次执行战斗任务。在我看来，行动失败了。"杜立特回忆当时沮丧的心情，"我一生中从未感到过如此落寞。"

伦纳德可能看出了杜立特的心事："中校，你觉得回国后会怎么样？""噢。"杜立特回答，"我想他们会送我上军事法庭，把我关进利文沃斯堡监狱。"

"不，长官。"伦纳德反驳道，"让我告诉你将会发生什么，他们会提升你为将军，而且会授予你国会荣誉勋章。"杜立特没有反应。

1942 年 4 月 20 日上午，杜立特起草了一份电报，通过美国驻重庆大使馆发给阿诺德将军："成功轰炸东京。因中国东部沿海地区天气恶劣，飞机可能全部坠毁。目前，已有 5 名机组人员安全获救。"

美国东部时间 1942 年 4 月 17 日晚，日本东京广播电台播出东京被炸的消息传到了华盛顿。罗斯福总统喜出望外,总统讲话撰稿人罗森曼回忆:"他知道这对美国乃至盟国都是一个振奋人心的好消息。就算美军轰炸机只是从日本领空呼啸而过,也足以打击日本军队。"

欣喜之余,罗斯福马上想到该如何回答媒体的提问,即轰炸机是从哪里起飞的敏感问题。"亲爱的总统先生,您还记得詹姆斯·希尔顿的小说《消失的地平线》吗?他描述了一个绝妙的永恒之地——香格里拉。"罗森曼说道,"它坐落在西藏渺无人烟的僻静之地。为何不告诉他们飞机是从那起飞的呢?如果您用这样一个虚构的地方,就等于委婉地表明,您不打算让敌人知道飞机真正的起飞之处。"这真是个好主意。

1942年4月21日16点10分,罗斯福在总统行政办公室召开新闻发布会,当记者提问轰炸机是从哪里起飞时,罗斯福不假思索地回答:"我想现在是告诉你们的时候了,飞机是从我们新设在香格里拉的秘密基地起飞的。"记者们爆发出一阵大笑。

1942年5月3日,在中国军民的一路呵护下,杜立特及第二批19名突击队员冲破日军的重重封锁,安全抵达重庆。杜立特突击队对日本东京的轰炸,令重庆军民兴奋不已。喜讯传来,庆祝的鞭炮声响彻山城上空。一位重庆市民告诉记者:"这一天,我们已经等了近5年,我们很高兴终于让日本人也尝到了挨炸弹的滋味。"

在重庆,杜立特看到了阿诺德和马歇尔将军发来的贺电。阿诺德写道:"我已完全获悉那些无法预见的突发情况,几乎让你的任务变得根本不可能完成。而你却克服了前所未有的困难,这使你的成就更加辉煌。"马歇尔在电报中写道:"你以极大的勇气和坚定的决心,指挥你的团队完成了如此危险的任务。你为国家和盟军做出了巨大贡献,总统向你表示祝贺。"马歇尔还告诉他,"你的准将提名今天早上已送参议院。于我而言,你的领导力一直是一种巨大的鼓舞,让我对未来充满了信心。"其他突击队员也受到褒奖,荣获"杰出飞行十字勋章"。

收官之憾

在参加突袭东京的 80 名机组成员中,有 5 人迫降在苏联;其余 75 人中,有 40 人降落在中国东部沿海地区机场周围,35 人降落在杭州湾等地附近,共有 64 人被中国军民营救。在迫降、跳伞过程中,有 3 人遇难,8 人被俘。被俘人员中,3 人被日军枪杀,1 人饿死狱中,4 人一直被关押至日本投降。16 架 B-25 轰炸机,除安全降落在海参崴机场的 1 架外,其余 15 架全部在中国境内坠毁,在中国组建 B-25 轰炸机中队的计划落空了。

光阴荏苒,杜立特突击队的行动已然成为历史,一旦成为历史,就难免让人生出"天实为之"的宿命论之感和"为之奈何"的必然性之叹。其实,历史是由人创造的,如果一切都是必然,也就无所谓人的谋划、选择和决策了。倘若在严格保密的情况下,美国对中国这样一个盟国多一份信任;倘若阿诺德不是把接应的任务交给史迪威和比塞尔,而是交给陈纳德,使准备工作做得更加细致、更加充分(如帮助对空观察哨了解、掌握 B-25 轰炸机的目标特征,准备好特殊情况下的处置预案和程序等),那么,杜立特突击队的收官之作是否可以避免功败垂成,为突袭东京的行动画上一个更完美的句号呢?对此,在中国抗战多年,经验丰富,懂行专业,知晓如何与中国人打交道的陈纳德将军是这样说的:"(在中国具体负责接应事宜的比塞尔)做事总是神秘兮兮的,根本不告诉我他到底想干什么。结果,当杜立特突击队被迫提前起飞,在气象条件十分恶劣的夜晚飞到中国时,中国东部沿海地区的防空预警系统根本无法和美军轰炸机取得联系,也无法为那些不熟悉地形的飞行员提供引导。如果我提前得到通知,只要把美国志愿援华航空队的地面无线电引导站和中国东部沿海地区的防空预警网相连,就可以引导大多数美军轰炸机顺利降落在盟军机场。可他们却在黑暗中撞机的撞机,跳伞的跳伞……这件事留给我的遗恨丝毫没有因岁月的流逝而减弱。"

中国为美军空袭东京付出了极其惨重的代价，在日军实施的血腥报复中，仅中国军民就牺牲了近 25 万人，平均每救出 1 名杜立特突击队员，就牺牲了 3906 名中国军民。拉纳·米特在《中国，被遗忘的盟友：西方人眼中的抗战全史》一书中说："这次袭击使日本恼羞成怒，它袭击并摧毁了陈纳德在浙江修建的所有机场，并对周边地区的平民犯下了残忍的暴行。这次受美国民众欢迎的行动，却给中国的抗战努力造成了巨大的负面影响。"

杜立特回到美国后，号召突击队员提出建议，为那些帮助过他们的中国人颁奖。很快，从各地发来的推荐信像雪片一样淹没了杜立特的信箱……多年后，戴夫·撒切尔还经常对儿子杰夫·撒切尔说："中美并肩作战值得珍视。中国老百姓重情义，他们并不富裕，但是把所有的东西都拿出来送给了我们。"

2012 年 4 月 18 日，在美国俄亥俄州代顿市的空军博物馆举行杜立特突击队行动 70 周年纪念活动，77 岁的贺绍英和廖明发作为中国人民营救突击队员的代表受邀与会。杜立特的副驾驶员、已 96 岁高龄的理查德·科尔，还清晰地记得杜立特当年一把抱起贺绍英的情景，他以些许颤抖的声音告诉听众："在我的人生中，有许多事情，我已经记不清了，但是，中国军民营救我们的那一幕幕场景，我至今记忆犹新。这是一段令我非常动情的历史。我永远感谢你们，伟大的中国人民！"

预警乏术，樯橹灰飞烟灭
——Ⅰ

中途岛之战是太平洋战争的转折点，日军遭到了自开战以来最大的败绩。其失败的一个重要原因广为人知——战前，美军破译了日军的密码，获悉了日军的作战计划。不过，美军太平洋舰队司令尼米兹却说："虽然事先获取这些情报可能使美军取胜，但是因美军兵力处于劣势，对美军指挥员而言，其实，这是事先知道了也不可避免的惨剧。"既然如此，导致日军失败，一定还有其他关键原因，这个关键原因又会是什么呢？

决心东进

杜立特突击队对日本东京等地的轰炸,极大地羞辱了负责保卫日本列岛的日军。1942年4月18日,日本陆军《机密战争日记》记载:"一、午后12点30分左右,天空万里无云,美军突然发动了对东京的空袭,而且全都是燃烧弹。至此,日本国民首次被卷入大东亚战争旋涡中。二、去年的今天传来日美外交交涉的电报,只是令国家领导层大为震惊;而今天首都东京突然遭到轰炸,令全国上下无不惊愕。"1942年4月20日,日本联合舰队参谋长宇垣在日记中写道:"……敌人已经逃之夭夭,远远地看着我们如此骚动喧嚷,对于我们的愚蠢投来蔑视的目光。我国本土既已遭敌军轰炸,我们却失去报一箭之仇的良机。真是遗憾至极。"很明显,这对日军下一步的战略抉择产生了决定性的影响。日军高层中止了是"向南进攻,切断美、澳之间的联系,阻敌反攻",还是"向东进攻,攻占中途岛,为进攻夏威夷做准备"的争吵。1942年4月28日,日本陆海军举行联席会议,由海军军令部总长永野修身主持。会上决定,延期执行南进作战计划,全力以赴东进攻占中途岛,一举消除美军对日本本土的空袭威胁,并伺机与美军太平洋舰队决战。1942年5月5日,据日本天皇令,永野下达《大本营海军部第十八号命令》,批准了联合舰队呈报的中途岛作战计划。其作战要点是:在进攻部队登岛之前,以机动部队空袭中途岛,摧毁敌人防御设施及部署兵力,使进攻部队一举攻占该岛;与此同时,捕捉、歼灭前来支援的敌舰队。

作战计划确定后,按惯例要进行兵棋推演,即在海图上,按照作战预案,模拟攻防作战。兵棋推演讲究情况预想,尤其要充分考虑各种可能的情况,以检验和完善作战计划。自1942年5月12日起,在旗舰"大和"

号上，联合舰队组织了编组兵棋推演，联合舰队参谋长宇垣任裁判，并兼任青军（日军）司令。根据推演想定，在中途岛作战中，日军航母将遭遇从岛上起飞的美军轰炸机的攻击。为了计算命中航母的炸弹枚数，需要知道炸弹命中航母的概率。虽然依据平时积累的作战资料，以及气象条件和投弹高度等数据，可以估计航母被炸弹命中的概率，但命中概率不是一个确定值，而是一个随机变量。按照兵棋推演规则，宇垣裁定采用掷骰子的方法来确定其概率。这种方法与现代作战模拟中，采用随机数来模拟不确定性事件的方法相同。根据掷骰子的结果，日军"赤诚"号航母将被 9 枚炸弹命中。一般而言，航母被 3 枚以下炸弹命中，尚有生还可能，若被 9 枚炸弹命中，则绝无生还可能。不料，宇垣对兵棋推演的统监奥宫正武说："把命中枚数改为 3 枚。"组织兵棋推演，主要是为了发现存在的问题，拟定相应的对策，优化作战预案，使作战准备更充分。参谋长宇垣这种不严肃、当儿戏和走过场做法，令参演参谋们瞠目结舌。南云中将的作战参谋源田实事后回忆："作战计划本身就过于勉强，这也是中途岛作战失败的原因之一。"

    日军在中途岛之战中失败的另一重要原因广为人知，美军破译了日军的密码，获悉了日军的作战计划。破译的意义固然十分重大，美军依据情报，可以有针对性地做准备，在海上事先设伏等，但是，这仍不足以战胜强大的日军联合舰队。战前，美日双方作战士气、作战准备、作战水平基本相当，不过，在兵力对比上却是日优美劣。美军太平洋舰队可投入作战的航母只有 3 艘、战列舰 6 艘、巡洋舰 8 艘，而日军至少有航母 8 艘、战列舰 11 艘、巡洋舰 23 艘；日军作战飞机数量与美军之比约为 4∶3。虽据情报，日军将 2 艘航母、6 艘巡洋舰和 13 艘驱逐舰等部分力量用于阿留申群岛，这一分兵，使美、日兵力对比稍微有所改善，但在中途岛方向，日军仍然占优势。按照常理，日军获胜的可能性依然远大于美军。尼米兹在与波特合著的《大海战：第二次世界大战海战史》一书中说："中途岛海战中，美军破译了日军密码，完全掌握了日军情报。依据获悉的情报，不但知晓日军作战目标、部队编成、接近目标的方向，连攻击的日期都很清楚。虽然事先获取这些情报可能使美军取胜，但是因美军兵力处于劣势，对美军指挥员而言,其实,这是事先知道了也不可避免的惨剧。"既然如此,导致日军作战失败,一定还有其他关键原因,这个关键原因又会是什么呢?

迷人小岛

中途岛位于日本和夏威夷之间,西距日本东京约 2250 海里(4167 千米),东距夏威夷珍珠港约 1140 海里(约 2111 千米)。中途岛曾是泛美航空公司水上飞机飞越太平洋的中转站,后来成为美国重要的海军基地。中途岛由东岛、沙岛和潟湖组成,外围环绕着直径约 11 千米的珊瑚礁,陆地面积约 5 平方千米。东岛上建有一个机场,沙岛上建有一个港口。南云中将称其为"夏威夷的哨兵"。倘若日军夺占了中途岛,其战略前沿将向东大为拓展,本土防御态势会大为改善,还可以此为跳板,随时向美军在太平洋上的防御重心——夏威夷发起进攻。山本五十六极力主张进攻中途岛的战略意图全在于此。

1942 年 5 月 2 日,尼米兹亲临中途岛视察战备,他勉励驻岛官兵认清形势,全力以赴做好作战准备,并向岛上增派海军陆战队队员和各型战机。5 月下旬,尼米兹致电约翰·福特,要求他带一个摄影队去太平洋执行一项危险任务,但没有挑明这是一项什么危险任务。福特是好莱坞的大牌导演,珍珠港事件后,他自愿由海军预备役转为现役,在 46 岁时成为海军的一名少校,负责为海军组建一支战地摄影队,从事战场拍摄和制作宣传片等工作。领受任务后,福特带着摄影组飞往珍珠港,再由海军的一艘驱逐舰把他们送到中途岛。

1942 年 4 月,在"大黄蜂"号航母上,福特拍摄了杜立特突击队 B-25 轰炸机在舰上及从飞行甲板上起飞的珍贵镜头。登岛后,他并没有感觉到迫在眉睫的战争,他以为海军想拍摄一部反映前沿基地战时生活的纪录片。他和肯尼斯·皮埃尔,小杰克·麦肯齐一起拍摄海军基地设施、鱼雷艇、训练中的战士,以及荒无人烟的小沙岛、海鸥等旖旎的自然风光。他在给妻子的信中写道:"来这里做一个短暂的拜访……这个地方真的很迷人。"

对决前夜

1942年5月22日,日本海军联合舰队组织了最后一场沙盘演习,借此机会,山本五十六在"大和"号旗舰上设宴为出征壮行。他命令手下拿出天皇御赐的酒与官兵共享。就在众人觥筹交错之际,厨师端上来一道"加酱烧鲫鱼"。山本见后,脸色大变。日俄海战前,他吃了这道菜,战争中他的左手食指和中指被弹片削去。在围攻南京时,厨师用长江里的鲫鱼烧制"加酱烧鲫鱼"时,被他及时发现和制止,似乎这样才能顺顺利利。

"加酱烧"是个多么难听的字眼,这时,怎么能吃这种菜?山本的副官最懂他的心思,把负责膳食的近江兵冶郎叫来,狠狠地训斥了一顿。近江恍然大悟,(日语中)"加酱烧"与"失败"一词谐音,他连忙认错:"是我和厨师一时疏忽,以后一定注意。好在长官好脾气,要不然,说不定连盘子都给摔了呢。"山本大声说道:"没关系,我们是大和魂的男子汉。"说着把御赐的酒连同酒杯一起抛向大海。

山本把联合舰队出发的日子选在1942年5月27日,这一天是日本的海军节。37年前的这一天,即1905年5月27日,在对马海峡,东乡平八郎指挥联合舰队,一举打败了强大的俄国舰队。不知是否受到"加酱烧鲫鱼"一事的影响,出发前,山本在给家人的信中写道:"我们已起锚出征,在海上需要3周左右,我将亲自指挥全军作战。说心里话,对于这次出征作战,我并不寄予多大期望。今天是海军纪念日,但前面的道路崎岖坎坷,谁也不会预料到将会发生什么事情。"

1942年5月28日,尼米兹在他的办公室召开战前的最后一次会议。第16、17特混舰队司令斯普鲁恩斯和弗莱切等人与会。会议决定,在兵力对比不占优，但掌握敌作战计划的情况下，应以出其不意，攻其不备为作战原则。尼米兹说："日军机动部队将从西北方向进入中途岛海域。由于美军兵力不足，不能把有限的力量部署在敌人和中途岛之间。为了保证作战的突然性，主力应埋伏在日军的侧翼。弗莱切和斯普鲁恩斯的舰队处于劣势，若与日军正面交锋，必输无疑。"尼米兹比喻道，"就好比聪明的牧羊犬在驱逐狼群时，会从侧翼发起攻击，突然冲上去咬一口，这就是我要采取的打法。"尼米兹总结道，"总之，此次战役会非常艰苦，什么情况都有可能发生，但不管怎样，我们绝不能钻进日军设置的圈套。相反，我们要像老鼠那样，既要一口一口地吃掉鼠夹上的奶酪，又不能触发鼠夹上的弹簧。"

显然，要实现尼米兹的作战意图，必须能够先敌发现而不被敌发现。这有可能吗？有可能。因为除了出色的情报工作，美军手上还有一张王牌，那就是侦察预警手段比日军先进。"大黄蜂"号和"约克城"号航母装备了CXAM型雷达，"企业"号航母上装备了CXAM-Ⅰ型雷达。对于10000英尺（约3千米）高度的目标，CXAM-Ⅰ型雷达探测距离可达70英里（约113千米）。反观日军，在1942年4月，首批舰载雷达刚装备"伊势"号和"日向"号战列舰。其对空警戒雷达工作在1.5米波长，探测距离约33英里（约53千米），其对海警戒雷达工作在10厘米波长，探测距离约15英里（约24千米）。而日军航母还没有装备雷达，侦察预警仍然依赖观察哨兵目视耳听，在攻防作战中，侦察预警能力弱是日军机动部队的一块致命的短板。

1942年6月2日晚，中途岛海军基地指挥员西里尔·西马德上校告诉福特，两天后，日军将会袭击中途岛。西马德建议在1942年6月4日早上，福特把拍摄器材架设在东岛发电站的屋顶。福特同意，并说："那是一个绝佳的拍摄地点。"让福特大惑不解的是，西马德对其拍摄计划毫无兴趣，他最关心的是对空观察及弥补雷达低空探测盲区。"尽量忘掉那些拍摄。"他告诉福特，"我想要的是日军轰炸机编队的准确报告，为抗击空袭赢得预警时间。"福特把小杰克·麦肯齐留在身边，把肯尼斯·皮埃尔派到"大黄蜂"号航母上进行拍摄。

战前虚警

1942年6月3日下午，南云率领的日军机动部队以24节（每小时约44千米）的航速向中途岛开进。南云的任务是，在登岛作战发起前，空袭中途岛机场，消灭美军陆基航空兵。随着临近战场，士兵精神高度紧张。19点40分，负责掩护任务的"利根"号重型巡洋舰报告，其搜索飞机在260度方向发现约10架敌机。3架战斗机立即从"赤城"号航母上起飞，但是，飞行员在空中却什么也没有发现。在舰上的日本广播公司报道班成员牧岛贞一后来回忆："即将日落时，舰上突然拉响了防空警报。出大事了！我急忙冲到甲板上，发现士兵们乱成一团。地平线上飘着几朵白云，大家的视线都瞄向那个方向。著名飞行员白根大尉驾驶战斗机紧急升空……"结果是一次虚警。

21点30分，"赤城"号航母的对空观察哨报告："右舷70度方向，发现飞机航行灯闪烁。"舰长青木不敢怠慢，再次拉响了防空警报，各站位人员再次各就各位。1分钟过去了，青木问："是否仍然能看到航行灯闪烁？"对空观察哨兵迟疑片刻答道："长官，看不见了。"青木很不高兴，悻悻地向所有观察哨兵发出训示："在报告之前，必须先识别目标，不要因舰只晃动，把天上的星光当成飞机的灯光。"正当青木准备解除防空警报时，同一站位对空观察哨兵再次报告："在相同方向，再次发现航行灯光，这不是星光！"重新折腾一番之后，依旧判为虚警。

1942年6月4日凌晨，南云机动部队在中途岛西北方向240海里（约444千米）处，完成了各项战斗准备。4点30分，离日出还有40分钟，第一架"零"式战斗机从"赤城"号航母上起飞。不到15分钟，从"赤城"号、"加贺"号、"苍龙"号和"飞龙"号航母上共起飞了108架战机，由友永丈市大尉担任空中指挥，杀向中途岛。在南云的4艘航母上，还留有108架战机，包括36架"零"式战斗机、36架99型轰炸机和36架97型轰炸机，准备应对可能出现的美军特混舰队。

5点34分，从中途岛起飞的美军侦察机发回报告：发现日军机动部队行踪。此时，美军第16、17特混舰队在中途岛东北方向300海里（约556千米）处，距离南云机动部队也是约300海里（约556千米）。一场成为太平洋战场转折点的大海战拉开了帷幕。

预警乏术,樯橹灰飞烟灭
——II

航母交战的一个主要特点是,机会只有一次。交战双方能否把握和利用好这一机会,直接取决于对空和对海预警情报是否及时、准确。恰恰在这一关键环节上,日军机动部队棋输一着——对空预警乏术,这是其灰飞烟灭的另一个关键原因。

阿兰·巴迪欧在《论电影》一书中说:"电影的主题绝不是它的故事和情节,而是这部电影所持的立场,以及赋予电影的形式。"文章结尾的"花絮"部分,展现的"美国式"战时宣传,耐人寻味。

战斗经过

1942年6月4日6点30分,日军攻击机群的回波出现在中途岛上SCR-270对空情报雷达的显示屏上,美军立即派出20架"水牛"和6架"野猫"战斗机升空拦截。

福特和麦肯齐一同爬上发电站屋顶,架设好一部贝尔-霍威尔16毫米摄影机,装好了柯达彩色胶片。麦肯齐回忆:"那是我可以找到的最高点……我可以通观全岛和远处的大海……这里有许多优势,使我可以拍摄到想要的场景。"

不一会,日军攻击群呼啸而来,福特一边仔细观察,一边用电话向楼下动力室中的战勤人员报告:"我大概看见了……56至62架飞机。""飞机一架一架地掉落,有一些是我们的。"福特看见一名美军飞行员弃机跳伞,却被一架日机射断了降落伞背带。"那个孩子跌入水中,日机疯狂地向他扫射,子弹打在四周水面上,甚至连降落伞都沉没了。"突然,一枚炸弹落下,把发电站屋顶削去了一个角,福特被冲击波掀到空中,又重重地拍到屋顶的水泥地面上。"我被震得失去了意识。"福特回忆道,"我脑子里一片空白。"一两分钟后,他恢复了意识,发现摄影机仍在拍摄。冲上楼顶的士兵告诉福特,其手臂挂彩了。麦肯齐被另一枚炸弹的冲击波击倒,在这之前,"我拍到一个极棒的镜头,一队日军飞机直接向我扑来。"他如是回忆。

空战格斗中,日军"零"式战斗机没有给美军战斗机拦截的机会,不到半小时,美军战斗机被击落了17架,击伤了7架。日军只损失了2架"零"式战斗机。由于美军预有准备,日军的轰炸对岛上机场跑道和其他基础设施的破坏并不严重。7点05分，友永大尉向南云报告："有必要发起第二轮攻击。"

7点10分，早先从中途岛起飞的第一批6架鱼雷攻击机和4架B-26轰炸机飞临战场，率先向南云机动部队发起攻击，无果。

7点28分，日军侦察机向南云报告："发现10艘军舰，好像是敌舰。距离中途岛240海里（约444千米），航向150度，航速20节（约10米/秒）以上。"

7点50分，斯普鲁恩斯下令，除了留下34架战斗机护卫"大黄蜂"号和"企业"号航母，能升空作战的战机，包括29架鱼雷攻击机、67架俯冲轰炸机和20架战斗机立即起飞，投入战斗。

7点55分，从中途岛起飞的第二批16架俯冲轰炸机飞临战场，向南云机动部队发起第二轮攻击，无果。15分钟后，从中途岛起飞的第三批17架B-17轰炸机飞临战场，延续第二轮攻击，依然无果。

8点20分，日军侦察机再次报告："敌舰后面还跟着1艘类似航空母舰的大型舰只。"此时，日军第一轮攻击中途岛的飞机正在返航途中。南云听从源田实的建议，首先回收正在返航的飞机，同时卸下第二轮攻击机挂载的炸弹，重新换上鱼雷，并命令机动部队北上追击美军特混舰队。几乎同时，南云机动部队遭到第三轮攻击，从中途岛起飞的第四批11架俯冲轰炸机飞临战场，继续发起猛烈进攻，仍然无果。美军连续三轮攻击虽然没有取得战果，且自身损失惨重，但也破坏了南云的作战准备，打乱了机动部队的战斗队形，使"零"式战斗机在空中，左支右绌，疲于奔命。

9点06分，弗莱切命令"约克城"号航母上的12架鱼雷攻击机、17架俯冲轰炸机和6架战斗机立即起飞，投入战斗。

9点25分，从"大黄蜂"号航母起飞的15架鱼雷攻击机赶到战场，向南云机动部队发起进攻，无果。5分钟后，从"企业"号航母起飞的14架鱼雷攻击机再次发起进攻，无果。10点整，从"约克城"号航母起飞的

12架鱼雷攻击机赶到,继续发起进攻。

美军这三波鱼雷攻击机英勇无畏,前仆后继,却依然毫无建树。在"零"式战斗机凶悍的拦截下,41架中只有6架平安返回。但是,他们的拼死攻击极大地消耗了南云机动部队的防空兵力,大多数"零"式战斗机不得不返回航母加油、装填弹药,飞行员亟待修整。仍留在空中的几架"零"式战斗机因拦截第三波鱼雷攻击机,尚在低空飞行。

10点10分左右,30架从"企业"号航母起飞的俯冲轰炸机,从云层上飞临战场。透过云层间隙,带队机长麦克拉伦斯·麦克拉斯基少校发现了南云的机动部队,随即率队从6000米高度下降,准备从4500米的高度进入攻击阵位。

10点20分,美军最后一波鱼雷攻击机进攻结束,一直站在"赤城"号航母舰桥上观战的源田实为之一振:"看来,我对机动部队能否抗得住空袭的担心是过虑了。现在我看到它巨大的威力了。"此时,南云的4艘航母已经完成反击美军特混舰队的准备,轰炸机、战斗机在甲板上排列成队,已经启动了引擎。再有5分钟,至少会有三分之一的战斗机升空扑向美军特混舰队,美军获胜的希望渺茫。决定美、日海军命运的时刻到了。斯蒂芬·茨威格说:"倘若出现这样一个决定命运的时刻,这一时刻必将影响数十年甚至数百年……它决定了一个人的生死,一个民族的存亡,甚至全人类的命运。"

10点24分,"赤城"号航母上的扬声器传出了"出发"的命令,领头的一架"零"式战斗机在飞行甲板上起跑加速。与此同时,在空中的麦克拉斯基打破无线电静默,下令进攻。背朝阳光的麦克拉斯基带头向日军航母发起俯冲攻击。

"俯冲轰炸机!""赤城"号航母上的对空观察哨声嘶力竭地喊道,但为时已晚。"赤城"号、"加贺"号航母相继中弹,17架从"约克城"号航母起飞的俯冲轰炸机,随后向"苍龙"号航母发起凌厉的攻击。

偷袭珍珠港的空中急先锋渊田美津雄,因突发阑尾炎留在了"赤城"

号航母上。他亲眼看见了美军俯冲轰炸机在关键时刻的致命一击:"'赤城'号航母上的飞机已经全部到达离舰位置,启动了发动机。再过5分钟即可全部飞离航母。

"此时视野开阔,但是云量逐渐增多。云底高大概是3000米,云量为7左右。虽然对空观察哨可以透过云层间隙眺望天空,但是无法监视整个空域。对空观察哨都盼望装备雷达。

"10点24分,下达了战机离舰的命令。飞行长挥动白旗,第一架战斗机冲上云霄。突然,对空观察哨大喊:'俯冲轰炸机!'我赶紧朝那个方向望去,只见3驾漆黑的轰炸机向'赤城'号扑来……日军立即应战,可是为时已晚。

"我先听到俯冲轰炸机令人毛骨悚然的轰鸣声,接着是炸弹命中的爆炸声。一道亮光在我眼前一闪,就什么也看不见了。第二次爆炸声比第一次的更大。我被热浪冲得直晃……我爬起来瞭望了一眼天空,敌机已无踪影……在几秒钟造成巨大的破坏,这使我目瞪口呆。中央升降机后面的飞行甲板被炸开一个大洞,升降机已经烧得扭曲变形,糖稀般地倒向机库。被毁飞机头朝下、尾朝上吐着火舌,冒出浓烟。

"我朝前方望去,看见'加贺'号航母也冒着滚滚黑烟。看来'加贺'号航母也完了。我把视线移向左舷后方,只见'苍龙'号航母也有3处冒烟……"

下午晚些时候,美军发现了负隅顽抗的"飞龙"号航母。5点03分,"飞龙"号航母上的对空观察哨突然大声惊呼:"敌俯冲轰炸机就在头顶!"一切为时已晚。美军俯冲轰炸机故伎重演,再次从背向阳光的方向进入攻击阵位,又打了日军一个冷不防。"飞龙"号航母被4枚炸弹命中,引发熊熊大火,最终葬身海底。

中途岛一战,日军航母主力、其搭载的全部战机和经验丰富的飞行员损失殆尽,日本海军一蹶不振,从此丧失了太平洋战场的主动权。

回溯分析

　　回顾 10 点 20 分之前的攻防作战，在 3 小时 10 分钟的时间里，美军四型 95 架战机对日军机动部队连续实施了 6 个波次的攻击，都没有奏效。日军机动部队防空力量明显占据上风。在简单气象条件及能见度良好的情况下，日军对空观察哨提供的预警时间，能够使机动部队及时做好迎战准备，"零"式战斗机能够在第一时间抢占有利阵位，对美军来袭编队实施有效拦截。这也验证了尼米兹战前的研判：美军要想取胜，只能依靠抓住机会，出其不意，攻其不备。10 点左右，天气条件转差，加上美军利用背朝阳光的攻击战术，严重制约了日军对空观察哨对空域的全面监视，机会之窗向美军开启。但是，如果日军航母装备了对空警戒雷达，或"伊势"号和"日向"战列舰配属于南云机动部队，而不是配属于位于后方的山本主力部队（另一说加装了雷达的 2 艘战舰配属于攻击阿留申群岛的北方舰队），日军机动部队就有可能穿过云层覆盖，及时发现从云层上飞来的俯冲轰炸机。按照 6000 米高度，雷达探测距离为 53 千米，"无畏"式俯冲轰炸机时速为 400 千米计算，雷达可以提供约 8 分钟的预警时间，这足够使"零"式战斗机爬升至有利高度，拦截美军俯冲轰炸机编队，日军航母上的战机也有可能提前全部起飞。如此一来。中途岛之战的进程就会发生逆转，结局也会发生很大的变化。渊田哀叹"对空观察哨都盼望装备雷达。"一语道出了日军机动部队惨败的另一个关键原因——没有对空警戒雷达。

　　也许有人会说："这样分析有意义吗？历史不容假设，自有其必然性。"这个问题可以这样来看，何兆武先生说："历史本身就有其二重性。一重性是作为自然的部分，它要服从自然的必然规律。另外一部分是作为人文的部分，它不服从必然的规律。在不服从自然界的必然规律这种意义上，它是自由的。"所谓历史不容假设,主要针对的是前一部分,后一部分既然是自由的,作为创造历史的人就可以做出选择。一如葛剑雄先生所言:"在很大程度上,直接影响到这些人或事的,是人事,而不是天命;是偶然,而不是必然;其结局往往千变万化,而不是只有一种可能性。"

通过历史假设,分析梳理各种可能性,以及内在的逻辑、因果联系或相关关系,可以做出判断,得出结论,获取有益的启迪。这也许是学习战史,研究战例,以人为镜,以史为鉴的应有之义吧。事实上,日军正是通过检讨中途岛战役,发现决策失误,才加快了雷达的研发、装备和运用的。

尾声"花絮"

回忆自己在中途岛战役中的表现,福特说:"我真是一名懦夫。勇气是什么?我不知道,也很难说清楚……我所知道的就是我并不勇敢。就如同你迎上去领受任务,但完成之后,你的膝盖开始颤抖。"

实际上,福特说的,更多是有关其拍摄纪录片的经历和感想,对于中途岛基地指挥员西马德上校让其临时客串对空观察哨的角色及完成任务与否,他并没有太在意。战役结束后,福特满脑子想的是如何尽快剪辑出一部给美国母亲看的片子,要"让她们知道我们正处于战争状态,我们被狠狠地揍了5个月,而现在我们开始回击了。"

1942年6月中旬。福特带着4小时长的胶片,其中包括约5分钟的战场实况,回到了洛杉矶。在好莱坞,他的团队花6天时间完成了纪录片《中途岛战役》的编辑制作。福特以其特有的风格,通过真实的战场画面和感人的画外音,如盐入水地诠释了美军为何而战,为谁而战,以及何为英雄主义。在编辑即将完成之际,福特交给助手一卷时长约3秒的胶片,让其接在影片的结尾,里面是罗斯福总统长子、海军陆战队上尉詹姆斯·罗斯福的特写镜头。助手疑惑地说他没有听说过罗斯福上尉当时在中途岛上（此事有两种说法,一说他是岛上第二海上突击队的指挥员,一说他当时并不在岛上）,而且他的镜头与其他镜头也有点不一致,罗斯福上尉的头稍向上抬,而不是向下,光线对比似乎也暗示着这个镜头是在不同的时间和天气条件下拍摄的。福特让助手不要问,只管做。

按照福特的交代,其助手把拍好的片子放给托兰德和恩格尔看,两人正在为故事片《12月7日》拍摄最后的场景。当恩格尔看到海边葬礼上响起了《我的祖国》的音乐画面时,不由大声喊道:"那个人偷了我们的场景!"托兰德脸色苍白:"那个人破坏了我们过去6个月一直在努力做的一切。"福特听完两位同行的观后反应,感觉基本大功告成,就差送审了。

为了避免节外生枝,福特设法把完成的纪录片直接带到白宫放映送审,罗斯福总统、参谋长联席会议成员及其他高官出席观看。时长约18分钟的纪录片大致分3个部分展开,首先表现中途岛和平安宁,风光旖旎,美军士兵年轻潇洒,以及中途岛的神圣不容侵犯。突然,乌云翻滚,电闪雷鸣,以解放者自居的日军,从海上和空中发起了疯狂进攻,美军奋起反击,浴血奋战。最后,没有炫耀美军取得的巨大胜利和庆祝狂欢,反而以哀婉、忧伤的格调重现战争的残酷血腥及造成的巨大损害。画面上出现的是搜索救援飞机还在搜寻那些战斗到射出最后一颗子弹,用尽最后一滴燃油,最终坠入大海,可能生还的幸存者。画面上的美军负伤士兵缠满绷带,军衣上血迹斑斑,被人用担架抬进具有醒目标识的红十字会医院,可是医院内外满是日军轰炸留下的可怕痕迹,揭示了日军的凶残本性,以及肆意践踏国际公约的行为。最后一组镜头展现了为英勇牺牲的战士举行葬礼的悲壮场面。

在《中途岛战役》纪录片中,罗斯福总统、参谋长联席会议成员及其他高官第一次看到了真枪实弹的战场实况,视觉和听觉受到了极大的冲击,心灵受到了极大的震撼。在影片结尾，当看见儿子的特写镜头出现在士兵葬礼上时，罗斯福总统转过身来对其幕僚长威廉·莱希说："我希望每位美国母亲都能看到这部影片。"影片未做任何删改，被制成 500 份在全美上映。观众反响热烈，好评如潮。

毫无疑问，福特作为《中途岛战役》纪录片的拍摄者和导演，既称职又专业。至于客串中途岛上的对空观察哨兵，福特做得是否称职、专业？是否完成了中途岛基地指挥员交给他的低空补盲任务，这恐怕只有去问西马德上校本人了。

"奇技淫巧",所向披靡
—— I

二战中,涌现出众多的技术发明创造,微波炮瞄雷达、M-9射击指挥仪、无线电近炸引信就是其中的优秀代表。这些"奇技淫巧"在一系列重要战役中发挥了至关重要的作用,令人刮目相看。对于科学技术及科学家在战争中的作用与影响,丘吉尔在总结不列颠战役时说:"法国沦陷后,德军企图征服不列颠的三次重大尝试,都被我们击败或阻止了……我们战斗机飞行员的无限忠诚和高超技能,民众的坚韧不拔……(最终)挫败了敌人的企图。但是,若没有令人印象深刻的英国科学家的贡献,若没有令人难忘的英国科学家的努力和他们发挥的决定性作用,那么,无论是在战火纷飞的空中,还是在烈焰熊熊的街上,我们所做的一切努力和所有奉献,都会是徒劳无功的。"

尴尬的高射炮

在防空作战中，高射炮具有火力猛、反应快、部署灵活等特点，防空作战能力本应不亚于战斗机。但是，在 20 世纪 30 年代，高射炮的实际作战作用却不尽如人意。1940 年 2 月 7 日，中国驻法国大使顾维钧在与法国殖民部长孟戴尔会面时，谈到了高射炮的作用问题。当时，入侵云南的日军飞机往往飞经法属印度支那领空，于是顾维钧问他，法军是否曾下令向日军飞机开火。孟戴尔表示，法属印度支那曾向日军飞机开火，但因日军飞机飞得太高而打不着。高射炮对付空中的军用飞机用处不大，因为军用飞机总能安全地飞在高射炮射程之外。应对空袭唯一有效的防御是派战斗机拦截轰炸机。荷兰、比利时、英国和法国的经验都表明，发射 1000 发高射炮弹，也很难有一发命中空中的轰炸机。

1940 年 7 月，事关英国存亡的不列颠空中战役爆发，高射炮防空作用发挥的问题进一步凸显。战前，英国拥有各型重型高射炮 1200 门，轻型高射炮 587 门。从数量上看，高射炮数量远超其战斗机的数量，然而防空作战效能却远不如战斗机。据英国统计，在 1940 年 7 至 9 月，高射炮击落敌机 296 架，击伤 74 架，约占毁伤敌机总数的 15%。如果说高射炮在白天还能有所作为的话，那么当德国空袭转入以夜间为主时，高射炮的作战效能就微乎其微了。对此，丘吉尔曾记述："9 月 7 日至 11 月 3 日，平均每天晚上有 200 架德国轰炸机空袭伦敦……那时，夜间战斗机还处于初级发展阶段，毁伤敌机的数量很有限。为了防止误伤，我们的高射炮一连三晚没有开炮。虽然高射炮自身的技术水平也低得可怜，但鉴于夜间战斗机一些尚未解决的技术问题及存在的弱点，于是同意高射炮部队充分施展其技能，放手射击夜色中的空中目标……9 月 10 日晚，高射炮火网突然猛烈发声，还伴随着耀眼的探照灯光。其实，这些轰隆隆的炮火声并未给敌机造成多大损害,却使市民们大为满意,每个人都欢欣鼓舞,认为我们开始还击了。"

日军进攻香港时,羁旅香港的颜惠庆记录了英军高射炮的表现:"日军的总攻击,大约开始于 19 日。在此之前,可以看到香港'山顶'的高楼大厦,尽日在日军密集炮弹严惩之中,不时复有飞机由高空投下重磅炸弹。防空警报照旧发放,高射炮声亦不断听见,唯效用不大,未曾击落日机一架。"

影响和制约高射炮作战效能的最直接因素是,在夜晚和复杂气象条件下,炮手看不远、辨不清和瞄不准。其次,对于非直线、非匀速运动的目标,炮手难以准确计算出射击诸元及提前点坐标。此外,炮弹只配有触发引信和时间引信,不利于高射炮杀伤威力的充分发挥。

1940 年下半年,英国"蒂泽德使团"出访美国谋求技术合作和支援时,不仅展示了谐振腔磁控管等硬件,还向美国同行提出了防空作战最急迫的作战需求,微波炮瞄雷达和近炸引信被列入了优先级最高的项目清单之中。

炮瞄雷达

与担负防空预警任务的对空情报雷达不同,炮瞄雷达除了要探测空中目标的距离和方位,还必须探测空中目标的俯仰角,对探测精度的要求也更高,如此,才能准确引导高射炮对空射击。1937 年年末,美国贝尔电话公司就根据美国海军部的要求,开始论证和研发探照灯照射控制雷达(也可以当作近程防空情报雷达使用),型号为 SCR-268,其工作在米波波段,采用阵列天线和顺序波数法测角。该雷达存在的主要问题是,分辨力及探测精度不高,无法自动测角。人工测角存在的问题是,难以及时、准确和连续地测量空中目标的角坐标。

英国"蒂泽德使团"带入美国的谐振腔磁控管,使雷达频率可以向微波波段拓展，为从根本上解决雷达测量精度不高的问题奠定了基础。大概在 1941 年年初，美国国防研究委员会出资，由辐射实验室研究论证微波炮瞄雷达技术方案。1941 年 5 月，研究团队采用圆锥扫描技术，首次验证了对目标方位角和俯仰角的自动跟踪。1942 年，美国陆军部正式立项研制 SCR-584 炮瞄雷达。研制方案以 10 厘米波段的谐振腔磁控管为核心，采用抛物面天线、自动距离跟踪和圆锥扫描自动测角技术体制，可以将目标坐标数据连续传递给射击指挥仪，以计算高射炮射击诸元，并控制高射炮跟踪、瞄准和精准射击。

射击指挥仪

射击指挥仪用于接收炮瞄雷达的输出数据，自动计算和传递射击诸元，并控制高射炮射击。其核心部件是火控计算器，用来计算目标的运动参数和射击条件偏差修正量，按照高射炮弹丸飞行时间内，空中目标运动状态的假设，求出提前点坐标，计算出射击诸元。当时使用的是机械模拟式计算器，由一组庞大的差动齿轮和凸轮等构成，需要人工手动操作，计算过程复杂、烦琐，容易产生误差，难以满足高射炮精确瞄准和准确射击的要求。

新型机电模拟式计算器的创意，最先出自贝尔电话公司实验室的工程师戴维·帕奇·帕金森，提出这一创意时，他只有 29 岁。二战前，他曾为公司研发过一款电话系统电压变化自动记录仪，该记录仪使用一个电位器，驱动一支墨笔，可以在纸带上自动记录电话系统的电压变化曲线。据说 1940 年 5 月，希特勒闪击入侵西欧后的一个晚上，帕金森做了一个奇怪的梦："在一个岸防高射炮阵地上，高射炮不时对空射击，每次齐射都会击落一架敌机。在几次成功齐射之后，一名士兵向他招手，他走过去发现，这名士兵竟然坐在他的自动电压记录仪上。"醒来后，他清晰地记得梦中的场景。他后来回忆道："没用多长时间，就完成了由梦境到现实的转换。既然电位器可以控制一支快速移动的墨笔，以很高的精度自动记录电压的变化，为什么就不能研发一个合适的工程装置，为保障高射炮射击做相同的事呢？"帕金森并非公司雷达研发团队的成员，但是他的创意得到了其老板克拉伦斯·A. 洛弗尔的赏识。二人一拍即合，在紧张地忙活了两周之后，拿出了一份将电压自动记录仪转换成能"快速思考"的机电模拟计算器的研制草案，以替换机械模拟式计算器。

1941年5月，辐射实验室与贝尔电话公司联手，加强在雷达技术领域的交流与合作。辐射实验室适时地解决了同一目标雷达回波信号强度差异的平滑问题，这为计算器解算射击诸元提供了条件。珍珠港事件之后，辐射实验室牵头重组了研发团队，很快设计出机电模拟式计算器及M-9型射击指挥仪。后者由电缆与炮瞄雷达相连，其计算器的输入端，由一组电位器组成（如同现代计算机的键盘），通过电位器旋转，使输出电压按照空中目标的距离、方位和仰角成比例地变化，从而获取空中目标的坐标数据，并输入由电子管组成的处理单元。计算器中的另一组电位器充当储存器，以储存射击表——在给定的相遇点，弹丸飞达目标所需的时间。按照输入数据，处理单元解算出提前点坐标、射击诸元和控制弹丸爆炸的引信划分数据，通过同步传递器，将其传递给高射炮，以驱动高射炮跟踪、瞄准和精准射击。

1942年愚人节那天，在弗吉尼亚沿岸的梦露堡——美国陆军高射炮司令部所在地，组织了射击指挥仪研发的竞标测试。辐射实验室的李·戴文普特带来样机参加测试。测试要求规定，由射击指挥仪驱动高射炮，向空中活动靶标射击。靶标是一面棉制旗帜，四边用铜线缠绕加固，由一架飞机拖在尾后，在海面上空移动。射击指挥仪的操作并不复杂，一旦锁定目标，只需要两个人就可搞定。一名辐射实验室的技术人员负责监视和调整距离跟踪手柄，一名士兵为炮弹设置时间引信。此外，除了炮手装填炮弹和连长下达射击口令，整个射击过程基本实现了自动化。不过，戴文普特却忐忑不安，深恐高射炮射击时，射中的是拖靶标的飞机而不是靶标，如果这样，整个研发项目肯定泡汤了。情急之下，他爬上拖车顶棚，使用瞄准望远镜，确认射击指挥仪跟踪的是靶标而不是飞机。最终的测试结果令人满意，高射炮仅几次射击就命中了靶标，拖靶标的飞机完好无损。第二天，高射炮司令部就下了 1256 套射击指挥仪的订单作为 SCR-584 炮瞄雷达标准配套设备。

近炸引信

德军闪击西欧后，严峻的形势和迫切的作战需求，加速了近炸引信的研发进程。1940 年 6 月 7 日，上任不满一个月的丘吉尔首相，致信其科学顾问林德曼教授："我获悉近炸引信的研制进度再度拖延，极为忧虑。鉴于此事极端重要，而且我曾多次要求，要全力以赴推进此项工作，同时由两三家公司开展研制，至为必要。一家失败，其他家可以继续推进。请向我报告，此事目前的进展情况。"

当时在用的高射炮弹引信有两种，一种是撞击触发引信，另一种是时间引信。前者弹丸必须直接击中目标才会引爆，后者需要准确设置时间值，如果时间上误差十分之一秒，弹丸爆炸时，距离目标的误差就会达几百英尺，显然这两种引信都不能满足高射炮部队的作战需求。因此，研发一种新型近炸引信势在必行。

几乎同时，在大洋彼岸的美国，军方也提出了研发一种新型引信的作战需求，即引信能自动感知位于其附近的空中目标，并在目标进入弹丸杀伤范围时自动引爆。由于弹丸无须直接命中目标，也能实现有效杀伤，可以极大地提升高射炮的毁伤概率。国防研究委员会 T 分部的负责人，摩尔·杜夫领受了这一任务。战前，杜夫是卡耐基研究所的物理学家。起初，杜夫设想了几种近战引信机制，包括声波、光电和无线电等，但一直拿不定最终主意。英国"蒂泽德使团"在向美国同行介绍谐振腔磁控管等硬件时，包括了一块无线电触发电路板，它是由英国工程师 W.S. 巴特门特设计的。杜夫为其新颖的设计和构造所吸引，决定按照巴特门特的设计思路，为高射炮弹丸研发一种无线电近炸引信（另一说是物理学家琼·柯伦及其丈夫塞缪尔·柯伦开发了近炸引信）。

从本质上讲，无线电近炸引信就是一个微型连续波雷达，用螺栓将其拧在弹丸的前端，形成一个鼻锥天线，向前辐射180至220兆赫的连续波（波长约为1.4至1.7米）。弹丸的壳体构成偶极子的一个电极，引信火帽构成另一个电极。在弹丸飞临目标区域，测得弹丸附近目标距弹丸只有几个波长的距离，即弹丸破片可以杀伤到目标时，鼻锥天线接收的回波信号产生的电流强度就足以触发引信火帽，以引爆弹丸。这将极大地提升高射炮的杀伤概率。

无线电近炸引信的核心部件由4个电子管组成，为了能把它装入有限的空间，需要减小电子管的体积，同时还要对其结构进行加固，使其从炮膛射出时不致损坏。工程化还需要解决的另一个难题是电池的长效性。无线电近炸引信从生产、储存到运输到世界各地战场，时间长达数月之久。为了保证投入作战使用时电池不致失效，杜夫研发团队研发了一种专用电池：在弹丸出膛之前，电池内的化学混合物保持惰性，待出膛后，锌、碳和铬酸等化学混合物才发生化学反应，形成一个高效短时长电池，为无线电近炸引信提供电源。无线电近炸引信研发成功后，立即投入了批量生产。1942年9月，美国日产无线电近炸引信400个，到二战结束前夕，日产量已经提升到70000个。

1943年5月，首部SCR-584炮瞄雷达问世，它工作在2700至2900兆赫，对B-26轰炸机的最大探测距离为45千米。测量精度：距离为±22.2米，方位为±3.4分，俯仰为±4分。最大自动跟踪速率：方位为每秒15度，俯仰为每秒5度。2个月后，美国投入了近1700部的大批量生产。SCR-584炮瞄雷达用一部拖车装载，其抛物面天线位于车厢的顶部。通过电缆，它与装在另一部拖车上的M-9型射击指挥仪相连，一部汽油发电机为其提供电源。射击指挥仪驱动位于50英尺（约15米）开外的高射炮连，一个高射炮连通常编有4门高射炮。

亮相安齐奥

为了迅速打破在意大利战场上的僵持局面，1944年1月22日凌晨，盟军在距离罗马南部37英里（约60千米）的安齐奥海滩登陆，兵锋直指意大利首都罗马。为阻滞盟军的前进，德军派出战斗机不断对盟军登陆部队进行空袭。

为了支援两栖登陆作战，夺取和保持战场的制空权，盟军在滩头阵地上部署了高射炮部队。德军针锋相对，运用电子干扰机和箔条，对盟军的米波炮瞄雷达实施了压制干扰，为其空袭提供掩护，这使德军战机的攻击力大增。盟军紧急调集SCR-584和SCR-545微波炮瞄雷达，抗击德军的电子干扰和空袭。

1944年2月3日，德军地面部队展开反攻，意在将盟军赶下大海。到了1944年2月16日，在德军的猛烈突击下，盟军的战线被压缩回滩头阵地周围。盟军身后就是大海，已无退路，情况万分危急。在这一关键时刻，SCR-584炮瞄雷达不负众望，表现出色。威廉姆·N.帕皮恩是一位信号侦察部队的无线电情报官，通过观察示踪弹，他跟踪了反空袭的过程，"一天晚上，高射炮和炮瞄雷达的配合十分默契，德军战机开始被高射炮击落，过去从未见过这样的密切配合。" 帕皮恩回忆道，"到3月6日，在被击落的46架德军战机中，有37架是被高射炮部队击落的"。

虽然在安齐奥战役中，已有少量的SCR-584炮瞄雷达和M-9型射击指挥仪投入反空袭作战，但是并没有启用近炸引信。之所以禁止使用，是因为盟军联合参谋部担心，这一撒手锏装置有可能被德国人发现、掌握和利用。如果德国人依据收集到的哑弹残骸，发现和查明了无线电近炸引信及其工作机理，就会研发出相应的电子干扰机，对近炸引信实施干扰及提前引爆弹丸。德国甚至还有可能仿制出近炸引信，对盟军构成致命的威胁。因此，盟军联合参谋部严格禁止在欧洲战场使用近炸引信。不过，丘吉尔慧眼如炬，早就盯上了这一撒手锏装置。1944年1月10日，丘吉尔致信海军大臣及第一海军大臣："今年开春后，美国海军就可以大批装备近炸引信，甚至连4英寸（10.16厘米）口径的炮都可以使用这种近炸引信。而我们，在整个战争期间都不会有这种近炸引信。对于这种情况，你们满意吗？我认为，这个问题很严重，海军部应设法研究解决。

"是否有可能要求美国调拨一批近炸引信？或者你们认为我们自己的引信已足以满足作战需求？"

近炸引信和SCR-584炮瞄雷达、M-9型射击指挥仪的强强联手，能使高射炮的作战效能更上一层楼吗？英军拭目以待。

"奇技淫巧",所向披靡
——II

一种新式武器装备部队后,并不会自动形成作战能力,新式兵器使用培训和战前训练必不可少。SCR-584 炮瞄雷达在欧洲战场和太平洋战场初期使用的教训,迄今仍不乏借鉴意义。部队逐渐熟练掌握了手中的新式兵器,SCR-584 炮瞄雷达、M-9 型射击指挥仪和无线电近炸引信,立即发挥出巨大的作战威力。为盟军挫败 V-1 导弹攻势,赢得阿登之战、马里亚纳海战,以及菲律宾战役等战斗的胜利,做出了突出贡献,受到了从盟军士兵到统帅的一致赞誉。

抗击 V-1 导弹

1945年6月13日,希特勒为了回击盟军在诺曼底的登陆,开始向英国本土发射 V-1 导弹。这种新的空袭方式,对伦敦民众的心理造成的紧张和不安,甚至超过了不列颠战役期间的空袭,这为无线电近炸引信的使用提供了有利契机。首先是作战急需,丘吉尔反复向罗斯福总统发出紧急呼吁;其次,英军的高射炮部署于沿海一线地区,即使出现哑弹情况,也会落入海里,不至于为德国人所利用。1945年7月,约200部 SCR-584 炮瞄雷达、M-9 型射击指挥仪和相当数量的无线电近炸引信,被紧急部署到英国南部沿海地区。

由于是紧急大批部署,新兵器使用培训及战前训练就显得十分仓促。SCR-584 炮瞄雷达研发团队成员李·戴文普特,在深入美军的一个 90 毫米高射炮阵地时发现,战斗中,炮手们一边翻阅操作手册,一边操作兵器。"有 7 至 8 枚 V-1 导弹飞临高射炮射程范围时,我正在现场。"戴文普特回忆道,"高射炮没有向任何一枚 V-1 导弹射击。"戴文普特设法借了一辆救护车,与另一名同伴合作,因陋就简,现场为炮手们讲解 SCR-584 炮瞄雷达的战斗操作要领,细心指导战斗操作训练。不久,高射炮作战效能开始稳步上升。到了 1945 年 8 月 12 日,英军防空司令部派尔将军向美军马歇尔参谋长发出电报:"高射炮杀伤概率曲线快速上升,高射炮部队的战果已远超战斗机部队。随着部队对新兵器使用的日益熟练,我相信 V-1 导弹飞达伦敦的可能性已经微乎其微。"据统计,击落一枚 V-1 导弹,平均只需 156 发装有近炸引信的炮弹,在相同条件下,使用其他引信的炮弹需要 2800 发,近炸引信成为 V-1 导弹的克星。战后,丘吉尔在其回忆录中写道:"早在 6 个月之前,我们就向美军提出了在英国部署新型雷达和射击指挥仪的需求,尤其是那种新型近炸引信。高射炮部队取得的战绩,出乎我们意料。到(1945)年 8 月底,漏网飞到伦敦的 V-1 导弹数量,不超过其发射数的七分之一。(1945)年8月28日是拦截V-1导弹创纪录的日子。当天，德军发射了94枚V-1导弹，除4枚外，全被拦截下来。气球阻塞网拦截了2枚，战斗机拦截了23枚，高射炮拦截的最多，达到了65枚。V-1导弹的攻势已被我们挫败。"

近炸引信及干扰机

　　1944年12月，希特勒不甘心失败，在西线向盟军发动了最后一场大规模反攻，妄图为西线乃至整场战争带来决定性的转机。为此，德军调集了党卫军第6装甲集团军（含4个装甲师、5个步兵师）、第5装甲集团军（含4个装甲师、3个步兵师）、第7集团军（含1个装甲师、6个步兵师），以及预备队。1944年12月2日，在作战准备会后，希特勒为第5装甲集团军司令哈索·冯·曼陀菲尔打气："戈林报告说，在这次行动中，他可以投入3000架飞机。你了解戈林的一贯做派，所以减掉1000架。2000架中，1000架支援你，其余1000架支援泽普·迪特里希（党卫军第6装甲集团军司令）。"1944年12月15日晚及16日凌晨时分,德军兵分三路，突然从比利时东南部的阿登森林方向出击，打了盟军一个措手不及。经过激战，德军突入盟军战区纵深达60英里（约97千米），其先头部队一度距离默兹河只有4英里（约6千米）。面对严峻的战场局势，艾森豪威尔和其参谋部的焦虑程度，可从1945年1月6日，丘吉尔致电斯大林的电报中窥见一斑："西线的战斗非常激烈，最高统帅部随时都得做出大量的决定。你从自己的切身经验中一定知道，暂时失去主动权，而不得不防守一条很长的战线时，会令人多么揪心。艾森豪威尔非常想、也非常需要知道你的大致行动计划，因为这显然关系他及我们的一切重大决定。昨晚接到报告，我们的特使，空军上将特德，因天气原因被困开罗。他的行程已经耽搁多日，这不能怪你。如果他还是未能到达你处，请告诉我，我们能否指望苏联于1945年1月，在维斯都拉河战线或其他地方发动一次重大攻势？如能告知以上消息并附上你愿意说明的相关细节，则不胜感激。除布鲁克陆军元帅和艾森豪威尔将军外,我决不会把这一最机密的情报透露给任何人,而且只会在最保密的情况下知会他们两人。我认为此事极为迫切。"

为了挽救危局,盟军首先同意在队属高射炮部队中使用近炸引信,接着又批准地面炮兵部队使用近炸引信,以遏制德军装甲部队的疯狂进攻势头。在比利时马尔梅迪和安伯莱沃河附近,盟军地面炮兵部队首次使用近炸引信炮弹。当时党卫军头目斯科尔兹尼(此人是希特勒的宠将,参加过营救墨索里尼的行动),正率领德军第150装甲旅追歼美军第120步兵师。就在非常危急的关头,盟军发射的大量近炸引信炮弹,恰好在装甲车的头顶上爆炸,既准又狠,把德军装甲旅打得人仰马翻,120步兵师得以脱离险境。之后,盟军向公路、桥梁和交叉路口等地发射了成千上万枚近炸引信炮弹,大量杀伤了德军的有生力量。这对于扭转战场颓势,重新夺回战场主动权,起到了十分重要的作用。德军士兵对这种像长了眼睛似的神奇炮弹,感到非常震惊。据德军战俘供称,近炸引信炮弹是他们所经历过的最影响士气的武器。艾森豪威尔在回忆录中说:"在阿登之战中,我地面部队第一次在地面战斗中使用了新型'近炸引信'。这一发明极大地增强了我军炮火的威力。"榴弹炮的杀伤率提高了近10倍。

近炸引信投入地面战场,也随之引发了盟军原先一直担心的问题——在激烈的交战中,美军一个存放炮弹及近炸引信的弹药库被德军占领。美陆军航空兵司令部非常担忧德国会发现和仿制近炸引信,紧急下令电子对抗研发部门立即拿出应对的方法和手段,以防不测。时任美军赖特试验场航空无线电实验室工程师杰克·鲍尔斯回忆:"近炸引信非常保密,甚至连我们这些在赖特试验场长期从事无线电对抗措施研究工作的人,也从未听说过这种装置。后来,我们被紧急叫到一个军事基地,研究对抗这种引信的可能性……结果,只用了两个星期,就拿出了一部干扰机(样机),它可以提前引爆近炸引信。"

哈佛无线电研究实验室研制的APT-4"宽幅地毯"机载干扰机,设计用于干扰德军的"维尔茨堡"地面火控雷达,其工作频段为150至780兆赫,正好覆盖了近炸引信的工作频段。为了能够对近炸引信整个工作频段进行扫频干扰，研究人员为APT-4"宽幅地毯"机载干扰机加装了一个由电机驱动的扫描调谐器。改进完成后，APT-4"宽幅地毯"干扰机被安装在一架B-17轰炸机上，在埃格林空军基地与一个90毫米的高射炮连进行了实弹对抗试验，以检验其干扰效果。位于B-17轰炸机机舱的2名无线电对抗操作员，接收和监视近炸引信辐射的连续波信号，向炮弹发射经调制的干扰信号。飞行员和领航员可以看见，炮弹在远离机身的下方纷纷提前爆炸。试验持续了3个月，高射炮连共发射了1600发近炸引信炮弹。试验的结论是，经改进的APT-4"宽幅地毯"机载干扰机，对近炸引信实施的连续扫频干扰十分有效，可以大大降低装有近炸引信的防空炮弹的效能。干扰试验完成后不久，德国就投降了。战后，有关干扰近炸引信的试验报告，被存放在埃格林空军基地的技术图书馆，负责撰写试验报告的英沃尔德·豪根上尉舍不得扔掉由电机驱动的扫描调谐器，便把它存放在其父母家中。他不曾料到，朝鲜战争爆发后，美军当局又想起了近炸引信干扰机。不过，这些是后话了。

　　1945年1月1日清晨，德军在西线又做了一次垂死挣扎，这次德军出动了800多架战机，对盟军前线的所有机场实施了突然袭击。为了规避盟军的地面雷达，出击时，德军战机紧贴山脉和树梢做低空飞行。盟军遭受了严重损失，但是德军战机也付出了惨重的代价。SCR-584炮瞄雷达及时截获和报出许多低空飞行的敌机，M-9射击指挥仪准确计算出射击诸元，引导高射炮连续、精准射击，近炸引信充分发挥了威力。3小时后，硝烟散尽，盟军高射炮部队击落了394架敌机，另外，还可能击伤了112架。盟军受到的损失很快得以恢复，日薄西山的德国却已无力恢复遭受的巨大损失，这无疑加速了其灭亡。

太平洋战场表现

　　在太平洋战场，盟军部队采用两栖作战，以跳跃岛屿，夺取空军基地，逐步扩大制空权和制海权的方式展开反攻。1944年年初，首批约150部SCR-584炮瞄雷达及M-9型射击指挥仪，加入了美军高射炮部队战斗序列。辐射实验室的工程师汉克·阿伯简来到太平洋战场，几乎跑遍了美军高射炮部队，结果令其失望。他遇到了戴文普特在欧洲战场遭遇的类似情况：高射炮部队缺少训练设施及培训教材，部队仍然使用传统的光学瞄准具，SCR-584炮瞄雷达自动跟踪功能被当成摆设，依然采用手动跟踪及人工瞄准的射击方式。经与军方协调，阿伯简在瓜达尔卡纳尔岛上开设了一个战地培训学校，自己动手编写战斗操作规范，并授课讲解。他还和通用电气公司的工程师阿伯特·鲍尔分工走访战区的每个高射炮连，进行巡回技术指导。

在阿伯简奔走于各岛屿之际，美国海军完成了近炸引信使用的首秀。1944年6月19日，在盟军登陆塞班岛4天之后，日本海军中将小泽治三郎率领的第一机动舰队，在马里亚纳群岛以西、菲律宾海以东海域，与美军斯普鲁恩斯上将指挥的第5舰队展开了马里亚纳海战。10点，美军第58特混舰队舰载对空警戒雷达在其西方150英里（约241千米）处发现了第一批来袭日军战机。在航母战斗情报中心的截击控制员，使用引导雷达提供的信息，精确引导战斗机升空抢占有利拦截阵位，给来犯日军战机以迎头痛击。一些侥幸突破拦截线，闯入美军编队上空的日军战机，又成了由炮瞄雷达控制的舰炮的"盘中餐"。装上了近炸引信的炮弹，像长了眼睛似的将日军战机一一击落。第一批发起攻击的197架日机中，138架被美军击落。第二天再战，美军继续保持空中优势。最终，小泽不得不退出战斗，其战前拥有的462架战机，只剩下了67架。美军戏谑地将这次海战称为"马里亚纳射击火鸡大赛"。日本历史学者、战史研究专家儿岛襄在评述这场战役时写道："美国舰队在40毫米以上口径的炮弹上，安装了在接近目标时可以自动引爆的近炸引信，即'魔术引信'，威力十足……斯普鲁恩斯上将也正是出于对近炸引信的期待，从而拼命压制米切尔中将（第58特混舰队指挥员），令其等待日本飞机自动送上门来。"

"'马里亚纳海战'的结局表明，花费一年时间重建的日本海军航母部队仅在两天时间里就覆灭了，而在攻击（飞行员素质）和防御（近炸引信）

方面的劣势也说明，日本不是输在了兵力兵器的数量上而是输在了质量上。"

1944年10月20日，美军在菲律宾莱特岛登陆，美军出动的雷达部队之多，给阿伯简留下了深刻的印象。在美军主攻部队中，配属了23个炮瞄雷达分队，他们会同防空情报雷达分队和战斗机截击地面引导分队，随第一批登陆抢滩部队，登上了莱特岛。阿伯简事后回忆："实际上，这是我第一次见证雷达部队实战，我看见高射炮部队朝敌机射击，敌机也朝我们射击。"麦克阿瑟回忆："在我军成功登陆'红滩'开始向岛内移动时，我决定随第三波进攻部队一同进入战场。奥斯米内总统也搭乘一艘运输船随舰队来到了行动现场……我让他们与我同乘一艘登陆艇，然后向海滩驶去……

"舵手在岸边大约50码（约46米）处停船，接着我们便涉水步行。我只迈了大约三四十个大步便上了岸，但这却是我走过的最具有深意的一段路。"其实，麦克阿瑟原计划乘登陆艇直接上岸，在不需要弄湿衣裤的情况下登到岸上。可是，岛上的码头已基本被美军炮火摧毁，尚可使用的早已被海军登陆艇所占据。麦克阿瑟非常生气，但也无可奈何，海军并不归其直接指挥，战场上临时调度也不易，他只好走下登陆艇，蹚着齐膝深的海水徒步上岸。有个随军记者抢拍了麦克阿瑟涉水时拉着脸的样子，这张照片立即传遍了世界各地，读者以为这张照片展示了麦克阿瑟坚定的决心。

麦克阿瑟将司令部设在塔克洛班市一幢两层混凝土结构的房子里，它原先属于商人沃尔特·普莱斯，后成为日本占领军的俱乐部。日本东京广播电台宣称，他们知道麦克阿瑟把"指挥部设在市中心普莱斯的房子里。"日军派出战机不时空袭塔克洛班，妄图炸毁麦克阿瑟的司令部。挨着这幢房子最近的弹着点，只有几英尺，麦克阿瑟却拒绝搬离。在持续数周的空袭反空袭作战中，美军高射炮部队共击落敌机近300架。SCR-584炮瞄雷达、M-9型射击指挥仪和近炸引信的完美结合及出色表现，使高射炮的作战效能得以淋漓尽致地发挥，这令麦克阿瑟非常高兴，他专门向高射炮部队发出贺电，称赞"这是一场超级射击"。

随着战事的推进，阿伯简又来到马尼拉南部的民都洛岛。在一个可以俯瞰山谷的山头上，美军部署了 4 部 SCR-584 炮瞄雷达，每部保障一个高炮连，这是一种典型的战斗配置。阿伯简发现，在夜间，高射炮效能发挥不够充分。于是他向一名营长提出建议，说服他用一部备份的 SCR-584 炮瞄雷达去引导探照灯分队，为没有雷达引导的小口径高射炮提供支援。阿伯简承诺："无论如何，只要探照灯一打开，我保证光束中会有一架飞机。"

经过观察，阿伯简发现，过早打开探照灯会提示日军飞行员，其飞机正在被搜索跟踪，从而降低了由炮瞄雷达引导的高射炮的命中概率。阿伯简与营长商议出一个战斗方案，即等到炮瞄雷达引导高射炮第一次齐射之后，再突然打开探照灯，引导小口径高射炮射击。

一天晚上，一架日军飞机从高空飞来。阿伯简通过无线电台收听到下列一段对话："A 连锁定目标。数据传输正常。"

"准备好，就开火。"

"开火。"

在首次齐射之后的瞬间，炮瞄雷达引导的探照灯突然打开。阿伯简记得："毫无疑问，探照灯光束照住了那个日本人。"第二次齐射正中目标。在探照灯的跟踪照射下，只见日军飞机翻滚着坠入地面，炮手们的欢呼声响彻山谷。

科学家做出的贡献

SCR-584 炮瞄雷达在战场上的上乘表现，使其成为一型明星兵器，受到盟国军队的青睐。战后，苏联等国进行了仿制、改进。例如，苏联的 COH-4（北约起绰号为"雪茄"）和改进型 COH-9（绰号"火罐"），一直沿用了几十年。

对于科学及科学家在战争中的作用与影响，丘吉尔在总结不列颠战役时，说过一段非常到位的话："法国沦陷后，德军企图征服不列颠的三次重大尝试，都被我们击败或阻止了。第一次是德国空军在 1940 年 7 至 9 月的不列颠战役中遭到的决定性失败……我们的第二次胜利紧接着第一次胜利。德军未能取得制空权,因而不得不放弃横渡海峡的入侵计划……

"第三次考验是,在夜间,德国空军不分青红皂白地对城市进行大规模轰炸。我们战斗机飞行员的无限忠诚和高超技能,以及民众的坚韧不拔,尤其是,首当其冲的伦敦民众及民防组织的百折不挠,又一次挫败了敌人的企图。但是,若没有令人印象深刻的英国科学的贡献,以及令人难忘的英国科学家的努力和发挥的决定性作用,那么,无论是在战火纷飞的空中,还是在烈焰熊熊的街上,我们所做的一切努力和所有奉献,都会是徒劳无功的。"

战略误判，预警难为

1941年6月22日凌晨，德军3个航空队出动1240架飞机，从北、中、南3个方向飞越国境线，对苏联西部边境地区的西部特别军区、基辅特别军区、敖德萨军区和波罗的海沿岸特别军区的66个机场同时发起攻击。令人难以置信的是，对于德军多方向、大规模的空袭编队，苏联部署在边境地区的对空情报部队几乎全部、全程漏警，更遑论引导歼击机升空拦截，指示高射炮对空射击了。负责经常性战斗值班任务的对空情报部队，竟然发生集体性失声和塌方式漏警，除了暴露出其自身存在的问题，是否还有其他方面的隐情？是时，苏军获取空中情报的主要方式是什么？其雷达研发的情况又是怎样的？

雷达研发的历程

说到雷达的发明及初期的作战运用,还有一个要说的国家是苏联。同英国等国早期情况相似,苏联军队在很长一段时间里,获取空中情报主要依靠对空观察哨兵的耳听和眼观。虽然配备了大量的人员和观察通信器材,但仍难以高效地完成空袭预警任务。为此,苏军一直在探索及时发现和准确掌握空中目标情报的新途径、新方法。

1931年,苏军参谋部(1935年9月改称总参谋部)对空观察勤务部门制定和下发了两种声测仪的战术技术指标要求:一种是能发现空中目标的简易型声测仪,另一种是能跟踪空中目标的增强型声测仪。计划采购2000部,于1933年装备部队。由于多种因素,该计划并未落实。1938年,对空观察勤务部门又制定出更为具体的声测仪战术技术指标规范,明确要求声测仪能够探测10千米距离内空中目标的方位角、俯仰角和航线角。不过,这种声测仪的研制计划最终也被放弃了。

在努力发展声测仪的同期,苏军也开始探索利用无线电波探测空中目标的可能性。1932年,普斯科夫高射炮团的电气工程师,帕维尔·K. 奥谢普科夫提出了使用无线电波探测飞机的构想。1932年年底,他被调入苏军防空指挥部。转年,奥谢普科夫论证了利用无线电辐射和接收原理,研制出探测空中目标的无线电装置的合理性和可行性。1934年2月,苏军参谋部防空局下达了无线电探测实验装置的研制任务。不久,在列宁格勒(现俄罗斯彼得格勒)电子物理研究所,由B. K. 申贝尔领导的团队拿出了研制技术方案。1934年7月10日至11日,名为"激流"的无线电探测试验装置进行了首次试验。其发射机的工作频率为64兆赫,辐射200瓦的连续波信号,两部接收机放置在距离发射机约4千米处。当试验空域出现飞机时,操作员的耳机中会出现拍音,最大发现距离约为72千米。后来,苏联将7月10日这一天视为雷达的诞生日。如果回过头去梳理英国、美国、德国、日本和苏联等国发明雷达的时间,会发现一个不争的事实,就是这些国家是在同一时期竞相发明雷达的。这恐怕同当时的世界形势及严峻的防空现实不无关系,可以说雷达是时代环境催生的产物。

1934年9月,奥谢普科夫起草了对空情报无线电探测系统——"电子眼"的研制规范,明确"电子眼"由一个辐射站和分布在其周围的几个接收站组成,能在100至200千米的距离发现空中目标,并在环形显示屏上显示目标回波。为了加强领导,苏军参谋部在防空局新设了设计处,由奥谢普科夫领导。

1935年,按照奥谢普科夫的设计,在列宁格勒电子物理研究所的帮助下,Д.А.罗赞斯基教授领导的实验室,研制出"模型-2"脉冲仪。1935年9月,奥谢普科夫向斯大林、莫洛托夫和伏罗希洛夫汇报了科研成果,并建议成立一个专门负责试验事宜的部门。1936年1月,防空局设计处改为防空侦察与引导试验处,由奥谢普科夫领导,专门负责新研防空侦察与引导装备的靶场试验和部队试用工作。

1937年,苏军防空部队举行了系列防空演习,以检验苏军的防空作战能力。演习中暴露出苏军防空系统的诸多问题,尤其是无法有效应对夜间空袭,这进一步加速了无线电探测设备的研制工作。1937年6月,苏联开始了肃反运动,苏军大批将领和军官惨遭清洗,奥谢普科夫也未能幸免。1937年8月,他被逮捕,试验处被撤销,内务人民委员部特别委员会判处其劳改5年。1939年12月,奥谢普科夫虽然被提前释放,恢复名誉,但他已丧失了继续从事雷达科研工作的能力。

1938年8月,在"激流"无线电探测实验装置的基础上,苏联研制出名为"大黄"的干涉探测器。该探测器由一部发射机和两部接收机组成,接收机配置在发射机的两侧,最远的一部接收机距离发射机约4千米。当飞机飞入电波覆盖范围时,接收机中的干涉图被记录在纸带上。1938年8

月，在基辅军区靶场完成性能测试，9月开始下发部队试用，被命名为PYC-1（俄文"无线电探测飞机"词组的首字母缩写）。一个月后，一套PYC-1设备部署在塞瓦斯托波尔。一部连续波发射机装在一艘扫雷舰上，一部接收机装在一艘驳船上，另一部接收机装在岸上，为沿岸部署PYC-1设备做进一步的可行性验证。

1937年4至5月，由列宁格勒物理技术研究所（原电子物理研究所与电视研究所合并而成）与苏军通信科研所合作，研制出苏联第一部脉冲体制雷达——"多面堡"雷达样机，并在莫斯科附近完成首次试验。样机的探测距离达到约16千米，可以大致给出目标所在方位。1938年8月，样机经改进后，又进行了试验，探测距离提升到约48千米。在1939年8月的再次试验中，对于飞行高度约7200米的飞机，探测距离达到约96千米。苏芬战争中，"多面堡"雷达被部署在卡累利阿地峡当面，接受了实战条件下的检验。1940年7月，"多面堡"雷达开始投入生产，被命名为PYC-2，用于探测空中目标和引导歼击机拦截作战。PYC-2雷达的改进型是PYC-2C，其工作频率为70至75兆赫，发射和接收共用一副天线，发射机和接收机安装在一个车厢里，主电源和备用电源安装在另一个车厢里，由两部卡车牵引，机动方便。

不难看出，在雷达发明、发展的过程中，苏联似乎与英国、美国等国不谋而合，大体走的是同一条技术发展路径，即从干涉探测器到雷达，从连续波体制到脉冲波体制，从发射天线和接收天线分置到收发天线合而为一等。这反映了科学技术发展的渐进性规律：由已知到未知，由简单到复杂，由低级到高级。值得一提的是，现代双（多）基地雷达的收发天线又采用了分置技术，从形式上看，好像又回到了雷达研发起点。当然，从本质上讲，双（多）基地雷达采取的收发分置技术已经发生了根本性的变革，是一种全新的技术体制，这也反映了科学技术探索的无止境。一如英国著名诗人T.S.艾略特所吟："我们不应停止探索，而每一次探索的终点，都重新回到了出发的起点，并从中领略到从未有过的深意。"

在苏德战争爆发前，苏军对空情报部队编制有6个团、35个独立营、4个独立无线电技术营和5个独立对空情报连。由于受苏联国内大环境的影响，部队不满编，只有部分团和营展开了对空观察哨，其他部队对空观察哨只有干部编制的站长，其他兵员有待战争动员后，才能得到补编。按照当时对空情报部队展开的标准，即所辖对空观察哨展开数不少于编制数的 20%至 25%计算，对空情报部队实际只展开了 1 个团、19 个独立营、1 个无线电技术营和 3 个独立对空情报连（含 2 个无线电技术连）。莫斯科和列宁格勒防空区的无线电技术营、连，共装备 PYC-1 雷达 28 部、PYC-2 雷达 6 部，全都处于试用状态。对空情报部队电话装备率只有 70%至 75%，无线电通信设备装备率只有 20%至 25%，望远镜装备率只有 26%。作为国家防空预警的眼睛，对空情报部队的战备状态与苏联的大国地位不符，难以经受实战及历史的检验。据苏军统计，1941 年 1 月 1 日至 6 月 10 日，共有 122 批架敌机飞越苏联领空。因空情报知延误或处置不当，以及没有地面适时引导，84 批架未遭到苏军歼击机驱离或警示性拦截，占入侵敌机总数的 69%。

苏军塌方式"漏警"

1941 年 6 月 21 日晚，苏军总参谋长朱可夫接到基辅特别军区报告：一名德军司务长向苏军边防部队投诚，他说德军正在进入出发地域，将于 22 日清晨发起进攻。

斯大林接到报告后，忧心忡忡。他问道："这个投诚者难道不是德军为了挑起冲突派来的？"在审核边境军区部队进入一级战备命令时又说："现在下达这样的命令还太早，也许问题还可以和平解决。命令要简短，指出袭击可能从德军挑衅行动开始，边境军区部队不要受任何挑衅的影响，以免使问题复杂化。"按照斯大林的指示，战备命令经修改后签发，总参谋部于 22 日 0 点 30 分下达完毕。

1941 年 6 月 22 日凌晨，这一天恰好是 1812 年拿破仑进攻俄国的日子。据时任德国第二装甲集群司令古德里安回忆："1941 年 6 月 22 日是个性命攸关的日子。凌晨 2 点 10 分，我前往集群指挥所。3 点 10 分到达位于波胡卡里南部的集群指挥所瞭望塔，这里距离布列斯特西北约 15 千米，当时天还是黑的。3 点 15 分，我军炮兵开始射击。3 点 40 分，俯冲轰炸机开始第一轮轰炸。4 点 15 分，第 17、18 装甲师先头部队开始强渡布格河。"

在莫斯科，坐在国防人民委员铁木辛哥办公室的朱可夫，根据一段时间各方面提供的情报和自己的直觉判断，深感"不安、思虑萦绕心头"。他担心刚刚向边境军区下达的战备命令过于笼统，且为时已晚，许多重要的防范措施根本来不及实施。实际上，由于缺少传达重要命令的专门系统，以及通信线路遭到敌特破坏，总参谋部下达的有关边境军区进入战备的命令，并未及时传达到所有部队。一些军区收到命令后，理解上也出现了偏差，在传达命令时，专门提出要求："……当德国人发起挑衅时，不能开火，德国飞机飞越领空时要视而不见……"因此，边境军区防空部队大多未进入反空袭战斗准备状态。

凌晨 3 点 07 分，朱可夫接到黑海舰队司令奥科加布里斯基打来的电话："根据舰队对空情报部门报告，大批来历不明的飞机正向我沿岸飞来，舰队已完成战斗准备，请给予指示。"

朱可夫问："你的决心是什么？"

"决心只有一个，用舰队防空火力迎击来犯机群。"

在征求了铁木辛哥的意见之后，朱可夫回复："执行吧，并向海军人民委员报告。"

桌上另一部电话响起铃声，西部特别军区参谋长克里莫夫斯基赫报告："德军飞机正在轰炸白俄罗斯。"

紧接着，基辅特别军区参谋长普尔卡耶夫报告："德军飞机正在轰炸乌克兰。"

3 点 40 分，波罗的海沿岸特别军区司令员库兹涅佐夫报告："敌机轰炸考那斯和其他波罗的海沿岸城市。"

为了达成奇袭的效果，德军3个航空队共出动1240架飞机，包括轰炸机510架，俯冲轰炸机290架，战斗机440架，严格按计划从不同机场起飞、编队，在炮兵开始射击时，从北、中、南部3个方向飞越苏联国境线，在3点30分飞临目标上空，对苏联西部边境地区的西部特别军区、基辅特别军区、敖德萨军区和波罗的海沿岸特别军区的66个机场同时发起攻击。

由于没有空袭预警，苏军机场毫无戒备，机群整齐地停放在跑道旁，损失惨重。到了中午，苏军飞机被毁1200余架，其中约800架毁于地面。据德军战报，第一天，德国空军摧毁苏军飞机1811架，其中1489架毁于地面，德国空军仅损失飞机35架。开战后，只用了两三天，德国空军就夺取了战场制空权。

令人难以置信的是，德军庞大的空袭编队，在同时飞向苏联4个边境军区66个机场的过程中，只有黑海舰队对空情报部门及时发现、处置和发出空袭警报。部署在其他军区的对空情报部队，都未能及时发现、上报德军轰炸机群的编成、数量及主要突击方向，似乎全部、全程漏警，更遑论引导歼击机升空拦截，指示高射炮对空射击了。负责经常性战斗值班任务的对空情报部队，在这样大的动静下，竟然发生如此大规模的塌方式漏警，除了暴露出其自身存在的严重问题，是否还有其他方面的隐情呢？

内部环境及氛围

在德军发起进攻前的一段时间里，许多侦察人员、苏联和其他国家的外交官，以及国际友人已经获悉德军的进攻计划，并发出了战争预警的情报。据当时在葡萄牙里斯本，准备赴英国任大使的顾维钧的日记记载："德国同苏联之间即将爆发的战争，是我一直关心的事。根据（1941年）5月3日陈介（时任中国驻德国大使）来电称，他接到一份密报，6月初希特勒将进攻苏联。""（1941年5月30日）我获得的消息说明，德国人入侵苏联的计划将在 6 月执行，但是苏联的外交代表不是表现出对德国人的意图毫无所知，就是出于一种外交策略考虑，装作怀疑。"

1941 年 6 月 16 日，在斯大林的案头上，放着苏联国家安全人民委员梅尔库洛夫从柏林发回的电报："一个在德军航空兵指挥部工作的情报人员报告，德军进攻苏联的所有军事准备已经完成，随时可以发动进攻。"电报还列举了大量事实，支持该结论。斯大林阅后，在报告附件上做出如下批示："致梅尔库洛夫同志，你可以让德军航空兵指挥部的'情报人员'回家去了。这根本不是情报人员，这是提供虚假信息的人员。"

1941 年 6 月 21 日，苏联驻法国武官苏斯洛帕罗夫报告："据可靠情报，进攻将在 22 日开始。"斯大林批示："这个消息是英国在挑拨离间。去打听清楚是谁在造谣，必须对他进行惩处。"

1941 年 6 月 21 日，苏联内务人民委员贝利亚呈报斯大林：

"6 月 21 日，我再次召回并惩办了我国驻柏林大使杰卡诺佐夫。他仍旧提供假情报，说希特勒正准备进攻苏联，他说，'袭击'苏联的行动明天就要开始了……

"我国驻柏林武馆弗·伊·图皮科夫少将用无线电报告了同样的内容。这位脑筋迟钝的将军断言，德国 3 个集团军群将进攻莫斯科、列宁格勒和基辅……

"情报部长戈利科夫中将多次指责杰卡诺佐夫及诺沃勃拉涅茨中校，因为他们也瞎说，希特勒好像在我国西部边界集结了 170 个师……

"然而，我和我的部下，伊奥西夫·维萨里奥诺维奇坚信您的英明判断，1941 年希特勒不会向我们进攻！"

这天，贝利亚还对侦察人员的总结报告做出批示："近期，有许多侦察人员听到了无耻的造假情报，并惊慌失措地传播。亚斯特列布、卡曼的特工们，相信虚假消息的人，是希望我们同德国开战的国际间谍的帮凶，都要被关进内务部羁押营。我在此严厉警告所有人。"

对此，二战期间苏联情报部门的领导人之一，米尔施泰因在回忆录中痛苦地说道："斯大林坚决否定所有关于希特勒正在准备进攻苏联的情报，认为这是西方，主要是英国故意制造的假情报，有时甚至认为是挑拨离间。斯大林不仅不相信谍报人员，也不相信从各国发来紧急警报的大使……说起来奇怪，但却是事实，直到这场血腥大战爆发前的几分钟，斯大林一直只相信一个人，就是希特勒。"

对于其中的深层原因，华西列夫斯基元帅在回忆录中进行了较为中肯的评述："（战争初期）我们失利的主要原因是，错误地估计了法西斯德国可能进攻我国的时间，在准备反击最初的袭击时疏忽大意。负责领导党和国家的斯大林，力求避免同德国发生冲突，以便使军队和国家做好应付战争的准备。他不同意让边境军区各部队进入充分的战斗准备，认为迈出这一步，有可能被法西斯德国所利用，作为发动战争的借口……

"显而易见，可以找出足够多的理由，来为延缓苏联介入战争的时间进行解释，斯大林坚持不给德国有发动战争借口的坚定路线，也是符合社会主义祖国历史性利益的。斯大林的过错在于，他没有看到和把握住限度，一旦过线，继续坚持这一政策，就不仅是不应该的而且是危险的。"

不难看出，在当时特殊的氛围与环境条件下，在其他对空情报部门集体失声的情况下，黑海舰队对空情报部门敢于报实情、讲真话，第一个向总参谋部发出空袭预警和战争警报，非常难能可贵。朱可夫元帅在其回忆录中为此专门写道："（1941年6月22日凌晨）4点10分，我再次同黑海舰队司令奥科加布里斯基通了电话。他镇静地向我报告，'敌机已击退。攻击我舰艇的企图被粉碎，但城市受到了破坏。'应当指出，奥科加布里斯基海军上将领导的黑海舰队，是第一批实施了有组织抵抗的军团之一。"

他山之石，可以攻玉

尽管在雷达概念的提出及发明上，苏联同西方发达国家基本站在同一条起跑线上，但20世纪30年代，在无线电科学技术及基础工业领域，苏联同西方发达国家相比，总体上还存在不小差距。苏德战争爆发时，除了少量的干涉探测器及PYC-2雷达外，苏军对空情报部队的主力兵器，仍然是望远镜等观通器材。随着德军侵入苏联腹地，依据"租借法案"，美国和英国开始向苏联提供武器装备和战争物资，其中，包括了当时高技术装备——雷达。这不仅直接支援了苏联对德作战，还为苏联提供了一个学习、借鉴西方发达国家雷达科学技术的良机。

空袭莫斯科

1941年7月1日,德国空军侦察机飞越莫斯科防空区,对莫斯科实施了首次空中侦察。到1941年7月22日,德国空军已实施侦察飞行89批架,其中有9批架是针对莫斯科市区的。

德军的闪电式进攻,使苏联蒙受了惨重损失。苏军面临的战场形势,一度岌岌可危。德军中央集团军群司令冯·博克元帅,在给希特勒的战况报告中说:"截至今日(1941年7月8日,德军入侵苏联半个月后),统计出的战俘和战利品包括,287704名俘虏(其中包括几个军长和师长),2585辆坦克(被俘获或被消灭),1449门大炮,246架飞机,大量手携武器、弹药、运输工具,以及食品和油料仓库。我军损失不大,没有超过预期。"

华西列夫斯基元帅在回忆战争初期的情况时说:"作战指挥上的困难,由于以下情况更复杂了。大本营和总参谋部并不是总能准确地了解边境地带的情况,同部队的联系经常中断。到(1941)年6月25日,德军的先头部队已深入120至130千米,随后又达到250千米……到7月中旬,苏联红军放弃了拉脱维亚、立陶宛、摩尔达维亚、爱沙尼亚、白俄罗斯和第聂伯河西岸乌克兰地区的一部分。"

为了加强首都的防空力量,在莫斯科周围,苏军对空情报部队建立了两条对空观察带和一个无缝隙对空观察区。第一条对空观察带距离莫斯科市中心200至250千米,第二条对空观察带距离莫斯科市中心100至150千米。距离莫斯科市中心半径100至120千米之内,是无缝隙对空观察区。在两个对空观察带之间,则部署了辐射状的对空观察哨。对空情报部队共部署对空观察哨702个。仅在勒热夫—维亚兹马方向部署了PYC-1雷达。显然，对空观察哨是苏军获取空中目标情报的主力。对空情报的组织、传递主要靠有线通信，个别对空观察哨配有无线电台。莫斯科防空区对空情报总站使用有线通信，与北部、西北部、基辅和南部防空区的对空情报总分站，建立了空情协同关系，可以从这些防空区获取远方空情。此外，为了抵御夜间空袭，部署了618个探照灯，探照灯照射区覆盖莫斯科市中心半径70千米以内空域。

1941年7月22日深夜，德国空军出动近250架轰炸机，飞越明斯克、奥尔沙、斯摩棱斯克和维亚兹马等地上空，对莫斯科发起了第一次大规模空袭，空袭持续了近5小时。对空情报部队发现及时，引导歼击机起飞拦截173批架，实施空战25次，击落敌轰炸机12架。高射炮和高射机枪击落10架。但仍有数10架轰炸机突入莫斯科市区上空，轰炸造成792人伤亡，1166处起火，毁坏建筑物37座，还有数枚炸弹落在了克里姆林宫院内。

之后，德国空军加强了对莫斯科的空袭，单批架德军飞机不仅在夜晚，甚至在白天也闯入莫斯科市区上空。1941年9月22日，德军轰炸机投下的一枚燃烧弹穿透总参谋部办公大楼房顶，落在楼层地板上。警卫营战士捷捷林连忙用钢盔压在燃烧弹上，可是仍然火星四溅，眼看就要引发一场火灾。千钧一发之际，捷捷林毅然用自己的身体扑在燃烧弹上，终于将其压灭。总参办公大楼得救了，捷捷林却献出了自己年轻的生命。

1941年10月，德军不断向莫斯科逼近，在莫斯科各主要方向都在进行激战，危险程度急剧增加。外交使团、苏联政府机关和国防工厂等开始撤离莫斯科，总参谋部一部分人员也撤出去了，只有对国家和军队实施领导必不可少的机构、人员还留在首都。

德军兵临莫斯科城下，德国空军进一步加强了对莫斯科的空袭。德军占领的机场距离莫斯科越来越近，一天中，德军空袭莫斯科的次数也越来越频繁。1941年10月28日，莫斯科城内就响起6次空袭警报，白天4次、夜间2次。当日，德军轰炸机投掷的一枚炸弹落在基洛夫大街总参谋部的院子里，爆炸造成15名军官受伤。正在值班的伊利科中校被气浪掀到了屋外，留守的副总参谋长华西列夫斯基也负了伤。

德军还组织专门机群封锁莫斯科周围的歼击航空兵机场,压制高射炮火力。

越战越勇

莫斯科防空部队经历了血与火的洗礼,逐步积累了作战经验,反空袭的能力不断提高,且越战越勇。1941 年 10 至 11 月,德国空军向莫斯科发起了 72 次空袭,其中 30 次是在白天,由战斗机掩护实施的。空袭采用小规模机群进袭的方式,在飞临莫斯科市区时,机群就疏散开来,以单机从多个方向飞向轰炸目标。不过,突破拦截空域,闯入莫斯科市区上空的轰炸机不到 100 架次。

1941 年 11 月 1 日,在前线指挥莫斯科保卫战的朱可夫,被召回最高统帅部。斯大林问:"今年十月革命节,除了开庆祝大会,我们还想在莫斯科举行阅兵式,你认为怎样?前线的形势允许我们这样做吗?"

朱可夫回答:"敌人在最近几天内不会发动大规模的进攻。在前一阶段的作战中,敌人遭到了严重损失,不得不重新补充兵力和调整部署。为了防备敌人可能进行的空袭,需要加强对空防御,把歼击航空兵从友邻方面军调到莫斯科来。"

1941 年 11 月 6 日,在莫斯科马雅可夫斯基地铁站的月台上,举行了十月革命 24 周年庆祝大会。1941 年 11 月 7 日早晨,在红场如期举行了传统的阅兵式。阅兵是在极为严格保密的情况下准备的,参加阅兵式的部队和民兵事先都不知情。德国情报机关没有掌握这一重要情报。

在"狼穴",希特勒身边的人得知消息后,没有人敢向他报告。当希特勒无意中打开收音机,听到军队整齐、坚定的行进步伐时,还以为是在转播德国的某个庆祝集会。但是,当他听到从收音机里传出俄语的口令声和"乌拉"的欢呼声时,才如梦初醒,恼羞成怒,抓起电话让话务员直接接距离莫斯科最近的航空兵轰炸联队的电话。

不一会儿,话筒中出现惶恐的声音:"在哪,元首在哪?我听不到他的声音。"

"我就是。"希特勒说,"你是谁?"

"第12轰炸联队队长,将军……"

"你是一个蠢货,不是一个将军。苏联人在你们眼皮底下进行阅兵,而你们还在睡觉,像猪一样!"希特勒非常愤怒。

"但天气,我的元首……它不适合飞行……在下雪……"

"优秀的飞行员可以在任何天气里飞行,我会向你证明这点。立刻把你们最好的飞行员叫来!"

情急之下,联队长把偶然路过办公室门口的飞行员叫来接电话:"我是中尉什拉凯!"

希特勒通常会训斥高级军官,但对中下级军官却很和气:"我亲爱的什拉凯,现升你为少校。我手中有枚骑士十字勋章,这是给你的奖赏,你立即起飞,向红场投弹。我不会忘记你的效劳。"

"是,立即起飞,我的元首!"什拉凯立正,高声喊道。

当联队长接过话筒时,希特勒说:"将军,我给你一个赎罪的机会,1小时内,让你所有的飞机立刻随我派遣的勇士一同起飞,由你亲自带队,我等候你的报告。"

几分钟后,什拉凯率先驾机升空,在他身后是毫无准备、仓促起飞的轰炸机群。莫斯科防空部队早已严阵以待,在莫斯科远处上空,将什拉凯及另外25架轰炸机击落,其余的德军轰炸机不得不掉头,狼狈返航。

在莫斯科防空作战中,仅对空观察哨就发现和上报空情20300批架,其中12100批架是德机。对空情报部队用机枪和步枪击落了6架德机,还为迫降的苏军飞行员提供了539次援助。

现实困难

在苏联顽强抗击德国疯狂进攻的时候,依据"租借法案",美国开始向苏联提供武器装备和战争物资,英国也向苏联提供了援助。美国和英国向苏联提供的武器装备中,包括了当时的高技术装备——雷达。英国陆续提供了20多部"马克Ⅱ"型炮瞄雷达,50多部"马克Ⅲ"型轻型火控雷达和30部防空4号"马克Ⅱ"型车载式对空情报雷达等;美国提供了25部SCR-268探照灯照射控制雷达等。虽然,并非所有雷达都运到了苏联,其中一部分在海运途中,因遭遇德国潜艇袭击损失了,但那些安全运达的雷达,不仅直接支援了苏联的对德作战,还为苏联提供了一个学习和借鉴西方国家雷达的机会。一般来讲,同行间交流,尤其是与高手交流,往往会豁然开朗,受益匪浅。

虽然在雷达概念的提出及发明上,苏联同西方发达国家基本站在同一条起跑线上,但是,20世纪30年代,在无线电科学技术及基础工业领域,以及科研管理体制方面,苏联同西方发达国家相比,总体上还存在不小的差距。1933年1月至1936年3月,颜惠庆任中国驻苏联大使,据他在回忆录中说:"俄国工业化程度,若与西欧国家比较,实瞠乎其后,相去甚远。"赫鲁晓夫在其回忆录中举过一个例子,在苏德战争爆发前,莫洛托夫曾告诉他,一天,他请了德国驻苏联大使舒伦堡,在穿过外交人民委员部走廊时,舒伦堡看到女速记员坐在无线电设备旁抄写来电,他很吃惊地问道:"怎么?你们的速记员还要抄报啊?"话一出口,他马上打住了。赫鲁晓夫说:"直到战后我们才知道已经有磁带录音机,从前我们对此一无所知。所以,他们的无线电侦察比我们组织得好。机密无线电报发送速度很快,几乎没有速记员能够抄得下来。更何况已经编成电码。磁带录音机可以先记录下声音,然后再慢慢地对其进行整理。可以把整个内容先听一遍,以便选取译码的方法。这个方法当时我们还不会,我们没有相应的技术设备。"

朱可夫元帅回忆:"(当时苏联)在国防工业方面还存在不少缺点和困

难……由于建设事业规模巨大，熟练劳动力不足，制造和成批生产新式武器的经验不足……决定成批生产新式武器的过程是这样的，新式武器首先要通过军事代表参加下的工厂试验，接着是部队试验，然后才由国防人民委员部做出结论。政府在国防人民委员、军事工业人民委员和总设计师参加下，审查所建议的新式武器和军事技术装备，并做出是否生产的最后决定。这个过程要花费很长时间。常常出现这样的情形，当一种新式技术装备还处在试制和试验阶段，而设计师业已设计出新的更加完善的型号来了。"

学习借鉴

1941 年，苏联开始研制"片麻岩-1"型机载截击雷达，设计工作频率为 2000 兆赫。因配套的速调管出不来，该计划未能按时完成。1942 年，在"片麻岩-1"型研制方案的基础上，由 B. B. 季霍米罗夫领导的团队又设计和研制出"片麻岩-2"型机载截击雷达试验样机。也许是巧合，也许是受到英国雷达设计思想的影响，"片麻岩-2"型机载截击雷达与英国"马克Ⅳ"型机载截击雷达的战术技术指标，有不少相同之处。例如，都工作在 200 兆赫频段，最大输出功率都是 10 千瓦等。共有 15 部"片麻岩-2"型机载截击雷达试验样机，装在"佩-2"型和"佩-3"型夜间歼击机上试用。在斯大林格勒战役中，这些歼击机在拦截夜间为德军运送给养的运输机时发挥了作用。1943 年，"片麻岩-2"型机载截击雷达开始批量生产。到 1944 年年底，共生产了 230 多部。

1942 年年初，英国第一批"马克Ⅱ"型炮瞄雷达运到苏联。英军的索尔特上尉和 1 名技术人员，到现场安装调试和操作示范，并培训了一批苏联军人。苏军高射炮部队为炮瞄雷达配备了 2 名少校、1 名上尉和 1 名技术人员，他们很快掌握了炮瞄雷达的性能，自如地将其运用于防空战斗，受到索尔特上尉等人的称赞。1942 年 4 月，第 1 防空军高射炮部队装备了 17 部英国的炮瞄雷达，每个独立高射炮营编配一个炮瞄雷达连，负责雷达的使用、维护和保养。

早在研制对空情报雷达时，苏联就开始探索炮瞄雷达的研制，但是遇到了技术难题，进展缓慢。拿到英国的"马克Ⅱ"型炮瞄雷达后，苏联将其命名为 COH-2（COH 是炮瞄雷达的俄语词组缩写），并立即组织研究、仿制，研仿代号为 COH-2OT。苏联学者洛巴诺夫在其书中写道："在 1942 年，这个祖国艰难的岁月里，研究所工厂的工人用了 8 个星期的时间，生产出 2 部 COH-2OT 试验型火控雷达。祖国赋予的任务，要求工厂党组织、领导人、工程技术人员、工人和参谋人员（主要是大学生），都应具有真正的劳动英雄主义精神。在雷达样机的生产过程中，起领导作用的是 A. A. 伏尔什特（和指定的另外 6 个人），这 2 部雷达样机是对伟大的十月革命 25 周年的献礼。党和政府给予工厂全体人员的劳动英雄主义精神以很高的评价。有 113 位工程技术人员、工人和参谋人员，由于模范地完成了所赋予的任务而被授予苏联勋章和奖章。"

尽管有"马克Ⅱ"型雷达的操作手册和随机技术小册子，苏联也具备仿制的科研生产技术基础，但是在没有英国人的帮助和相关设计图样的情况下，只用 8 个星期时间，苏联工程技术人员就仿制出 2 部雷达样机，的确创造了奇迹，令人惊叹。1942 年下半年，在莫斯科附近的一个防空营阵地上，COH-2OT 炮瞄雷达样机成功地通过了性能测试。COH-2OT 炮瞄雷达采用收发分置，工作在 54 至 86 兆赫频段，目标高度为 7 千米时，探测距离为 50 千米。测距精度为±250 米，方位精度为±20 分，俯仰精度为±30 分。1942 年 12 月，首批苏联国产 COH-2OT 炮瞄雷达开始装备高射炮部队。该型炮瞄雷达存在的问题是，对阵地平坦度要求比较高，分辨力较低、顶空盲区大、机动性不强，以及架设和撤收过程过于复杂等。到战争结束时，只生产了 122 部。

苏联还研究、仿制了英国防空 4 号"马克Ⅱ"型车载式对空情报雷达，其工作在 176 至 212 兆赫频段，被命名为 OPЛ-4（绰号"十字叉"）。赫鲁晓夫在回忆录中说："我们还得到来自盟国的许多闻所未闻的新技术设备。我们的防空部队得到了电子设备——雷达。防空部队司令员对我说，这种设备来自英国。从前我国防空部队的设备只有探照灯和耳机，相当粗糙、操作复杂。至于现代化电子设备，我们是闻所未闻，英国人有，还给了我们一些。在航空兵指挥所，军人教我如何从这种设备的屏幕上对敌人的飞机进行监视。"如果没有猜错的话，赫鲁晓夫看到的，应该就是防空4号"马克Ⅱ"型车载式对空情报雷达。

在战争后期，苏联还从英国和美国接收了几部微波炮瞄雷达，包括英国的防空3号"马克Ⅰ"型和"马克Ⅱ"型炮瞄雷达，美国的SCR-545和SCR-584炮瞄雷达。其中，SCR-584炮瞄雷达最先进，苏联将其命名为COH-3。

二战结束后，苏联开始研究、仿制SCR-584炮瞄雷达。1947年，样机成功地通过了战术技术性能验收测试，被重新命名为COH-4（绰号"雪茄"），并开始批量生产。20世纪50年代，苏联研制出COH-4炮瞄雷达的改进型COH-9（绰号"火罐"，中国称"松-9"），并投入批量生产。为提高抗电子干扰能力，COH-9炮瞄雷达具有改频装置。COH-9炮瞄雷达还出口到不少国家和地区，一直沿用了几十年。

"孩子顺利地生下来了"
——I

美国有一种观点认为,是雷达赢得了二战,而原子弹只是终结了二战。这种观点可能有失偏颇,却也从侧面反映了雷达在二战中的重要地位和作用。美国海军上将比尔·哈尔西曾言:"在为赢得太平洋战争胜利做出贡献的诸多兵器中,如果让我来打分排序的话,潜艇第一,雷达第二,飞机第三……"实际上,即使在向日本广岛和长崎投掷原子弹的过程中,雷达也扮演了十分关键的角色。

决策始末

1945 年 4 月 12 日，美国总统罗斯福因脑出血与世长辞。19 点 09 分，副总统杜鲁门宣誓继任美国总统。简短的仪式及内阁会议之后，战争部长史汀生一人留了下来，说有要事相告：关于一种能释放出令人难以置信能量的新型炸弹。或因史汀生未细说，或因刚陷入白宫的千头万绪之中，杜鲁门并没有太把此事放在心上。

1945 年 4 月 25 日中午，史汀生独自来到杜鲁门的白宫办公室。他从公文包里取出一份备忘录，呈给杜鲁门："4 个月内，我们将完全可能制造出人类历史上最令人生畏的武器，它有可能彻底摧毁一座城市。"随后被人带进办公室的是莱斯利·格罗夫斯将军，他是实施曼哈顿计划的负责人，他带来了一份 25 页纸的更为详细的报告。史汀生回忆："总统拿了一份，我们俩看另一份，一起过了一遍，让其知晓整个过程，并回答他所关心的问题。我认为他对这些情况非常感兴趣……他还记得在任杜鲁门委员会主任时，我不让他调查该计划的事……他说现在完全理解了，为什么对我们而言，搞其他的都不如搞此事明智……"史汀生建议成立一个特别委员会专门研究"这一全新力量"的运用问题，为总统决策提供咨询。杜鲁门批准了这一建议。

1945 年 5 月 9 日，在五角大楼史汀生办公室，特别委员会举行了第一次全体会议。到会的其余 7 名成员是：哈佛大学校长、国防研究委员会主席詹姆斯·布赖恩特·科南特，麻省理工学院院长卡尔·T. 康普顿，科研与发展局局长万尼瓦尔·布什，海军部副部长拉夫尔·A. 巴德，助理国务卿威廉·L. 克莱顿，史汀生的特别助理乔治·L. 哈里森和总统私人代表吉米·贝尔纳斯。史汀生在开场白中说："先生们，我们的责任是提出有可能改变世界文明进程的行动建议。"在 1945 年 5 月 31 日续会时，由参加研发原子弹的4名物理学家组成的顾问组，应邀与会。他们是：芝加哥大学的恩里科·费米和阿瑟·H.康普顿，加州大学伯克利分校的欧内斯特·O.劳伦斯和洛斯阿拉莫斯实验室主任丁·罗伯特·奥本海默。经过充分讨论，特别委员会和顾问组一致同意以下3点结论：

（1）应尽快使用原子弹。

（2）对于被工人住房及其他易遭附带损坏的建筑物所包围的战争工厂，应使用原子弹，以使"尽可能多的居民留下深刻的心理印记"。

（3）使用原子弹前，不发出预先警告。

会后，贝尔纳斯径直到白宫，向杜鲁门汇报。据他回忆，杜鲁门说他只能同意，因为他想不出其他办法……

在太平洋战场上，美军伤亡人数之大，令杜鲁门深感不安。在1945年3月17日结束的硫磺岛战役中，消灭日军22000余人，美军伤亡25000余人，美日之间的伤亡比为1.14:1，战役非常残酷，历时27天。1945年6月23日结束的冲绳战役中，消灭日军110000余人，美军伤亡66000余人，美军阵亡人员中包括第10集团军司令巴克纳中将，美日之间的伤亡比为1:1.66，战役十分血腥，历时84天。据美军联合情报委员会1945年7月8日的一份报告称：日本"现政府的基本政策是，通过拼死作战，尽可能拖延战争，避免彻底战败，力求在和平谈判中取得更为有力的讨价还价的地位。日本领导人正在玩弄拖延战术，以期同盟国产生厌战，出现不和或其他'奇迹'，为赢得体面和平创造机会。"

"男孩"降生

1945年7月15日，杜鲁门和丘吉尔同一天来到柏林市西南郊的波茨坦，参加战时最后一次三巨头会议，即代号为"终点站"的波茨坦会议。第二天，柏林时间13点29分，在美国新墨西哥州沙漠的阿拉莫戈多空军基地，人类历史上第一颗原子弹爆炸。19 点 30 分，杜鲁门收到华盛顿发来的绝密电报："今晨实行手术，诊断尚未出来，但结果似乎令人满意，效果超出预期。"

1945 年 7 月 17 日 17 点 10 分，波茨坦会议在塞西林宫开幕，会议的主题是欧洲战后的地缘政治格局。当天深夜，美军机要中心译出一份华盛顿来电："医生返回，心情振奋，信心百倍，小男孩与他的大哥一样强壮。他的眼神能从这里看到海霍尔，他的尖叫声能从这里传到我的农场。"译电员大为惊讶，以为七十几岁的战争部长又得贵子。

第二天上午过了一半的时候，从华盛顿赶来的史汀生走进杜鲁门寓所，向总统解释了昨晚译出的电文含义：在阿拉莫戈多空军基地发出的闪光，在 250 英里（约 402 千米）以外都能看到，爆炸声传出 50 英里（约 80 千米）之外。上述距离分别为，华盛顿至史汀生在长岛的海霍尔庄园的距离，华盛顿至发电报者在弗吉尼亚的农场的距离。

杜鲁门非常高兴，在丘吉尔寓所用午餐时，向其出示了电报。丘吉尔在战后回忆："在原子弹完成试验前，对其使用问题，英国已于（1945）年 7 月 4 日表示原则同意。现在要由实际拥有这一武器的杜鲁门总统做最后决定。但是，我从未怀疑过他会做出什么样的决定，事后也从未对他所做决定的正确性表示过怀疑。对于使用原子弹来迫使日本投降的问题，从未有人提出过异议，这是一个永远不会改变，且具有历史意义的事实。对此，我们的后代肯定也会做出自己的判断。至于在当时的会议上，大家是一致地、自发地、毫无异议地表示赞同，任何人都未做出过哪怕是丝毫的暗示，认为我们不应该这样做。"

手握原子弹后，丘吉尔和杜鲁门认为，要求苏联尽快对日作战似乎已无必要。两人还商量了如何告诉斯大林，即知会的时机和方式。杜鲁门说："我最好是在一次会议之后，告诉他我们有了一种全新的炸弹，非同寻常，我们认为它将对日本人继续战斗的意志产生决定性的影响。"丘吉尔表示赞成。

1945 年 7 月 22 日上午，史汀生带着新的电报来到杜鲁门寓所。他告诉总统,"最后行动"即将准备就绪,现在需要确定目标城市名单。在建议的名单上有:京都、广岛、小仓、新潟和长崎,排序是按照城市的军事性质及重要性大小决定的。京都虽然是军事活动中心,但也是一座文化和艺术古城,因而被从名单上删去。新潟后来因飞行距离原因,最终也被删去。广岛成为目标名单上的第一个,它是负责日本本土西部防御任务的第2总军司令部所在地。

1945年7月24日9点20分,史汀生来到杜鲁门寓所二楼的办公室,正在伏案工作的杜鲁门仔细看了新收到的电报:"手术可以从8月1日起的任何时候实施,具体情况取决于病人的准备情况及天气条件。单从病人的情况看,8月1日至3日有可能,8月4日至5日较适宜。除非旧病突然复发,手术在8月10日前实施几无悬念。"杜鲁门高兴地说"这正是他所要的。"

当天下午晚些时候,在三巨头圆桌会议结束之际,杜鲁门从椅子上起身,一个人绕过圆桌,缓缓地走到斯大林及其译员跟前,"我随意地对斯大林说,我们有了一种具有超常破坏力的新式武器。"杜鲁门事后回忆道,"他只说,他很高兴听到这个消息,并希望我们好好用来对付日本人。"当时留意观察斯大林反应的丘吉尔写道:"如果他对世界事务中正在发生的革命略有所知的话,他的反应就应该是明显的。"然而,斯大林既没有表现出十分惊讶,也没有表现出丁点好奇,似乎对此事没什么兴趣,俩人的谈话很快结束。在门口等车的时候,丘吉尔悄悄问身旁的杜鲁门:"谈得怎样?"杜鲁门答:"他没有提任何问题。"丘吉尔认为,斯大林对英、美两国从事的这项庞大工程并不怎么知情。其实,并非如此。据朱可夫元帅回忆:"当斯大林会后返回寓所,就在我在场的情况下,跟莫洛托夫谈到了与杜鲁门的谈话内容。莫洛托夫听后说,'他们是在抬高身价。'斯大林笑道,'让他们抬高身价好了。应该告诉库尔恰托夫加快我们工作的进度。'我知道,他指的是原子弹。"

1945年7月18日,杜鲁门在给其母亲和妹妹的信中谈及了苏军出兵的日期:"……斯大林8月15日参战,没有附加条件……我敢说,我们将提前一年结束战争……"7月26日,在苏联东部地区的赤塔西南25千米的远东司令部里，华西列夫斯基元帅接到斯大林从波茨坦打来的电话，询问战役准备工作做得怎样，关心这一工作能否提前 10 天完成。后来，苏军对日作战时间提前了一周，这对战后东北亚地缘政治格局产生了深刻和久远的影响。同一天，美国海军"印第安纳波利斯"号巡洋舰将原子弹 U-235 部件，绰号"小男孩"，运抵距离塞班岛 5 英里（约 8 千米）的提尼安岛。向日本投掷原子弹进入了倒计时。

1945 年 7 月 31 日 7 点 48 分，史汀生从华盛顿拍发的电报放在了杜鲁门的案头："格罗夫斯计划的时间表，进展迅速。现需要在 8 月 1 日星期三之前，得到你同意投掷的批复……"阅后，杜鲁门用铅笔在电报纸背面做了批复，字迹流畅而清晰："批准建议。准备就绪，即可投掷，但不得早于 8 月 2 日。"在波茨坦会议结束之前，杜鲁门不希望横生枝节。

轰炸瓶颈

向日本投掷原子弹的任务赋予了美陆军航空队第 509 混合大队，选用的载机是"超级堡垒"号 B-29 轰炸机。B-29 轰炸机是当时世界上最先进的重型、远程轰炸机，载弹量为 5.4 吨时，其在空中的作战半径达到了 2600 千米。不过，这并非 B-29 轰炸机第一次向日本本土发起攻击，1943 年年底，为了兑现在开罗会议上对中国做出的承诺，罗斯福总统力排众议，坚持将刚刚服役的 B-29 轰炸机部署到中国，以尽快攻击日本本土。为此，中国在成都地区抢建了双流、广汉、新津、邛崃和彭县（现彭州市）等 7 个前进机场。流沙河先生回忆，1944 年为赶建广汉机场，从广汉县（现广汉市）城外到三水关镇 6000 米长的工地上，麇集了数万民工日夜奋战。为保证 B-29 轰炸机如期进驻，到了 1944 年 5 月初，才 13 岁的流沙河由中学老师带队，参加了半个月的修建机场劳动。

"我们先是填平地基，夯实，在地面上密砌卵石。卵石要用 6 寸（0.2 米）左右的，必须尖头向上，砌成一排排的，不得参差错落。然后铺土、灌黄泥浆、覆盖黄沙。上面又密砌第二层卵石，又铺土、灌浆、盖沙。上面再密砌第三层卵石，再铺土、灌浆、盖沙。最后用石磙压。如此三层，厚1尺（约0.33米），才能承受自重75吨（原文如此）的B-29轰炸机降落。每筑一层，保长都要用竹尺比，厚度未达标的一律返工，毫不通融。

"（中午）在工地上蹲着吃饭，糙米饭有稻壳和稗子，米汤泛红，气味难闻。菜是腌渍萝卜丝或苤蓝丝，撒些辣椒粉，不见一星油……也就是这样的农夫，没有任何机械化的施工设备，靠双手，靠两肩，靠夜以继日地实干，不到半年便修筑成当时地球上最大的机场，使盟军空军能够从大后方直捣日寇老巢。"这样的抗战工程，经受了实战和历史的检验。流沙河先生晚年不无自豪地说："半个世纪亦不过似白驹过隙，一晃而逝。此生回想多有愧怍，唯不愧少年修过机场，参加过二战。"

1944年6月15日，美军第58联队出动68架B-29轰炸机，从刚建好的机场起飞，向位于日本九州岛北端的八幡钢铁厂发起攻击。这是继杜立特突击队轰炸东京之后，首次轰炸日本本土目标。47架B-29轰炸机飞到了目标上空，其中28架使用轰炸雷达瞄准投弹，19架使用目视瞄准雷达投弹。由于日军部署在济州岛的雷达发现了进袭目标，并及时上报，日军本土实施了灯火管制，防空部队提前做好了应战准备。此外，当晚空袭目标上空云层较厚，B-29轰炸机轰炸雷达精度不够，致使空袭未达成预期效果。

1944年7月7日、29日，8月10日、20日，9月8日、26日……第58联队继续出动B-29轰炸机攻击日本本土，出动的间隔时间大都在10天以上。主要原因是，后勤保障跟不上。B-29轰炸机平均每出动一次，必须通过危险的"驼峰航线"空运6次燃油和弹药。前进机场距离日本本土也太远，几近B-29轰炸机航程极限。美军攻占马里亚纳群岛之后，1945年3月，美军第20航空队从成都地区转场到距离日本本土更近，也更便于从海上实施后勤保障的关岛和提尼安岛机场。

解决了攻击的距离和后勤保障问题之后，还需要解决轰炸精度不够的问题。在夜间和复杂气象条件下，轰炸准确度低一直是困扰盟军的一个重难点问题。据 1941 年的调查统计，英国空军对德国城市实施的空袭中，高达三分之二的机组，将炸弹投在了距离目标中心 5 英里（约 8 千米）之外。装备了 H2S 型和 H2X 型轰炸雷达之后，轰炸的准确度得到了较大提升，但是，仍然比不上使用光学瞄准具的目视轰炸。例如，在 1944 年的最后 3 个月，经过专门训练的 B-29 轰炸机机组，持续空袭位于东京西北郊的三菱飞机发动机制造厂。但是，所投炸弹中，仅有 10%落在了目标附近，核心厂区依然运转正常。

研发受挫

1943 年夏天，为了解决轰炸雷达精度及分辨力的问题，麻省理工学院辐射实验室着手研发新型轰炸雷达。依据雷达基本理论，雷达的精度与波长成反比，同样大小的天线，波长越短，天线增益越高，天线方向性越好，雷达测角精度就越高，分辨力也就越强。其次，谐振腔磁控管的尺寸大小，与产生的微波功率的波长成正比，缩小谐振腔磁控管的尺寸，就可以获得波长更短的微波功率。由于已经拥有了在 10 厘米波段 H2S 型雷达的基础上，研发出 3 厘米波段 H2X 型雷达的经验，辐射实验室决定，在 H2X 型雷达的基础上，研发 1.25 厘米波段 H2K 型雷达，以进一步提高轰炸雷达的精度及分辨率。

开始研发工作颇为顺利，1944 年 4 月，对 1.25 厘米波长发射机样机进行测试时，其探测距离达到了 60 英里（约 97 千米）。可是，好景不长，在后续进行的测试中，发射机的性能徒然下降。进入 5 月，尽管改用了功率更大的磁控管和新型无线电器件，探测距离反而降为只有 20 多英里（约 32 千米）。研发团队以为样机出了故障，可是经排查，并无故障。与此同时，由爱德华·珀赛尔领导的另一个团队也遇到了同样的问题。该团队在研发一种工作于 K 波段的炮位侦察校射雷达，通过侦测敌方正在发射的迫击炮弹，炮位侦察校射雷达可以确定其炮位的位置，以校正己方炮兵的射击。1944 年年初，炮位侦察校射雷达样机一度可以探测到距离 6 英里（约 10 千米）远的一座水塔，可是，随着春季的来临，水塔回波没入了强烈的地杂波之中。

哈佛大学理论物理学家和数学家 J. H. 范弗莱克曾证明，大气中的水蒸气可能会在 K 波段 1 厘米波长附近产生吸收效应，这种吸收效应的大小，直接与大气中水蒸气的含量成比例。对于工作波长远大于 1 厘米的无线电信号，吸收效应会显著减弱。这就解释了为什么在较干燥的冬季，K 波段雷达能正常工作，到了湿润的春季，却无法正常工作，以及对工作于 K 波段以上雷达的吸收效应并不显著的原因（二战后，珀赛尔从大气吸收效应研究出发，转而研究、发现了核磁共振现象，1952 年，他与另一名物理学家分享了当年的诺贝尔物理学奖。1977 年，范弗莱克因在电子结构理论方面的突出贡献，再次与另外两名物理学家分享了当年的诺贝尔物理学奖）。不过，对于 K 波段吸收效应的峰值频率、频带宽度和强度大小，当时还不清楚。至于以吸收峰值频率为界，将 K 波段进一步细分为 Ku、K 和 Ka 波段，以避开不利于雷达工作的波段，还无从说起，这是一个量子力学问题。在没有弄清楚所有的基本理论问题之前，K 波段轰炸雷达的研发只能暂时搁置。

尽管 H2K 型雷达的研发一时搁浅，辐射实验室的另一项改进 H2X 型雷达的项目仍在继续推进，改进后的雷达被命名为 APQ-13。通过完善天线方向图，改用平面位置显示器，以及增加了一个可以精确修正风速漂移的子系统，APQ-13 轰炸雷达的战技性能得到了改善。剔除雷达地杂波后，航图上的地面回波图像更加清晰，领航员可以更准确地将轰炸机引导到目标区域上空，为投弹手发现、识别目标及准确投弹创造了有利条件。与技术改进相适应的，美军还加大了飞行训练的强度和轰炸雷达运用方法的研究。对于隐没于地物回波中，难以分辨和识别的目标，创造了"辅助瞄准点轰炸"方法，即飞行机组瞄准一个位于轰炸目标附近且易于分辨、识别的目标，作为参考地标，将轰炸机引领到投弹点，实施投弹。

1944 年下半年，美军组建了负责特殊任务的第 509 混合大队，大队长保罗·沃菲尔德·蒂贝茨上校带领 15 个 B-29 轰炸机机组，在犹他州沙漠的一个基地开展了封闭式训练。在酷似实战的环境中，训练领航员、雷达操纵员及投弹手在不同气象条件下，发现、识别不同地面目标的方式和方法等。日本岛气象条件多变，好在目标大都分布在海岸线附近，这使得"辅助瞄准点轰炸"方法更有了用武之地。1945年7月，由蒂贝茨精挑细选出来的飞行机组，转场到了塞班岛附近的提尼安岛，进行最后的临战训练。

"孩子顺利地生下来了"
——Ⅱ

1945年7月25日晚,美国、英国和中国,以杜鲁门、艾德礼(丘吉尔因大选失败下台)和蒋介石联合声明的形式,发表了波茨坦公告,敦促日本武装力量立即"无条件投降,否则,日本将迅速彻底灭亡"。7月27日,美军出动飞机,在日本东京和其他10个城市撒下了上百万份传单,将波茨坦公告告知日本国民。日本内阁收悉波茨坦公告后,就如何应对开了一整天会。会后,内阁情报局要求各报社,对波茨坦公告以摘要形式发表,并删去"吾人无意奴役日本民族或消灭其国家",以及"日本军队在完全解除武装之后,将被允许返回家乡,得有和平及生产生活之机会"等字句。1945年7月28日下午,铃木首相在例行记者招待会上说:"公告不过是开罗宣言的翻版。政府认为并无任何重要价值。只有对它置之不理。我们只能将战争进行到底。"看来如杜鲁门所言:"日本唯一听得进去的声音,就是炸弹的声音。"

"小男孩"出击

1945年8月4日15点,在提尼安岛北机场的一间半圆形活动板房里,美军第509混合大队正在召开任务准备会。大队长保罗·沃菲尔德·蒂贝茨上校对任务机组说道:"我们一直为之努力的时刻已经到来。不久前,即将投掷的炸弹已在祖国试验成功。现在已经接到命令,我们要把它投向敌人。"黑板上的帘布被拉开,蒂贝茨指着地图上的广岛、小仓和长崎说,这些就是要攻击的目标。他给每个机组分配了任务:查尔斯·麦克奈特上尉驾驶"核心机密"号飞机,飞到硫磺岛待命,以应对突发情况;拉尔夫·泰勒少校驾驶"满屋"号飞机,克劳德·伊斯利上尉驾驶"同花顺"号飞机,约翰·威尔逊少校驾驶"杰比特3号"飞机,先于投掷飞机飞往目标城市上空探测天气状况;乔治·马奈特上尉驾驶"必要之恶"号飞机,拍摄爆炸现场;查尔斯·斯维尼少校驾驶"大艺术家"号飞机,投放仪器,测量爆炸效果。蒂贝茨本人驾驶一架B-29轰炸机,负责投掷,机组由11名成员组成:驾驶员(机长)、副驾驶员、投弹手、电子对抗员、尾炮手、机械师、助理机械师、军械员和2名雷达操纵员,还配备1名武器专家,负责炸弹的装配。

资深武器专家威廉·S. 帕森斯海军上校随后走上讲台,他参与了原子弹的研发、试验过程:"你们将要投掷的炸弹是战争史上的全新武器。"他用粉笔在黑板上画了一大朵蘑菇云,向机组人员描绘道,"我们认为这会摧毁方圆3英里(约4.8千米)内的一切。"按照保密规定,除了帕森斯、蒂贝茨和投弹手托马斯·W. 费瑞比,其他机组人员并不知道即将投掷的炸弹是原子弹。为了确保原子弹被准确投向目标,费瑞比被告知,务必实施目视瞄准投弹。

蒂贝茨再次走上讲台:"迄今,无论是谁,包括我自己,无论干过些什么,与即将要干的事相比,都不值一提……我个人倍感荣幸,我确信你们每个人也非常荣幸,为能够参与将使战争缩短至少 6 个月的空袭,而倍感荣耀……如果天气条件允许,任务将于 8 月 6 日执行。"

1945 年 8 月 5 日早上,执行常规任务的 4 架 B-29 轰炸机,在起飞时发生了碰撞事故,引爆了携带的炸弹。这让帕森斯十分紧张,如若"任务机发生碰撞,整座提尼安岛就会从地图上抹去。"

16 点,蒂贝茨上校驾驶的 B-29 轰炸机机身上,被喷涂上"艾诺拉·盖伊"(Enola Gay)字样,这是蒂贝茨母亲的名字。许多年前,为了实现自己的飞行梦,蒂贝茨毅然辞去了医生助理的工作,他父亲生气地说:"你要自找死路的话,我可不会管。"母亲艾诺拉·盖伊·海格德却若无其事地说:"保罗,你要去驾驶飞机的话,一定会没事的。"

20 点,在最后一次任务准备会上,蒂贝茨介绍了飞行的航线、高度和起飞时间,以及救援军舰和潜艇的所在位置,以便在海上迫降时,可以得到及时救助。

起飞前,为了确保万无一失,蒂贝茨绕着飞机走了一遍,"艾诺拉·盖伊"加满了 7000 加仑(约 3.2 吨)燃油,载着 8900 磅(约 4 吨)重的原子弹,任何一点纰漏都可能引发一场巨大的灾难。"我要确保防护罩都合上了,轮胎都打足了气。我也查看了跑道面上,有没有液体泄漏的痕迹。还就着探照灯,察看了引擎罩底部,确保没有油迹。"蒂贝茨事后回忆道。

1945 年 8 月 6 日凌晨 1 点 37 分,打前站的天气观测飞机"杰比特 3 号"、"满屋"号和"同花顺"号,沿着 8500 英尺(约 2591 米)长的东西向跑道起飞,遁入夜空。2 点 45 分,"我向跑道旁站立的 100 多人挥了挥手,然后加大马力,开始滑行。"蒂贝茨回忆道,"目的地广岛。"

飞机起飞后不久,帕森斯同他的助手莫里斯·杰普森中尉钻进了炸弹舱,为启动原子弹"小男孩"做最后的准备工作。"小男孩"外形粗糙,在呈球状的四周装有 4 个独立的雷达引信,其测量距离地面高度的定向天线指向地面。据数学家冯·诺依曼计算，当原子弹在目标上空 1890 英尺（约 576 米）高度引爆时，能释放出最大的冲击波。使用雷达引信就是要保障原子弹在这一最佳高度上爆炸。作为备份手段，还安装了气压高度表引信和撞击触发引信。

帕森斯打开"小男孩"上的一块面板，将作为推进剂的 4 袋无烟火药装进去。无烟火药可以将位于滑膛端口的铀弹头引爆，这一块浓缩的铀-235 将飞速地穿过滑膛，撞击位于另一端的环形铀。在之后的万分之一秒内，铀-235 的原子核吸收一个中子后发生核裂变，一个重原子核分裂成两个更轻的原子核，并引发链式裂变反应，随即会产生巨大的爆炸，向外释放出致命的热能和放射性伽马射线。最后，帕森斯在"小男孩"的电池与击发机构之间插入了 3 个绿色保险丝，以确保飞行过程中万无一失。

在帕森斯和杰普森紧张工作的同时，电子对抗员雅各布·贝塞中尉操纵 3 部电子干扰机，以覆盖日军防空雷达的工作频率范围。同时，他还打开 APR-4 型侦察接收机，开始重点搜索 410 至 420 兆赫频段的雷达信号。为什么在投掷原子弹的飞机上，要专门安排一名电子对抗军官，严密监视 410 至 420 兆赫频段的雷达信号呢？为了回答这一问题，还得从日本本土防空及防空情报网说起。

日本本土防空态势

到 1944 年 6 月，日军本土防空的基本态势是：本土防空由陆军担负，海军只负责军港、重要码头及周边地区的防空。防空总司令部设在东京，下辖第 1 航空军，以及东部、中部和西部 3 个防空区司令部，分别位于东京、大阪和福冈。每个防空区司令部下辖 1 个飞行师团，1 个高射炮集团和 1 个空情队。针对日本本土防御正面面临太平洋及防御纵深浅的特点，日军在占领区、外岛、本土沿岸及内陆地区，广泛部署对空情报雷达，以及时发现来袭目标，为航空兵和高射炮部队赢得战斗准备时间。以部署在硫磺岛上的对空情报雷达为例，对从塞班岛起飞的 B-29 轰炸机，可为东京提供近 2 小时的预警时间。

日军防空情报网的组成：由对空情报雷达、干涉探测器、对空观察哨、哨艇和无线电侦听设备组成，使用有线和无线通信设施将对空情报雷达连接成网，构成防空情报网的主体。陆军在本土展开对空情报雷达 47 部，还计划展开 12 部。对空观察哨为数众多，遍布各岛。海军沿小笠原群岛东西一线，部署了约 50 艘哨艇，上面装有雷达。

日军的防空情报组织：各空情队发现、识别空情后，发送给相应的防空区司令部，经综合处理，防空区以无线电通播的方式指挥地面防空部队，以电话方式指挥机场的战斗机部队，并报防空总司令部。

日军的防空能力：对空情报雷达最大探测距离约为 250 千米，但测高能力和低空探测能力远达不到防空作战要求。囿于防空战斗机和高射炮性能，对于 10000 米以上的高空进袭目标，防空能力十分有限。此外，日军没有地面截击控制系统，无法引导战斗机截击作战。

电子情报侦察

为了掌握日军雷达的部署及性能情况，有针对性地为美军空袭编队突防提供掩护，美军有计划地开展了电子情报侦察。例如，1944 年 6 月 15 日，B-29 轰炸机首次从中国成都地区出发，奔袭日本九州岛八幡钢铁厂的行动中，就实施了电子情报侦察。汤姆·弗里德曼中尉回忆："6 月 15 日，68 架 B-29 轰炸机升空，依次向东北方向的日本本土飞去。预计在半夜前后飞抵目标区上空，因采用分散突击方式，并不需要进行编队。在逐步逼近敌占领区的飞行过程中，我爬到机舱中部的机枪手位置，朝下观看古老中国在傍晚中的全景。黄昏降临时，我又缩回到没有窗户、拥挤不堪的雷达舱，回到自己的席位上……我的任务是监视 75 至 300 兆赫频段，偶尔还侦察一下 500 至 600 兆赫频段，以查明日本人是否也有类似德国'维尔茨堡'的雷达……

"在飞抵中国东海岸之前，敌人已经发现了我们，此处距离目的地还有几个小时的航程，敌人对雷达情报会做何反应，还有待于看他们的行动。当飞临中国东海岸时，又侦收到另外一些警戒雷达信号，频率为 80 兆赫和 100 兆赫，信号强度逐渐增强，直到飞机飞越其上空。回头瞥了眼轰炸雷达显示屏上的图像，看到中国大陆已向西南方退去。海上，当飞机穿越一些恶劣天气空域时，庞大的机体出现了剧烈地颠簸。我的座位是临时增加的，没有安全带，只好紧紧抓住对抗设备和轰炸雷达机柜的背部。"

在飞临对马海峡时，飞机进入轰炸航路的起点。"敌人的雷达活动开始加强。一想到我们的一举一动都在敌人地面雷达显示屏上，受到监视并被标示在标图板上时，令人不寒而栗……我忙碌地记录每部雷达的信号特征，认真记下每个信号出现的时刻，以便回去整理、标绘出这些雷达信号的发出位置。在目标区域，敌人部署了'马克 I-1'型雷达，工作频率为 80 至 100 兆赫。还侦收到若干部工作频率为 150 至 200 兆赫的雷达信号，我认为它们是炮瞄雷达或探照灯控制雷达。在 500 至 600 兆赫频段，没有发现可疑信号。

"在投弹过程中，有近 20 部雷达照射、跟踪我们。我把耳机从侦察搜索接收机转换到机内通话状态，立即听见尾炮手与投弹手不停地说话，他们不断提到四周的探照灯光束和高射炮弹爆炸的闪光……我环顾周围，看到雷达操纵员在拨动开关，为投弹手指示目标，向八幡钢铁厂投掷炸弹……

"在返回新津的途中，我记录的信号与出发途中的记录相似，直到飞机进入友方控制区时，这些信号才渐渐消失……"

通过这次电子情报侦察，美军获得了日军在中国占领区和本土雷达部署的第一份可靠资料。其在呈送华盛顿的报告中写道："6 月 15 日，实施了攻击九州八幡的 2 号任务，这是一次夜袭。飞机大约在当地时间午夜飞越目标上空。16 名电子对抗侦察员中，有 11 名完成了飞行任务，并使用侦察搜索设备进行了侦察。9 名使用 APR-4 搜索了 75 至 300 兆赫频段，其中 6 名还搜索了 300 至 1000 兆赫频段，1 名用 APR-5 搜索了 60 至 140 兆赫频段。在 70 至 300 兆赫频段，获得相当好的结果，电子侦察报告可以相互印证，一致性较好。"

鉴于日军在本土部署的防空雷达及防空兵力，为了规避日军防空雷达的探测、跟踪及防空火力打击，在投掷原子弹的飞机上，必须安排一名电子战军官，通过全面覆盖日军防空雷达频率范围，以压制日军防空雷达效能，保障载机安全。至于严密监视 410 至 420 兆赫范围的雷达信号，那是为了保障雷达引信的安全。前面说过"小男孩"身上安装了雷达引信，其工作频段在 410 至 420 兆赫，专门用于测量原子弹距离地面的准确高度，以确保在目标上空约 1890 英尺（约 576 米）的高度将原子弹引爆，使其释放出最大的冲击波。显然，如果日军部署了工作于同频段的雷达，就有可能触发雷达引信，提前引爆原子弹，导致灾难。尽管美军从未侦收到日军工作于该频段的雷达信号，但雷达部署是动态的、隐蔽的，没有侦收到并不意味着不存在，过去不存在也不意味着现在不存在。另外，据计算，工作于 205 兆赫的雷达谐波信号，在功率足够大的时候，也有可能触发原子弹上的雷达引信，以致提前引爆原子弹。为预防万一，专门安排贝塞中尉使用 APR-4 型侦察接收机，全程监视可能危及雷达引信的工作频段，一旦发现可疑信号，就切断雷达引信，改用气压高度表引信，再失效的话，可以通过撞击触发引信，在原子弹撞击地面时将其引爆。好在一路飞来，贝塞中尉没有发现任何可能危及雷达引信的辐射信号。

"愤怒的基督"

1945 年 8 月 6 日早晨，广岛天气晴朗闷热。7 点 09 分，日军对空情报雷达发现目标，随即发出空袭警报。日军发现的应是打前站的天气观测飞机。7 点 30 分警报解除。

在"艾诺拉·盖伊"号即将飞入日本本土时，"我的最后一项工作是爬进炸弹船，把3个测试插头拔掉，它们都被涂成绿色，大小和装盐瓶（餐桌上用）差不多。"莫里斯·杰普森中尉事后回忆道，"这些插头隔绝了测试系统和原子弹间的通路……我拔出了这些测试插头，换上3个红色引爆插头，将原子弹准备停当。其后，一切就自行运作了。"

7点25分，"艾诺拉·盖伊"号在26000英尺（约7925米）高度飞抵广岛。蒂贝茨已接到"同花顺"号飞机的报告，当地天气状况良好，适合目视瞄准投弹。

8点，日军对空情报雷达发现目标一批2架，再次发出警戒警报。日军判断目标像是执行侦察任务，许多市民对美机也见怪不怪，并未进入防空设施。8点10分左右，投弹手托马斯·费瑞比报告："我看见那座桥了。"位于广岛市中心的相生桥，因其独特的T字形，从空中俯视一目了然，被选作投弹瞄准点。

"还有1分钟。"蒂贝茨喊道。费瑞比拨动一个开关，跟在"艾诺拉·盖伊"号后面的科考机上的机组人员耳机里，顿时响起了尖厉的音响，提醒所有人员立即戴上特制的深色护目镜保护眼睛。

"还有30秒。"蒂贝茨喊道，"20秒……"8点15分17秒，原子弹被投掷下去。一瞬间，"艾诺拉·盖伊"号摆脱了约4吨重的载荷，机头猛地翘起。蒂贝茨驾机向右急转，飞离目标上空。他只有不到50秒的时间飞离危险空域。

原子弹离开弹舱43秒后，按照预置的高度，在相生桥上空1890英尺（约576米）处，被雷达引信准确引爆，爆炸点距离瞄准点只有约300码（约274米）。丘吉尔曾言："火药算什么？电力算什么？根本不值一提。原子弹才是愤怒基督的再临。"

8月6日，在大西洋上，美海军"奥古斯塔"号巡洋舰正在回国途中。中午时分，白宫地图室军官弗克兰·格雷姆上尉拿着一份电报走进餐厅，递给正与士兵共进午餐的杜鲁门。电报是史汀生发来的："8月5日华盛顿时间19点15分，大型炸弹投于广岛。初步报告表明轰炸完全成功。这次比前次试验更有成效。"杜鲁门激动地对周围的士兵说:"这是历史上最重大的事件。我们可以回家了。"舰上的人闻讯无不欢呼雀跃。

不久,在华盛顿发表了杜鲁门总统的声明:"16小时前,美国飞机在广岛投下一颗炸弹……这是一颗原子弹……

"7月25日,在波茨坦发出的最后通牒,旨在拯救日本人民免遭彻底毁灭。他们的领导人却迅速拒绝了最后通牒。如果他们现在依然执迷不悟,等待他们的将是从天而降的毁灭,在这个星球上前所未闻的毁灭……"

日本大本营是在1945年8月6日下午获悉广岛被炸的简报,报告称,敌人使用了具有空前破坏力的高性能炸弹。黄昏时分,一名侍从武官向正在皇宫花园散步的裕仁报告:广岛被一架美军轰炸机投掷的特殊炸弹袭击,广岛市的大部分已不复存在了。裕仁继续散步,默然以对。日本科学家对广岛遭到的损害进行了评估,并认为美国具有的放射性原料有限,仅供生产数枚原子弹。对广岛投放的原子弹很可能是无法重复的唯一表演。

1945年8月8日,苏联向日本宣战,9日凌晨,在远东集结的苏军越过边境,向盘踞在中国东北的关东军发起进攻。日军大本营拒绝投降,负隅顽抗。

"胖子"出击

1945年8月9日凌晨2点刚过,查尔斯·斯维尼少校驾驶着"博克斯卡"号B-29轰炸机,携带第二枚原子弹"胖子"从提尼安岛机场起飞,目标是位于广岛西南130英里(约209千米)的小仓,这里分布着众多的弹药厂和钢铁厂。当时天气条件不佳,大风暴雨,还不时电闪雷鸣。"博克斯卡"号爬升到9000英尺(约2743米)后,武器专家阿什沃恩海军中校和助手菲利普·M.巴恩斯上尉钻进炸弹舱为原子弹装上绿色保险丝。

飞了3小时后,太阳出来了。正在值守的巴恩斯发现控制面板上的红灯开始闪烁，这意味着原子弹有可能发生爆炸。阿什沃恩在炸弹舱正挨着原子弹打瞌睡，知道后惊呼："哦，我的上帝！"俩人没敢告诉别人，紧张地忙碌了10分钟，终于发现在装配时，出了点差错，他们拨动两个开关后，红灯终于停止了闪烁。

"博克斯卡"号轰炸机飞临小仓时，天空乌云密布，投弹手科密特·比罕上尉透过诺登投弹器的望远镜，怎么也找不到瞄准点——一个庞大的武器工厂建筑群。按照命令，若不能通过目视发现目标，就不能投掷原子弹。斯维尼决定重新进入一次。当飞机回到小仓上空时，四周燃起了密集的高射炮火。尾炮手阿尔伯特·德哈特中士报告："高射炮火正在逼近。"

1945年8月6日，斯维尼驾驶"大艺术家"号尾随"艾诺拉·盖伊"号顺利完成科考任务，今天，他却感到特别不顺。先是糟糕的天气，现在又遇到日军猛烈的高射炮火力，目标还找不到。"收到。"斯维尼没好气地回答。"少校，高射炮火就在我们正后方，而且越来越近。"德哈特中士再次报告。"机长，日军'零'式战斗机正朝我机追来，目测约有10架。"爱德华·K. 巴克利上士喊道。可是投弹手比罕仍然没有找到目标。斯维尼在机内通信机中喊道："我们换个进入点试试。"他不顾被击落的风险，准备第三次强行进入。千钧一发之际，负有临机处置权的阿什沃恩中校接管了飞机，果断发出指令："目标改为长崎，不管是用雷达还是用目视，我们一定要投下去。"

斯维尼迅速驾机爬升高度，摆脱"零"式战斗机追赶，全速折向长崎方向。长崎是吞吐战争物资的一个重要海港，也是三菱钢铁厂和三菱—浦上鱼雷制造厂，以及其他武器工厂所在地。

在28000英尺（约8534米）的高度，斯维尼驾机转入平飞状态。机身下的长崎和小仓一样被云层覆盖。流经长崎的浦上河几乎将城市一分为二，河岸像一条伸展的铁路线，在轰炸雷达显示屏上清晰可见，是一个明显的参考地标。飞机燃油已经不多了，阿什沃恩决定改用雷达瞄准投弹。就在使用雷达瞄准投弹的一切准备工作就绪时，云层中突然闪现出一条缝隙，比罕大喊道："我看到了！"他随即改回目视瞄准。约45秒后，即11

点 30 分,比罕向目标投下了原子弹。斯维尼迅速驾机右转飞离,紧随其后的"大艺术家"号投下测量仪器,也迅速飞离。"胖子"的威力是"小男孩"的近 2 倍,在"大艺术家"号上的《纽约时报》记者威廉·劳伦斯事后描述了爆炸场景:"腾起的火柱如同一个新生的生命,难以置信地展现在你眼前。它翻滚、沸腾、狂怒,如同 1000 座喷泉同时喷发。"后经证实,雷达引信工作正常,原子弹爆炸点却偏离目标约 2 英里(约 3219 米)。

在"大艺术家"号上,观测过广岛上空原子弹爆炸的路易·阿瓦雷斯,是一位资深专家,他质疑投弹手比罕的说辞:"我紧盯着云层中闪现的一颗盐粒大小的缝隙。"他认为比罕是陆军航空队中最优秀的投弹手之一,投弹偏离目标 2 英里(约 3219 米),是使用 APQ-13 型轰炸雷达投弹允许的误差范围,而不是目视投弹允许的误差范围。言外之意是,比罕编造了目视投弹的故事,以不违背不准"盲投"的命令。阿瓦雷斯的学生拉里·约翰斯顿认同老师的观点,他在"大艺术家"号上亲历了"胖子"的爆炸,虽然并未发现什么,但他认为,阿瓦雷斯能同飞行机组一起玩扑克,亲密无间,肯定知晓了事情真相。

其实,到底是用雷达投弹,还是用目视投弹,或是两者兼用投下了原子弹并不重要,重要的是"胖子"在长崎爆炸后,裕仁再也扛不住了。1945 年 8 月 10 日御前会议上,他裁决原则接受波茨坦公告。当日本向同盟国接洽投降事宜电讯传到中国时,历经 14 年艰苦抗战的中国百姓,尤其是尚在日军铁蹄下挣扎的中国百姓,涕泪满衫,欣喜之余,甚至难以置信。北平辅仁大学的周祖谟在给四川好友的信中说:"在 8 月 10 日晚上 9 点半的时候,好消息来到了,由梦中惊醒过来才知道自己还没有死,自己可以复苏了。这一夜是不曾睡觉的。你们自然是载歌载舞、吃酒放爆竹的了,我们身体并不能自由,话不敢说出口外的……当晚我们从寝室里请出援庵(陈垣)先生听我们的报告,他由黑暗里把灯开开,穿着短短的汗衫,脚下拖着一双拖鞋,赤裸裸地就出来了(可是并不曾裸体,一笑),他老人家从来没有这样见过客人的,当晚他这回可不睡觉了,虽然照例灯一夜而十灭,他索性摸黑儿了。他高兴地直缕他的须子。问道,'是吗?''没听错?''重庆的报告?''噫,那可活了!'"第二天一大早,陈垣先生便找到周祖谟问："没听错吧？雷神父怎么还不知道呢？不对吧？" 周祖谟回答："哪还有错，重庆报告三遍呢！"

尾声

1945年9月2日，日本东京湾，在美军"密苏里"号战列舰上举行了庄严的受降仪式，在同盟国代表的见证下，日本政府代表正式签署了投降文书。德、意、日法西斯挑起的，给人类造成空前浩劫的第二次世界大战终于结束了。日本政府代表团成员加濑俊一事后回忆："我在驱逐舰返航途中匆匆写下了投降仪式给我的印象。天皇陛下正在急切地等待重光葵汇报，回到首都，重光葵在第一时间呈上了我的报告。在报告的最后……提出了一个问题，倘若双方角色对换，作为战胜方的我们是否会以同样的胸襟去接纳战败方。答案是显而易见的。重光葵告诉我，对我的想法，天皇叹息着表示认同。"

7天后，裕仁给儿子明仁写了一封信："我国人过于相信皇国，轻视了英美。军人过于看重精神，忘记了科学。

"明治天皇时期，山县（有朋）、大山（岩）、山本（权卫兵）等为陆海军名将，但这次，就像第一次世界大战时的德国，军人跋扈，不顾大局，知进不知退。

"如果战争继续，将无法保护3种神器（八咫镜、八尺琼曲玉、草薙剑）。国民也非得被杀，我含着眼泪，尽力把国民的种子留下来。"

记中国雷达兵的诞生

2020年4月22日是空军雷达兵成立70周年纪念日,下文将重温中国雷达兵诞生的时代背景、领袖决策的高瞻远瞩,以及空军雷达兵第一营的组建始末,对于后来人不忘初心,继往开来,不无裨益。

严防空中威胁

1949年1月20日，古城北平解放。1949年3月25日，毛泽东、刘少奇等中央领导和工作人员从西柏坡乘车抵达北平。当晚，毛泽东住进了位于西郊香山的双清别墅。在这里，毛泽东指挥了波澜壮阔的解放战争，领导建立了浴火重生的中国。

为了严防敌机空袭骚扰，保卫北平和中央领导机关，1949年4月，平津卫戍区司令部在北平市区和城郊，开始设立对空观察哨，先后共设立了21个哨站。这是中国人民解放军设立的第一批负责城市防空任务的对空观察哨。

南京解放后，南京警备司令部将国民党军溃败前设在溧阳、天王寺、句容、汤山和浦口的5个对空观察哨留用人员集中到南京开展整训，调整充实后，派回原哨站，并于1949年7月开始负责对空监视任务。

接管雷达研究所

二战中，世界列强已经大量使用雷达。在14年抗战中，中国军队却根本没有雷达，防空情报只能依靠对空观察哨。抗战胜利后，国民党接收了日军上缴的雷达，还从美国获得了一些使用过的旧雷达。1946年，国民党国防部六厅在南京开始筹建雷达研究所，并于1948年6月正式成立。雷达研究所所长葛正权是留美物理学博士；研究室主任葛兴留英专攻天线专业；全所140多人，技术人员约占三分之二。1949年1月，雷达研究所的主要人员和雷达装备器材转移到杭州，准备南下，迁往台湾。中共杭州地下党获悉这一重要情报后，利用所内外人际关系做工作，帮助葛正权打消顾虑，弃暗投明，将人员和雷达装备器材留在杭州，等待解放。

1949年5月3日，杭州解放。1949年5月19日，华东军区教导大队指导员刘子真以杭州市军管会军代表身份，带领新参军的6名大学生接管了雷达研究所。接收技术人员等52名，技工、士兵等48名；接收SCR-268探照灯照射控制雷达，SCR-545、SCR-584炮瞄雷达，SCR-270、SCR-602警戒雷达及527雷达各1部，都是美军在二战中使用过的主战雷达；此外，还接收了各种器材配件共1156箱。这为中国建立第一个雷达营和发展雷达事业，留下了一批宝贵的技术骨干和珍贵的雷达装备器材。

1949年9月，华东军区航空处派李克林为军代表，接管了雷达研究所在南京的留守人员、雷达及装备器材。1949年10月，雷达研究所在杭州的人员、雷达及装备器材被重新运回南京。在华东军区航空处的领导下，军代表对留用人员进行政治审查、思想教育，统一组织清点器材，装配和维修雷达。1950年4月22日，刘子真带领从雷达研究所挑出的郑乃森等43名技术人员，带着日制四式雷达2部、313型雷达4部，美制SCR-602雷达4部，加入华东军区电讯大队的组建队伍。

保卫上海

上海解放后，淞沪警备司令部接管了国民党遗留的5个对空观察哨和10名哨员，经整训、充实和加强，重新在高桥、川沙、南汇、奉贤和青浦，设立了5个对空观察哨。每个哨站设哨长1人，哨员4人，配备望远镜、指南针和时钟各1个，电话机1至2部。1949年7月中旬开始负责对空监视任务。

溃退到台湾的国民党并不甘心失败，企图凭借残余海空优势，对大陆沿海城市进行海上封锁和空中袭扰，扼杀新生的人民政权。据时任中国驻美国大使顾维钧回忆，1949年6月23日，即上海解放后不到一个月，顾维钧拜访了在纽约的宋子文。宋子文对时局发展忧心忡忡，他说："（我们）剩下的时间不多了。"他问顾维钧，"我们是否可以轰炸上海发电厂，它是上海的主要供电单位。如果能够轰炸上海发电厂，也许会使上海的工业生产陷于瘫痪。"次日，顾维钧接到国民党外交部电报："（关于）封闭自福建闽江口至东北辽河口漫长海岸线上各港口的决定。""采取这一行动的目的是在经济上隔断上海，以破坏共产党对上海的控制。"据统计，1949年10月至1950年2月，敌机空袭上海市区达到26次，平均每周1.3次，对上海的工业生产和人民生活造成了很大的破坏和影响。很明显，城市防空成为新生政权不得不应对的一个严峻挑战。

上海市防空指挥所主要依据对空观察哨报告的空情，发布空袭警报，组织防空作战。也就是说，使用望远镜观察空情，用电话上报空情的对空观察哨，成了城市防空哨兵及防空眼睛。由于望远镜看得不够远，至多几千米至十千米，对空观察哨能提供的空袭预警时间很有限，提供的目标位置很粗略。经常是，防空警报刚拉响，敌轰炸机已飞临市区上空投弹。观测设备满足不了防空作战要求的问题非常突出。

一天，上海淞沪警备区司令部防空处的通信员在送信途中，因问路无意间听到，有一种能看飞机的设备被拉到汇山码头存放。防空处刘光远处长知道这个消息后，立即带人赶到汇山码头寻查，结果在仓库里找到了国民党撤离时遗留下来的2部日制四式雷达和一批雷达器材。经询问留在上海的几名技术人员，知悉日本投降后，国民党部队接收了日军移交的防空雷达，还将其中的一部日制四式雷达，架设在上海吴淞口。不过，移交前，因日军有意破坏，这些防空雷达都存在故障。但不管怎么说，防空处无意中找到了能比望远镜看得更远、更准的装备。

1949年9月，上海淞沪警备司令部抽调了5名干部，加上留守的技术人员，在上海提篮桥安国路76号，组建了对空警戒雷达队，装备2部日制四式雷达，其中一部架设在安国路76号楼顶，并于10月1日开始负责对空警戒任务。如同20世纪30年代德军咄咄逼人的空中威胁，迫使英国研制雷达并构建了世界上第一个防空雷达网一样，是上海地区面临的严峻防空形势，催生出了中国的第一个雷达队。可以说，雷达和雷达兵完全是现代防空作战迫切需求的产物。

雷达队负责战备值班后，上海的防空作战形势扭转了吗？仍然没有。架设在安国路76号楼顶的日制四式雷达也有故障。雷达队虽然竭尽全力，试图修复，却收效甚微。

二六大轰炸

1950年2月6日，天空晴朗。12点25分至13点53分许，从台湾机场起飞的4批17架轰炸机飞临上海，重点攻击闸北杨树浦发电厂和闸北自来水厂等民生目标。由于雷达故障，对空观察哨提供的预警时间太短，防空准备仓促，上海的基础设施遭到严重损毁。上海的发电量由250000千瓦骤降到4000千瓦，只为原先发电量的1.6%。市区工厂几乎全面停产，市民生活用电、用水出现了严重困难。空袭还造成1148人伤亡。这震惊了上海市、华东局乃至中央高层。

1950年2月12日，中国人民解放军三野司令部在给华东局并报中央的电报中说："（据悉）敌空军总司令周至柔丑灰（2月10日代字）命第八大队（重型轰炸机大队），对目前轰炸之上海闸北华商及杨树浦等电力厂，以彻底炸毁为目的，于气候许可时，自行派飞机续行轰炸上述目标。希淞沪警备司令部确实布置防空。"

1950年2月15日，正在苏联访问的毛泽东致电刘少奇："（苏联方面）已决定派空军保卫上海，并且不久可到，其数为一个空军旅。"两天后，在动身回国之前，毛泽东又致电刘少奇即转饶漱石："丑文（2月12日代字）电悉。积极防空，保卫上海，已筹有妥善可靠办法，不日即可实施。上海工厂不要勉强疏散，尽可能维持下去。但对上述办法，务须保持秘密，以期一举歼敌。我今夜动身回国。"上海及城市防空的紧迫程度由此可见一斑。

在等待"远水"支援的同时，上海淞沪警备司令部也在积极想办法，以解"近渴"之急。1950年2月15日，上海交通大学教务处主任吴有训，接到一封上海市政府送来的信函，请求上海交通大学即调部分学生，帮助修复上海防空作战急需的雷达装备，落款人是上海市市长陈毅。

第二天，正好是农历大年三十。这天下午，上海交通大学电机工程系四年级的21名大学生（其中3名女生），持介绍信到上海淞沪警备司令部防空处报到。其实，这批尚未毕业的大学生，也没有学过雷达技术，更没有见过雷达实物，只是在书本上看到过这个名词，要排除雷达故障还真不是一件容易的事。

大学生们首先读懂线路图，再按照信号流转顺序，对照雷达实物，把雷达电路完整地跑了一遍。发射机好像没什么问题，便把重点放在了接收机和显示器上，将损坏的电容和电阻等元器件逐一更换。确认没问题后，通电开机，可是，雷达显示器上依然没有出现周围固定目标回波。防空处请来一位姓马的电台台长帮忙，忙了大约一个星期，还是无果。马台长说，雷达太复杂，比电台复杂好几倍。防空处又经多方打听，找到了旧上海国际电台总工程师钱尚平。1950年3月10日，他携带检测仪器来到安国路76号。听取介绍，又亲自检查一遍后，他认为雷达"硬故障"已经排除，但可能忽略了一个"软故障"，即发射机和接收机的频率是否匹配。他使用自带仪器对发射机和接收机的频率进行了统调，再打开雷达时，期待已久的周围建筑物回波赫然出现在显示器上。大学生们高兴得不得了。经实测，雷达探测距离达到250千米，对于时速500千米的空中目标，可提供约30分钟的预警时间。雷达不仅为上海市区防空疏散赢得了更多的时间，还可为高炮部队射击提供了准确的目标坐标。从这一天起，雷达队才真正担负起了上海防空哨兵的神圣职责。

战斗洗礼

1950年3月20日清晨，一架B-24轰炸机从台湾机场起飞，径直向上海飞来。9时许，当班的雷达操纵员石松年、计燕华，在东南方向250

千米处发现一个虚弱的目标回波,所在方向与二六大轰炸来袭方向一致。几分钟后,目标回波越加清晰,2名操纵员一致判断,这是一架来袭敌机回波,并果断编批向防空指挥所报告。上海防空指挥所随即发布了空袭警报,高炮团迅速做好了射击准备,待敌机一进入射程,立即发起猛烈射击。敌轰炸机见地面已有防备,无心恋战,尚未进入轰炸航路起始点,就打开弹舱胡乱投下炸弹,掉头返航。这是中国人民解放军第一次通过雷达发现敌机并及时上报。上海雷达队经受了防空实战的洗礼,其功绩载入了雷达兵史册。

1950年2月26日,苏联巴基斯基将军率领的1个空军混成师开始进驻上海,其中,包括1个雷达营,装备16部雷达。雷达营营部设在上海曹家花园,在上海、启东、南汇、海盐、镇海、苏州等地设立了7个雷达站,并与我防空机关、对空观察哨和雷达队建立了空情协同关系。淞沪地区防空预警能力大为提升,最大探测距离由过去的几千米拓展到几百千米,并具备了测高能力。随着地面防空火力和空中截击力量的增强,敌人空中优势锐减,袭扰上海次数逐月下降。

"应即组织我们的雷达网"

淞沪地区的防空实践再次充分表明:在现代战争中,空中力量扮演的角色越来越重要。没有空防就没有国防,而没有雷达兵和雷达网也就等同于没有空防。组建雷达营,构建中国雷达网摆上了领袖的议事日程。1950年5月27日,中央军委副主席刘少奇在给军委代总长聂荣臻并报告毛泽东的信中写道:"担任上海地区防空作战任务的苏联空军混合航空兵集团指挥官巴基斯基及罗申大使、柯托夫武官来我处谈以下问题,①我们第一个空军旅,预定于6月15日至7月1日成立,飞徐州与南京,命名为第四空军旅。'此为我们祖国第一个空军部队成立,应予重视。'②为保卫我们的空军并其他目的,应即组织我们的雷达网。现在上海我们有12架雷达，要我们立即组织一个雷达营，600人，内须高中毕业以上文化程度者300人，由他们训练3个月即可毕业，能够使用。"

转天，日理万机的毛泽东在信上批示："已阅。请聂办。"时间是星期天午夜24点。按照中央决定，1950年12月5日，总政治部专门下发电报，要求从地方招收一大批大学生、中学生和青年工人到雷达和对空观察部队工作。其中不少人后来成了雷达兵部队的业务技术骨干。毛泽东、刘少奇、聂荣臻、陈毅等老一辈革命家为中国雷达兵的组建，为中国雷达网的建立倾注了心血。

1950年6月3日，在南京整训待命的华东军区电讯大队，奉命前往上海集训，由苏联教官负责讲授雷达原理，撤收架设，雷达操纵，目标识别，雷达情报编批、传递，方格标图，以及维护保养等基本知识和方法。电讯大队上上下下正愁不知如何使用雷达完成作战任务，闻讯顿感如释重负，同时倍感使命关天，责任如山，不容懈怠。集训中，官兵们克服没有教材，听课要靠译员翻译等困难，刻苦学习，夜以继日，钻研本领，在不长的时间内，基本完成了由一名普通战士向高技术雷达专业兵的转变。1950年8月1日，经苏联教官培训的第一代雷达兵，在上海接受了严格、正规的结业考核。有些文化程度不高的战士，愣是靠死记硬背，闯过了考核关，令苏联教官刮目相看。苏联空军混成师指挥官巴基斯基将军，对考核成绩很满意，认为可以将带来的雷达装备整体移交给中国雷达兵，完全由他们自己操纵、维护和使用。

1950年8月7日，按照中央军委的命令，电讯大队划归东北军区防空司令部建制。次日，电讯大队整装从上海启程，刚走出考场就匆匆奔赴东北，迈向抗美援朝战场，并经受了血与火的战斗考验。为保卫和平，先后有11名同志长眠在了朝鲜土地上。

1951年3月12日，华东军区电讯大队，被军委总参谋部正式授予中国人民解放军雷达第101营番号，营部设参政、机务、管理和医务室。下辖5个雷达连，每个连编1个技术组、2个操纵班和1个警卫排，编雷达2部。全营编干部48人、士兵314人，共362人。其中，初中以上文化程度者 120 多人，多数是高中生，还有个别大学生。营长是孟继萃，教导员是刘子真。由上海雷达队扩建的电讯营，被正式授予中国人民解放军雷达第 141 营番号，营长是佐光，教导员是宫长胜。这两个雷达营官兵的文化程度，可能是当时中国人民解放军营级部队中最高的，是一支名副其实的高技术部队。雷达 101 营、141 营作为种子部队，为中国雷达兵从无到有，从小到大，从弱到强打下了基础。

根据军委授予雷达营的番号序列，后来就将排在前面的雷达 101 营前身——华东军区电讯大队，在南京的组建时间，即 1950 年 4 月 22 日，定为空军雷达兵成军时间。雷达 101 营成为空军雷达兵史上的第一营。

70 多年弹指一挥间。如今，许多第一代雷达兵已离我们而去。然而，他们在艰苦创业中所展现的特别能吃苦、特别能战斗、特别能奉献的精神风貌，他们为构建与中国大国地位相称的空天预警网，所做出的历史性贡献，将永远为后来人景仰铭记。

恰当还是不当，这是个问题

外军不明海空情处置案例之一

不明海空情通常是指在保卫国家海空防安全过程中，由雷达发现和掌握的海上、空中属性不明或真伪不明的目标情报。属性不明系指目标敌我友难分，真伪不明是指目标真实性难辨。不明海空情处置恰当是指正确辨别目标真伪和准确区分敌我友，及时预警，完成防御任务。不明海空情处置不当是指把真实目标当成假目标，形成漏警，酿成后果；把假目标当成真实目标，形成虚警，酿成后果；或者把敌方目标当成我方、友方目标，形成漏警，酿成后果；把我方、友方目标当成敌方目标，形成虚警，酿成后果；还有一种情况由上述两种情况交织，形成漏警或虚警，酿成后果。例如，把假目标当成真实目标，且判为敌方目标。无论由哪种情况形成漏警或虚警，酿成后果，都有可能危害一个国家的海空防安全。恺撒曾说过："相对可见的危险，不可见的威胁更扰乱人心。"历史上的许多案例表明，海上和空中不明目标情报处置是否恰当，会影响甚至改变时局的变换和走向。

二战中的祸起漏警

日美关系日趋紧张，1941年5月初，罗斯福总统过问了夏威夷的防御情况。陆军参谋长马歇尔按照罗斯福的要求，呈送了一份关于夏威夷防御能力的评估报告："由于瓦胡岛已构筑防御工事，驻军可以依托有利地形和既设工事组织防御，因此该岛是世界上最强大的堡垒。

"防空能力。夏威夷拥有足够强的防空能力，只要敌人的航母编队进入距离该岛约750英里（约1207千米）的范围时就会遭到拦截；进入距离该岛200英里（约322千米）的范围时，将遭到攻击力更强的拦截，美军最现代化的战斗机还能给予充分支援。

"防空兵力。如将正在进行的航空兵调动包括在内，夏威夷将拥有35架现代化的B-17'空中堡垒'轰炸机、35架中程轰炸机、13架轻型轰炸机，以及150架战斗机，其中105架是最先进的。此外，夏威夷还能得到陆基重型轰炸机的增援。面对这样庞大的兵力，对瓦胡岛发动大规模进攻的胜算所剩无几。"

在报告最后，关于35架B-17"空中堡垒"轰炸机，马歇尔还亲笔写了两句注释："即将于5月20日飞往夏威夷。如果形势恶化，这些轰炸机可立即派出。"这份报告足以使罗斯福放心。

当时，驻夏威夷的美国陆军守备部队已经装备了SCR-270对空警戒雷达，工作频率为106兆赫兹，雷达最大探测距离达320千米，依照那个年代的技术水平，已经可称之为远程预警雷达。美军沿瓦胡岛四周部署了5个雷达站，以螺旋桨飞机飞行速度每小时400千米计算，可以为防空部队提供48分钟的预警时间，这无疑使夏威夷的防御如虎添翼。按照作战任务区分，由陆军中将肖特指挥的夏威夷陆军及航空兵部队负责海岸线以内防御，海军上将金梅尔指挥的太平洋舰队负责海岸线以外的防御。对于空中侦察，太平洋舰队负责远程航空侦察巡逻，陆军航空兵负责近程航空侦察巡逻。

驻夏威夷的美国陆军、海军制订的共同防卫计划规定：即使只遭到 1 艘潜艇的攻击，也绝不可掉以轻心。因为，作为一种征兆，日军航母编队很可能就在附近。遇此情况，必须及时做出判断，果断定下作战决心，并迅速采取行动。依据这一计划，金梅尔曾下令，海上无论发生了多么微不足道的事件，也要立即向他报告。

如此看来，夏威夷的海空防御体系固若金汤。不过，再强大的防御体系，也是由一系列作战环节构成的，其作战效能依赖于作战链条上每个环节的正常运转及其衔接配合。例如，防空系统运作由目标探测、发现识别、传递分发、定下决心、分配目标、火力拦截等关键环节构成，形成一个完整的作战链条。明眼人不难看出，对海上和空中目标的发现、识别和及时发出预警是整个作战链条中的首要环节，如果在这一关键环节出了重大差错，后续环节就起不了作用，整个防御系统就会失效。1941 年 11 月 27 日，美军驻夏威夷的陆军司令部、海军司令部收到了从本土发来的战争警报，但是，无论是金梅尔还是肖特，都认为美日冲突的第一枪不太可能在珍珠港打响。

1941 年 12 月 7 日凌晨 3 点 55 分，日军海上机动部队的前锋，5 艘袖珍潜艇向瓦胡岛逼近。美海军对海观察站发现了疑似潜艇的潜望镜，但是，值班员最终未能做出正确的识别和判断，轻易放过了这一十分重要的线索。6 点 51 分，当其驶进珍珠港入口处时，被美国驱逐舰"监护"号发现，并击沉了其中一艘。7 点，美海军飞机还击沉了另一艘。

再来回顾空中目标情报的处置。按照日常战备规定，美国陆军、海军航空兵每天都要按计划组织空中侦察巡逻。然而，日复一日的航空侦察巡逻要耗费大量的人力和物力。对于部队而言，和平时期的常备不懈对军人的意志力也是一种严峻考验。在连续执行大任务量的空中飞行之后，飞行机组和地勤维护人员疲惫不堪，飞机也急需维修保养。诸如此类，造成 1941

年 12 月 6 日晚至 7 日凌晨，美军既没有组织远程航空侦察巡逻，也没有组织近海航空侦察巡逻。6 点 45 分，位于瓦胡岛最北端的雷达站显示屏上发现一批不明目标，但很快消失了。7 点 02 分，雷达显示屏上出现一大片回波亮点。在此之前，雷达操纵员洛卡特和埃利奥特从未经历过这种情况，他们怀疑雷达出了故障，反复检查调试后并未发现什么问题。两个人对着显示屏再做仔细观察后判断，的确是目标回波。7 点 20 分，他们向陆军情报中心报告：方位 3 度，距离 120 千米，发现大批飞机。

在情报中心当班的是中尉参谋泰勒，他收到报告后，联想起先前收到的飞行预报，当天从本土加州将飞来一批 12 架 B-17 "空中堡垒" 轰炸机。于是，他未经进一步询问、查证就草率地判断为，这是从本土飞来的 B-17 "空中堡垒" 轰炸机编队，也没有向指挥员报告。如果泰勒仔细查证一下飞行航线，就会察觉出从本土飞来的飞机应该经东面航路进入，而不会从北面航路进入；如果泰勒细心询问一下目标回波的大小，就会察觉出从本土飞来的机群回波不会如此之大；如果泰勒主动与海军情报中心协同，查询海上有无可疑情况发生的话，就可能觉察出正在逼近的危险。实际上，雷达操纵员发现的第一批目标是日军率先起飞的一架"零"式水上侦察机，第二批大机群目标正是从日军 6 艘航母上起飞的第一轮攻击梯队的 183 架战机。

当金梅尔在家中获悉"监护"号驱逐舰发现并击沉一艘不明国籍的潜艇后，立即穿戴整齐准备出门。就在这时，第一批日军攻击机开始俯冲，向珍珠港内停泊的军舰发起攻击，时间是 7 点 55 分。金梅尔不由冲出家门，只见日军攻击机群掠过他的头顶，机身上的太阳旗清晰可辨。金梅尔的邻居格蕾丝·厄尔夫人惊叫道："'亚利桑那'号被击中了！"厄尔夫人清楚地记得，当时金梅尔目瞪口呆，脸色煞白。作为一名职业军人，他知道，一切为时已晚。很显然，如果对不明海空情处置恰当，不发生严重漏警，金梅尔本来可以赢得至少 30 分钟的预警时间。

美国总统罗斯福得知珍珠港遭袭的消息后，整整呆坐了 18 分钟。他怎么也想不通，这么大的一个军事基地为何如此不堪一击，竟遭受这样巨大的损失。他一遍又一遍地说道："我们的飞机竟然摆在地上被炸毁了！"

他用拳头砸着桌子,"就摆在地上!"第二天罗斯福口述了战争公告:"昨天,逗号,12月7日,逗号,1941年,破折号,一个永远无法忘记的耻辱日子,……"

愤怒之余,美国上下开始追责。一些媒体重翻旧账,爆料了一起海上经历,认为这与日军海上机动部队的行踪有联系。事情经过是这样的,1941年11月6日,也就是日军偷袭珍珠港的前一个月,美军舰队的"切斯特"号重型巡洋舰护送一支部队离开马里亚纳群岛。这艘巡洋舰装备有CXAM搜索雷达,其工作频率为200兆赫兹。行进过程中,雷达操纵员在显示屏上发现一批目标回波,紧接着在显示屏上出现了干扰信号。雷达操纵员将其判断为一艘不明舰只及由其发射的雷达信号,并向指挥员做了报告。对于这一批真伪不明的目标及干扰信号,专家事后进行过仔细地分析研究,得出的结论是:虽然无法确定这批目标及干扰信号的性质,但可以肯定与日本军舰及舰载雷达无关,日军当时还没有装备这种电子设备。专家的结论澄清了"切斯特"号重型巡洋舰的经历与日军海上机动部队行踪之间的错误关联,表明这只是一次虚警。

朝鲜战争中频繁虚警

朝鲜战争中,美军不仅在空中占据优势,在电磁领域也占据绝对优势。尽管如此,美军在战场上却频繁遭遇虚警,不胜其扰。据美军记载,1952年5月至1953年12月,美军远东空军司令部收到过100多份关于部署在该地区雷达发现不明海空情及受到干扰的报告。经美军组织的调查发现,在大多数情况下,虚警是附近民用电气设备、己方故障电气设备及太阳黑子活动所造成的无意干扰引起的。也有一些干扰是己方飞机未经批准所施放的有源干扰及投放的箔条所致。但是,还有26次无法对其做出合理解释的虚警。其中,有几次既找不到充分证据,表明干扰由对方活动所致,同样也找不到充分证据,表明干扰源于己方活动。较为典型的几次如下:

1953年1月14日2点16分至2点22分，位于黄海海域的美军"奥里斯坎尼"号航母，其MK25-3型引导雷达的显示器全屏受到连续波噪声干扰，干扰强度达到5级。开始时，MK25-3型引导雷达工作在8800兆赫兹，为了反干扰，雷达操纵员将频率改到9200兆赫兹。接着，雷达操纵员发现在65000码（约59千米）距离上，有4批不明目标回波，在其后面1000码（约914米）距离上，另有2批不明目标回波。在改频后不到1分钟，雷达再次受到强烈的连续波噪声干扰。当雷达天线转向时，又发现了几批目标回波，干扰信号随之消失。雷达操纵员识别出新出现的目标回波是己方飞机。干扰持续了6分钟，随着干扰的消失，原先出现的不明目标回波也随之消失。据雷达操纵员反映，过去不曾出现过这种情况。

日本宇岛雷达阵地，装备工作于D波段的CPS-5D警戒雷达，1952年5月13日受到连续波噪声干扰。在平面位置显示器上有效干扰扇区达到50%，干扰强度为4级。其中，沿顺时针方向，在10度至260度范围内干扰最为严重，以至于无法从中识别目标回波。

日本松前雷达阵地，装备工作于B波段的TPS-1警戒雷达。1952年5月30日受到连续波噪声干扰。在平面位置显示器上，沿顺时针方向，在265度至275度扇区呈饱和状态。干扰周期性出现，持续时间约3分钟，干扰强度先是增大，然后变小，最后消失。周期的重复间隔时间为15分钟，干扰时间长达2小时。

日本三泽雷达阵地，装备工作于E波段的CPS-1引导雷达。1952年6月26日受到连续波噪声干扰。9点25分至9点41分，在平面位置显示器上，沿顺时针方向，在20度至50度扇区内处于严重饱和状态。受到有效干扰的扇区达到了40%，无法识别位于其中的目标回波。

根据反映，美军组织专门人员对雷达受干扰情况进行了现场调研和分析。最后的结论是：这26次事件是一些孤立事件，在大多数时间里，美军雷达并没有发现不明海空情及受到无法做出解释的干扰。所受干扰并没有集中在某一频段，而是宽泛地分布在B至I频段。在通常情况下，干扰持续时间只有几分钟，最长不会超过几个小时，即使在一段时间里反复出现，几天之内也会结束。最重要的是，没有一次报告的情况能与敌军行动相联系。换言之，这并非蓄意为之。如果是蓄意为之，一定有明确的作战目的。根据上述结论，尤其是最后一条，美军认为，或许某些不明海空情及干扰来自敌方，但也不是为了支援专门作战行动而有计划实施的。

虚警是海空情处置过程中的不速之客。在谈论这类不明海空情时，可能会让人联想起不明飞行物（UFO）的传闻。2016年，曾长期在英国国防部不明飞行物（UFO）项目组工作过的英国人尼克·波普撰文披露，英国调查不明飞行物的起因是，怀疑所观察到的现象可能是俄罗斯的侦察机或轰炸机，其行动目的是侦测英国雷达的性能及航空兵的反应能力。根据他的回忆，在项目组收集的1.2万条不明飞行物记录中，大都能给出合理的解释，只有5%的现象无法做出合理解释。据分析研究判断，这些难以解释的情况很可能是大气折射现象所致。2000年，英国国防部完成了一份称为"适宜计划"的评估报告，并在2006年为外界所知。该报告建议，研究人员需要对等离子体在军事领域运用中的各种可能性做进一步的科学研究，因为，它有可能制造出为作战所需的人造自然现象。如今，人工降雨和人工驱雨已经为人们所知。波普在文中暗指更深奥的人为非正常电波传播，以及可能引发不明海空情的情况不会空穴来风，值得引以为鉴。

外军不明海空情处置案例之二

1964年8月,"北部湾事件"发生后,美国国会通过了《北部湾决议案》,授权总统在东南亚使用武装力量。这一事件是美国在侵越战争中推行逐步升级战略,把战火扩大到越南北方的重要标志。"北部湾事件"的发生,固然存在美国急于扩大战争、支持越南帝国的主观愿望,但是,多年来的调查研究表明,当时美军对截获情报的误读和对不明海情的不当处置,恰恰是"北部湾事件"的直接导火索。

"北部湾事件"爆发

东起中国雷州半岛西面，西至越南北圻的北部湾（亦称东京湾），原名广南湾。19世纪，法国染指越南后，北圻被改称东京，广南湾变成了东京湾。1964年，美国支持的越南帝国局势不稳，且每况愈下。美国政府担心越南帝国会出现坍塌，在东南亚地区形成"多米诺骨牌"效应，这是时任总统约翰逊绝对不能接受的。

1964年7月30日，星期四，按照计划，越南帝国的一支鱼雷艇小队从岘港出发，驶向北部湾，执行袭扰越南民主共和国（越南北部政权）海岸线的秘密任务。此时，美国"马多克斯"号驱逐舰也在驶往北部湾，其任务是监听敌方通信、侦察海岸雷达部署。1964年8月1日，星期六，越南帝国鱼雷艇完成袭扰任务后正在返航，"马多克斯"号驱逐舰却迎面而上，进入交战海区。越南民主共和国认为"马多克斯"号驱逐舰与越南帝国鱼雷艇执行的是同一任务，遂派出3艘鱼雷艇向"马多克斯"号驱逐舰出击。"马多克斯"号驱逐舰一边开炮，一边向附近巡弋的航母编队请求空中支援，航母编队随即派出战机对鱼雷艇实施攻击。越南民主共和国鱼雷艇发射了多枚鱼雷，但是，均未命中目标。交火结果是，越南民主共和国鱼雷艇被击沉1艘，击伤2艘。

1964年8月2日凌晨4点刚过，美国五角大楼接到从西贡发来的电报：在北部湾巡弋的"马多克斯"号驱逐舰，遭到了越南民主共和国鱼雷快艇的袭击并予以还击。7小时后，美国总统约翰逊召集国务卿腊斯克、副国务卿鲍尔、国防部副部长塞勒斯·万斯及美军参联会主席厄尔·惠勒开会。会上，一时无法确定是谁下令攻击了"马多克斯"号驱逐舰。于是，约翰逊总统下令向河内发出外交照会，警告越南民主共和国，对位于越南沿海美国军舰的"任何无缘无故的进一步军事行动，都会不可避免地引起严重后果"。同时，下令增派舰只到"马多克斯"号驱逐舰遇袭的海域巡逻。

1964 年 8 月 4 日，据美军报告，重返北部湾巡逻的"马多克斯"号和"特纳·乔伊"号驱逐舰，因越南民主共和国鱼雷艇逼近，再次与其发生交火。越南民主共和国鱼雷艇发射了 9 至 26 枚鱼雷，攻击"马多克斯"号和"特纳·乔伊"号驱逐舰，不过，两艘驱逐舰并未遭受任何损失和伤亡。

国防部长麦克纳玛拉和副国务卿万斯商议后，在当天中午的国家安全委员会会议上报告：离北部湾约 104 千米处，越南民主共和国的鱼雷艇攻击了正在执行"德索托"电子侦察任务的 2 艘美国驱逐舰"马多克斯"号和"特纳·乔伊"号，迄今为止，确信敌方朝巡逻舰只发射了 9 枚鱼雷，我方击沉敌方 2 艘鱼雷艇，击中另外 3 至 6 艘，我方尚没有人员伤亡。另外，附近的美军航母编队可以随时提供空中支援。约翰逊总统听完，提议要进行报复性空袭。在会后进行的午餐会上，约翰逊总统拟议了一份对越南民主共和国 5 个沿海基地和 1 个油库进行轰炸的目标清单。当天晚上，国家安全委员会再次开会讨论。

总统约翰逊："他们在北部湾中部攻击我们的舰只，是不是想挑起战争？"

美国中央情报局局长麦克恩："不是。我们先对越南民主共和国的离岸岛屿实施了入侵活动，他们只是出于面子和防御考虑，才予以还击的。通过这次交火，越南民主共和国想告诉我们，他们有毅力、有决心把这场仗打下去。他们想赌一把。"

约翰逊总统："那么，在离海岸线 60 多千米的地方攻击我们的舰只，我们准备出手还击吗？如果是，我们可不能只朝攻击我们的舰只开火，而且也不能只考虑应该攻击多少个目标。"

国防部长麦克纳玛拉："情报官员报告，中国空军的一个团正前往越南民主共和国。"

美国新闻署署长卡尔·罗万："我们能确定越南民主共和国政府真的想挑起战争吗？我们能确定到底发生了什么吗？如果这些情报都是不真

实的,我们必须做好准备,接受外界的责难。"

国防部长麦克纳玛拉:"明天上午我们就会知道了。到目前为止,只有高度机密的情报揭露了此事,所以我们不能泄露这条情报,只能指望以后收到的消息来确认情报的真实性。"麦克纳玛拉所说的情报是指截获的一份敌方电报,该电报表明,越南民主共和国即将攻击美军舰只。

会议结束半小时后,约翰逊、腊斯克和惠勒同国会领导人会面,提出了《北部湾决议案》。国会很快通过决议,授权总统可以运用一切必要手段采取军事行动,果断处理此类挑衅。这使约翰逊总统拿到了早就想拿到的开战权,这是一个标志性的转折点,从此,美国军队陷入越战泥潭不可自拔。其实,早在几周前,该决议案就已经开始准备和起草了。

"战场"还原及认定

那么,1964 年 8 月 4 日夜晚到底发生了什么事呢?按照一名美国海军士兵的描述,1964 年 8 月 4 日的夜晚比地狱中心还要黑。"马多克斯"号和"特纳·乔伊"号驱逐舰在台风肆虐的海面上颠簸行进。突然,"特纳·乔伊"号驱逐舰的雷达显示屏上发现一批不明目标回波,雷达操纵员判断,这是越南民主共和国的鱼雷艇正在逼近。于是,该舰立即向可疑目标开火。紧接着"马多克斯"号驱逐舰也开了火,虽然在其雷达显示屏上并没有发现目标。负责行动指挥的约翰·赫里克海军上校用密码电报向檀香山太平洋舰队司令部报告:"我正受到连续不断的鱼雷攻击。""没有击中我们。""又来一枚。目前海里已有 4 枚鱼雷,5 枚了。"

大海波涛汹涌,暴雨和雾气让人什么也看不清。两艘驱逐舰来回机动,以规避鱼雷攻击。然而,声呐显示器上却出现了越来越多的回波信号,表明鱼雷攻击越来越多。"马多克斯"号驱逐舰上的雷达操纵员大声上报目标坐标,炮手根据坐标方位向黝黑的海面猛烈开火。不久,赫里克察觉到每当舰体急转弯时,声呐操纵员就会报告发现鱼雷。他开始对越南民主共和国的鱼雷艇攻击产生怀疑。他知道，在复杂气象条件下，热带海洋的电子效应及舰体的剧烈晃动都会干扰雷达和声呐系统。虽然他手下的官兵坚持认为他们发现了目标，但是，周围漆黑一团，一时难以验证。历经3小时后，赫里克又向檀香山发出一份密码电报：回顾雷达记录时发现，许多关于与敌接触及遭鱼雷攻击的报告似乎有误。恶劣天气对雷达造成的影响及操纵员过度紧张敏感，可能会造成误判误报。建议在下一步行动前，进行全面实况评估。

华盛顿时间1964年8月4日9点，麦克纳马拉看到了美国情报机构截获一条越南民主共和国情报。情报显示，越南民主共和国标出了2艘"敌方"舰只的坐标，并命令其舰只做好战斗准备，也就是麦克纳马拉在国家安全委员会上提到的那份情报。麦克纳马拉要通了太平洋舰队司令部，直接与舰队司令尤里西斯·格兰特·夏普通话，要他尽快查明是否发生了越南民主共和国袭击事件，并报告袭击规模，以及参与舰只的类型和数量。

檀香山时间与北部湾时间有17小时的时差，与华盛顿特区也有6小时的时差。远在千里之外的"马多克斯"号驱逐舰上只装备了常规无线电台，夏普的指挥系统与其通信联络并不十分顺畅。其他渠道来源的情报虽多却未经证实，且彼此还有相互矛盾的地方。这让他很难进行情报综合及做出合理判断。可是，华盛顿那边急不可耐，电话一个劲地催促。麦克纳马拉最后一次向他咆哮道："两小时之内必须给出结论。"这就是海空情处置过程中经常会遇到的两难之处，一方面，不明海空情成因非常复杂，与之相关联的因素很多。在随机噪声信号背景环境中，雷达信号处理本身存在着漏警和虚警的可能性。雷达情报只能给出概率性结论，而不可能给出确定性结论。组织不明海空情查证需要做大量细致工作，需要进行多元情报综合验证，一时半会儿很难得出明确的结论；另一方面，指挥决策又必须讲求时效，实在等不起。依据赫里克的报告，以及一条截获情报中敌方提到的一场海战，夏普及其参谋人员费了九牛二虎之力，终于厘清了一点头绪。

华盛顿时间1964年8月4日18点07分，也就是在最后期限之前，夏普要通了麦克纳马拉的电话："我个人对报告已经满意了。"于是，麦克纳马拉提议实施空中打击，约翰逊立即向早已在北部湾集结的航母编队下达了空袭命令。

1964年8月7日，越南民主共和国发表声明，严厉谴责美军舰入侵其领海。对于北部湾两次海战，越南民主共和国默认了1964年8月2日的鱼雷攻击，但否认有第二次。声明指出，第二次海战完全是美国人凭空捏造的，越南民主共和国鱼雷艇当晚根本就没有出动过，又哪来的第二次海战？

不明海情是祸首

随着时间的推移，美国国内开始反思深陷越战的原委，对"北部湾事件"的真实性提出了质疑。1964年8月4日晚，越南民主共和国的攻击是否真的发生了？这个问题非常敏感，因为美国决策当局正是依据第二次攻击，才下令对越南民主共和国实施报复性空袭的。多年之后，通过对相关证据的复核，虽然仍有不同声音，但主流意见基本证实了人们的怀疑。美国国家安全局历史学家罗伯特·丁·汉约克的研究表明，对海情处置不当；对越南民主共和国无线电通信的破译错误，即张冠李戴，把一份描述1964年8月2日情况的电报解读成描述8月4日情况的电报，导致美国误判。

可是，雷达显示屏上的目标回波又做何解释呢？专家分析认为，当时雷达操纵员看到的很可能是一种"北部湾幻影"。先前，已有1964年8月2日之战，到8月4日夜晚，官兵精神高度紧张，风声鹤唳，草木皆兵。一看见雷达显示屏上出现不明目标回波，雷达操纵员就判定为越南民主共和国的鱼雷艇。指挥员怀着同样的心理，不做查证和深究，就信以为真。在后来的岁月里，"北部湾幻影"成为在该海域活动的美军水兵所熟悉的"常客"。比如，美海军飞行中队的VQ-1电子侦察机，在北部湾上空实施无线电传播态势监测飞行时，机组人员发现，在该区域存在严重不规则的无线电波传播现象，在甚高频和特高频段尤为严重。原因可能是，当热带气流汇聚带通过时，产生了较大的逆温差现象，即冷空气下降，热空气上升，从而影响了无线电波的传播特性。

越战期间，乔治·费希尔中校曾在"提康德罗加"号、"好人理查德"号和"奥里斯坎尼"号航母的信息作战中心担任评估鉴定员（"提康德罗加"号航母在1980年被划为导弹巡洋舰）。这3艘航母上装备的远程监视雷达，与"北部湾事件"中2艘驱逐舰上装备的雷达一样，工作频率也是200兆赫兹。费希尔描述道："所有在北部湾待过很长一段时间的人，都曾观察到过一种'幻影'，这种现象不常出现。在雷达显示屏上，它看上去很像一个在水面高速运动的目标，如鱼雷艇，而且目标回波很实。其运动航迹时消时现，很难测出其速度和航向。在雷达天线扫描过程中，有时会出现目标回波丢失现象。不过，不一会儿，它可能又会在另一个方向上出现。有时，这种方向上的变化非常快。有时，这样的不明海情会持续几小时。还有的时候，一艘舰只的雷达能锁定目标，而其他舰只则不行，有时则正好相反。所有的'幻影'离军舰都比较远。经分析判断，这很可能是因无线电传播异常所致。我看到的所有分析报告都称，发生上述情况时，该区域内并不存在实际目标活动。"

如果说"北部湾事件"是一次因误判造成的严重决策失误，那么究其主观原因，是决策者抱有成见，深信"多米诺骨牌"理论，害怕为丢失越南帝国及由此导致的后果负责，进而急于寻找发动空袭、扩大战争和支持越南帝国的借口。一旦拿到所谓的"证据"，就急不可耐地炒作和定调，而不去做进一步的核实。因为这样做的结果，或许会与其预设的判断不符，更达不成既定的战略目标。究其客观原因，是对截获情报的误读和对不明海情的处置不当，两者相互印证，相互强化了对敌情的错误研判。不过，海情是战场实时动态情报，起到的误导作用要更大些。如此看来，对不明海情的不当处置，为美国政府扩大在越南的战争行动直接提供了催化剂和导火索。

外军不明海空情处置案例之三

1973年2月21日,利比亚阿拉伯航空公司的一架波音727客机从利比亚首都的黎波里起飞,执行的黎波里—班加西—埃及首都开罗的航班任务,航班代号为LN 114。机上乘客中有利比亚前外交部长,以及利比亚驻英国大使的妹妹。飞机在将要飞抵开罗时,因迷航而飞入西奈半岛上空,被以色列空军击落,机上113名人员中,仅有5人幸存。其时,中东地区局势异常紧张。在"六日战争"后,以色列与以埃及为首的阿拉伯国家虽签署了停战协议,但仍酝酿着随时开战。这种严峻形势让双方都感到神经紧绷,风声鹤唳。LN 114航班正是由于虚警酿成了惨案。

阿以双方冲突不断

在 1967 年爆发的"六日战争"中,以色列军队占领了埃及的西奈半岛,叙利亚的戈兰高地和约旦河西岸大片土地。为了巩固既得利益,以色列沿着苏伊士运河东岸修建了巴列夫防线,在西奈半岛建立了防空预警雷达网。以色列希望"六日战争"的成果,能为其提供一个较长时间的和平,并在与阿拉伯国家的领土谈判中占据有利地位。埃及拒绝接受以色列重新划分领土的提议,沿苏伊士运河同以色列对峙。双方你来我往,小规模的武装冲突持续不断。

1967 年 10 月 21 日,以色列海军 1710 吨的"埃拉特"号驱逐舰被埃及巡逻艇发射的反舰导弹击沉。舰上 202 名舰员中,51 人死亡,48 人受伤(一说 47 人死亡,91 人受伤)。以色列称,"埃拉特"号驱逐舰,就是二战中英国的"兹罗"号(也译作"热心"号)驱逐舰,在距离塞得港 14 海里(约 26 千米)处,被苏制"蚊子"号巡逻艇发射的 2 枚"冥河"反舰导弹击中。埃及称,"埃拉特"号驱逐舰是在距离塞得港 10 海里(约 19 千米)处被击沉的。1967 年 10 月 24 日,以色列对"埃拉特"号驱逐舰事件进行了严厉的报复。以色列空军出动战机,猛烈轰炸了埃及的苏伊士港、滨海地区炼油厂和亚历山大军港。

1969 年 6 月,埃及针对以色列的雷达站,发动了 3 次袭击;6 月,以色列还袭击了苏伊士南部的一个雷达站;7 月,以色列的一支突击队摧毁了苏伊士湾北部绿岛上的埃及防空设施。围绕苏伊士运河两岸的袭击此起彼伏,恶性循环。每一轮新的袭击,都将招致对方疯狂的报复。

1972 年 9 月 5 日,巴勒斯坦"黑九月"组织的突击队员,设法潜入了慕尼黑奥运村。凌晨时分,突击队员闯进以色列代表团驻地,杀死了 2 名以色列教练员，将 9 名运动员扣为人质。突击队要求以色列释放被捕的 200 名巴勒斯坦游击队员，以色列总理果尔达·梅厄夫人断然拒绝。在随后与联邦德国警察的枪战中，5 名突击队员被击毙，9 名以色列人质丧生。以色列对事件做出了强烈反应，出动战机对巴勒斯坦位于黎巴嫩和叙利亚的游击队营地进行了猛烈空袭。

到了 1973 年，中东地区局势更加波诡云谲，埃及等阿拉伯国家誓言要报仇雪耻，收复"六日战争"中失去的土地。阿以双方厉兵秣马，枕戈待旦。"赎罪日战争"的暴风骤雨日益迫近。

LN 114 航班被击落经过

1973 年 2 月 21 日凌晨时分，以色列的一支突击队在黎巴嫩北部悄然登陆，突袭了巴勒斯坦游击队的营地，造成游击队重大人员伤亡。在边境一线的以色列军队随即提升了戒备等级，严防可能遭遇的报复。

1973 年 2 月 21 日上午，LN 114 航班从利比亚首都的黎波里起飞，在利比亚东部城市班加西做短暂停留之后，载着 104 名旅客及 9 名机组人员飞往埃及首都开罗。LN 114 航班的机长雅克·布歇是一名法国人，42 岁，具有 17 年的飞行经历。他和机组中的另外 4 名法国人都是法国航空公司的雇员。按照法国航空公司与利比亚航空公司签订的合同，他们为利比亚航空公司服务。

13 点 44 分（开罗时间，下同），开罗机场塔台的空中交通管制员在雷达显示屏上发现了 LN 114 航班的首点雷达回波。当 LN 114 航班飞临开罗西南 12 英里（约 22 千米）的法雍上空时，机长布歇向开罗机场塔台的空中交通管制员做了例行报告。13 点 52 分，管制员允许 LN 114 航班下降高度，做好在 23 号跑道降落的准备。此时，沙尘暴骤起，空中能见度变差。LN 114 航班只能依据仪表导航设备飞行。可是，布歇没有找到地面导航信标，也难以确定飞机所在位置，他怀疑飞机导航设备发生了故障。不过，布歇没有向空中交通管制员报告。随后，LN 114 航班同开罗机场塔台空中交通管制员的无线电联络中断了。空中交通管制员眼睁睁地看着 LN 114 航班穿过开罗上空向东飞去。

13 点 54 分，部署在西奈半岛的以色列防空预警雷达发现一批不明目标回波进入苏伊士城东南方向上空，径直朝苏伊士运河飞来，飞行高度 15000 英尺（约 4572 米）。13 点 56 分，以色列空军的 2 架 F-4 战斗机在地面雷达的引导下，紧急升空拦截查证。14 时许，与开罗机场塔台空中交通管制员的无线电通信得以重新沟通，机长布歇透过驾驶窗看见了从机身后逼近的以色列战机。布歇向开罗机场塔台空中交通管制员报告：“我们身后有 4 架米格飞机。”机上另一名法国乘务员让·皮埃尔·波尔迪特事后回忆，他也看见了机窗外的战斗机，"他们在追着我们，接着我们又超了过去。"一名叫费希尔·默哈默德·萨拉亚的埃及旅客事后回忆，他看见以色列战斗机时，机长布歇正好从驾驶舱走了出来，他问道：“出什么事了？”布歇回答：“别害怕，是自己人。”萨拉亚说：“我以为他在开玩笑""一架埃及飞机的机身上竟然涂着以色列战斗机的标志。"

西奈半岛上空的天气开始好转，能见度变佳。以色列飞行员驾机紧贴着 LN 114 航班飞行，在做近距离观察识别。LN 114 航班机身上涂着醒目的绿色及民航标识，很容易辨识。一名以色列飞行员回忆，他的飞机距离 LN 114 航班最近时，只有 10 至 15 英尺（约 3 至 4.6 米），"近到足以能够看清飞行员的脸庞"。此时，LN 114 航班的飞行速度是每小时 325 英里（约 523 千米），已经深入距离苏伊士运河以东约 50 英里（约 80 千米）的西奈半岛上空，下面就是以色列的军事基地。

突然，LN 114 航班掉头转弯，朝西往开罗方向飞去。布歇向开罗机场塔台空中交通管制员报告：“我的罗盘及航向可能出了严重问题。”这时，以色列飞行员接到将 LN 114 航班带回空军基地的命令。为了示意，"我伸出大拇指朝身后指向利菲丁空军基地，然后，掉转机头……然而他却继续向前飞去。"接着，"他放下了起落架，好像准备降落。可是，他并没有掉头，继续向西飞去。我只好重新折回，再次靠近他，并向其前方打了一串炮弹。"在仍然无果的情况下，"我朝着与其机身平行方向又打出一串炮弹，以使飞行员能够看见。"以色列飞行员回忆道。

这时，LN 114 航班却收起了起落架，在 1500 英尺（约 457 米）的高度加速朝开罗方向飞去。这被以色列飞行员解读为，LN 114 航班企图逃离。"我朝 LN 114 航班右翼尖附近打出一串炮弹，意在告诉他我们是当真的。"

当 LN 114 航班飞到了苏伊士运河边缘时，F-4 战斗机飞行员接到了攻击的命令。在最后一刻，布歇平静地报告开罗机场塔台的空中交通管制员："我们遭到一架战斗机的射击，我们遭到一架战斗机的射击。"这是开罗机场塔台磁带记录仪记下的最后话音。大约在 14 点 10 分，也就是飞入西奈半岛上空约 10 分钟后，LN 114 航班被 F-4 战斗机 20 毫米口径航炮发射的炮弹击中，在试图紧急迫降时，坠毁在沙丘上。机上共有 108 人丧生，包括利比亚前外交部长和利比亚驻英国大使的妹妹，最后只有 5 人侥幸活了下来。

严重误判酿成惨案

事发后，国际民航组织对以色列的行径进行了谴责。以色列空军则声称，LN 114 航班威胁到了以色利国家的安全，他很有可能是在执行窥探以色列空军基地的间谍任务。在形势如此严峻的情况下，面对 LN 114 航班十分诡异的航迹，且无视多次警告，迫使以军总参谋长大卫·伊拉萨不得不授权断然处置。

在阎锡山的日记中，有这样一段话："突如其来之事，必有隐情，唯隐情审真不易，审不真必吃其亏。"现在，回过头来看，布歇机长出现了数次误判。开始，他不知道已经飞临西奈半岛上空，以为 LN 114 航班仍然在埃及上空飞行。继之，他又错误地将以色列战斗机判断成埃及战斗机。最后，他可能没有预料到一架民航客机会遭到攻击。对于为何无视以色列飞行员的警告的问题，据幸存的利比亚籍副机长回忆：之所以拒绝服从以色列战斗机的指令，是因为双方的敌视关系。

那么，以色列空军在已经分辨出这是一架民用非武装客机的情况下，为什么还执意要将其拿下呢？以色列空军参谋长莫德凯·霍德少将回忆，LN 114 航班由原先的东北航向突然向东折转，偏离正常航线，径直向以色列占领区飞来，"这样一条十分蹊跷的雷达航迹，令人十分困惑不解"。接着，LN 114 航班又飞越了因"六日战争"早已停运的苏伊士运河，而对面的埃及防空部队却没有做出任何反应，这进一步加深了以色列空军对这一不明空情性质所产生的怀疑，即这很可能是一个威胁。霍德说，西奈半岛是以色列最敏感的军事禁区之一，他根本无法相信 LN 114 航班光顾其上空只是一起偶然事件："飞行员越不服从指令，并企图逃离，我就越发怀疑其真实动机。"

看来，不管是 LN 114 航班的机长，还是以色列空军当局，都对面临的情况及对方的意图做出了严重的误判。后来，以色列时任国防部长摩西·达杨称，处置不当是因为对不明空情性质的"错误判断"。如果要进一步深究为何会形成错误判断，将一起并不十分复杂的空情处置成一起惨案，恐怕只能从"非我族类，其心必异"的思维定式中去寻找答案了。

外军不明海空情处置案例之四 ——I

　　1982年5月4日晚,英国特混舰队司令伍德沃德的妹妹和妹夫邀其妻子夏洛蒂,到伦敦骑兵俱乐部用餐。受前两天英军一举击沉阿根廷"贝尔格拉诺将军"号巡洋舰的鼓舞,餐厅里洋溢着轻松恬适的气氛。三人不时娓娓细语,觥筹交错。他们相信伍德沃德在南大西洋不会待得太久,凯旋指日可待。当晚宴进行到一半的时候,夏洛蒂注意到,一位男招待神情严肃,快速地从一张餐桌走向另一张餐桌,似乎在传递着什么重要的消息,餐厅里的气氛也随之发生了微妙的变化。最终来到夏洛蒂桌旁时,他俯下身轻声说道:"我很抱歉地告诉你们,'谢菲尔德'号导弹驱逐舰在马岛外海被击沉了。"消息令伍德沃德的妻子十分震惊。日后,夏洛蒂称,从那一时刻起,她再也不相信有关阿根廷军队不堪一击的宣传了。

决策是否出兵

1982年3月31日夜晚,英国国防大臣约翰·诺特行色匆匆地走进撒切尔夫人在英国下院的书房。他一脸焦虑地告诉撒切尔夫人,阿根廷舰队已经出海,是另一次演习还是入侵马岛的先兆还不得而知。自进入1982年3月之后,英国和阿根廷围绕马岛的主权之争愈演愈烈,双方各不相让,剑拔弩张。

1982年4月2日,阿根廷军队约4000人突击了马岛首府斯坦利港,与78名守岛英军海军陆战队员和约120名守岛防卫队员进行激战。约2小时后,阿根廷军队占领了马岛。在讨论形势和商议对策时,英国军方存在两种不同的意见,一种认为应立即出兵收复马岛;另一种则反对出兵。持后一种意见的大多是英军高层。英国陆军认为,由于在陆地上,英军力量并不占优势,因而使用军事手段夺回马岛并不现实。英国空军认为,考虑距离遥远,空军无法在军事行动中发挥应有的作用。没有空中力量的支援与配合,面对空中打击,英军海上力量难以生存。英国国防部也不倾向于出兵,因为手上没有有关马岛的应急作战计划,英军无法及时赶到马岛。而且即使到达马岛海域,空军的现代战机无处降落,无法为其加油和装载弹药,也无法进行维护和修理。此外,英军对阿根廷军队的了解十分有限,如对阿根廷海军和空军的军力了解,只能借助《简氏军事通信年鉴》。英国的重要盟友——美国海军认为,从军事上讲,英军重新夺回马岛是不可能的。

英国首相,以"铁娘子"著称的撒切尔夫人,在做出决断前,很不轻松。后来,她在回忆决策过程时写道:"随着局势的不断恶化,我召集数名部长和助手商议对策。一旦马岛遭到入侵,我知道自己该做什么——'我必须让他回去'……（不过）在政治领域，通常不是我们该做什么？而是我们如何做什么？马岛距离英国有 3 周的海上航行时间，即对阿根廷而言，有 3 周的预警时间。那里的海况复杂，那里没有英国的空军基地……助手们对出兵的胜算并不乐观。但是，能让英国奉行绥靖政策吗？绝不能。"可是，撒切尔夫人知道，强硬外交必须以强大的军事实力做后盾。在国防部态度暧昧的情况下，究竟该如何决断呢？时间一分一秒地流逝，会议已持续了数小时，泰晤士河畔的大本钟敲响了午夜的钟声。

夜色中，在议会下院大门外，来了一个穿着军装的人要见国防大臣。值勤警察让他坐在门厅的一张椅子上等候。"党鞭"办公室的一位官员无意中看见了这位军人，这不是英国第一海军大臣亨利·林奇吗？怎么像一名商人一样被安排坐在那里等候？他差人去找国防大臣的同时，请林奇到自己的办公室喝一杯威士忌加苏打水。

撒切尔夫人获悉林奇到来，立即把他请进办公室。"第一海军大臣，如果发生侵略，准确地讲，我们能做什么呢？"撒切尔夫人直奔主题。林奇充满信心地答道："我能组建一支由驱逐舰、护卫舰、登陆舰和支援舰组成的特混舰队。他们可以由'竞技神'号（也译作'赫尔墨斯'号）和'无敌'号航空母舰率领，在48小时内做好出发准备。"

撒切尔夫人松了一口气，继之以不容置疑的口吻说道："那就照你说的办。"随即，撒切尔夫人在伦敦宣布成立战时内阁，决定派一支特混舰队去南大西洋收复马岛。1982年4月5日，英军仅有的2艘航空母舰"竞技神"号和"无敌"号从朴次茅斯港出发，全速驶向南大西洋。两天后，英国国防大臣诺特宣布，沿马岛周围200海里（约370千米）设置"海上禁区"，并于格林尼治时间1982年4月12日早晨4点起，任何进入"海上禁区"的阿根廷军舰及辅助舰只，都将遭到攻击。同一天，法国、联邦德国和比利时宣布对阿根廷实施武器禁运。后来，美国也宣布停止向阿根廷出售武器及军事装备，并对阿根廷实施经济制裁，同时声称，将在政治上和物资上支持英国。阿根廷飞机和导弹等军事装备采购、保障与维修的供应链被切断。

1982年4月8日，阿根廷政府针锋相对，宣布沿大陆海岸线以外200海里（约370千米），沿马岛周围200海里（约370千米）设置"海上禁区"。1982年4月28日，英国国防部宣布，从格林尼治时间4月30日11点起，英国特混舰队将对马岛周围200海里（约370千米）的海上和空中实施全面封锁。第二天，阿根廷宣布，在其领海所有悬挂英国国旗的军舰，以及在其领空飞行的英国飞机都将被视为敌对的。

1982年5月1日凌晨1点30分（"祖鲁"时间，下同。"祖鲁"时间是英国本土司令部与英国特混舰队约定的用于相互对表的时间。采用"祖鲁"时间，可以避免或减少制订作战计划、相互沟通联络时可能产生的时间差错。对英国特混舰队而言是1982年5月1日凌晨1点30分，对应布宜诺斯艾利斯时间则是前一天22点30分。虽说如此一来，英国特混舰队每天比阿根廷军队晚上早睡3小时，早上早起3小时，但好处是，英国特混舰队每天都比对手提前3小时做好作战准备），英国特混舰队司令伍德沃德少将的旗舰"竞技神"号航母穿越了边界线，进入阿根廷在马岛周围设置的"海上禁区"［较之英国，阿根廷划设的"海上禁区"向外移约60海里（约111千米）］，马岛战争拉开了帷幕。3小时后，英国"火神"轰炸机轰炸了马岛斯坦利港机场及其军事设施，阿根廷出动战机向英军特遣舰队发起猛烈的反击。第二天，英国"征服者"号潜艇在禁区外，用2枚"马克8"鱼雷击沉了阿根廷13500吨级的"贝尔格拉诺将军"号巡洋舰，舰上官兵中有320余人失踪，马岛战争全面爆发。

英军排兵布阵

1982年5月4日，按计划，英国特混舰队的目标是，进入"海上禁区"的东南扇区，继续对马岛上的阿根廷守军施压，并寻机持续削弱阿根廷海空力量。继1982年5月2日，英国潜艇击沉"贝尔格拉诺将军"号巡洋舰之后，阿根廷水面舰队就失去了踪迹。伍德沃德预计，阿根廷军队很快会进行报复,而最大的威胁将来自空中打击,尤其是"超级军旗"攻击机使用"飞鱼"反舰导弹的攻击。依据情报部门提供的信息,伍德沃德粗略估计,阿根廷航空兵大概有 5 枚"飞鱼"反舰导弹,在与特混舰队的对抗中,其中 1 枚可能会因各种原因无法使用,2 枚在发射后,可能不会命中目标,剩下 2 枚,即使命中,可能也不会命中目标要害。

不过,在具体应对上,伍德沃德没有掉以轻心,他将特混舰队列成标准的防空战斗队形。以航母为核心,设置了 4 道防线。在第一道防线上部署了 3 艘 4000 吨级的 42 型导弹驱逐舰作为雷达警戒哨舰,分别是位于"竞技神"号航母右前方的"考文垂"号导弹驱逐舰,舰长是戴维·哈特·迪克;位于"竞技神"号航母左前方的"谢菲尔德"号导弹驱逐舰,舰长是山姆·赛特;位于"竞技神"号航母正前方的"格拉斯哥"号导弹驱逐舰,舰长是鲍尔·霍迪诺特。这 3 艘导弹驱逐舰装备了 UAA-1 "教堂山"雷达侦察和测向系统,965 "床架"对空警戒雷达,992 导航、目标指示雷达和 909 照射、跟踪雷达,2 部"乌鸦座"箔条火箭弹发射器,以及电子干扰机。武器装备有 1 套双联装"海标枪"防空反导系统,1 门 4.5 英寸(约 11.43 厘米)的大炮,2 门 20 毫米加农炮,6 具鱼雷发射管和 1 架"大山猫"直升机。几周前,在直布罗陀举行的实弹演习中,"谢菲尔德"号导弹驱逐舰使用"海标枪"防空反导系统首次击落了导弹目标,显示了其不凡的水平。伍德沃德将 3 艘现代化的主力战舰部署在最前沿,是为了确保航母编队的安全和稳定。第一道防线任务最重,处境也最危险。

在第一道正面的防线之后,约 18 海里(约 33 千米)处,由护卫舰"箭"号、"雅茅斯"号和"活泼"号,以及 8000 吨级的导弹驱逐舰"格拉摩根"号组成第二道防线。在其后面,由辅助舰"奥拉米德"号、"资源"号和"福特奥斯汀"号组成第三道防线,用以进一步迷惑来袭敌机的雷达。最后,是由 2 艘 22 型护卫舰守护的航母。"华美"号护卫舰护卫"无敌"号航母,舰长是约翰·科沃德;"大刀"号护卫舰护卫"竞技神"号航母,舰长是比尔·坎宁。这 2 艘 4400 吨级的护卫舰,主要用于反潜作战,并装备了新型"海狼"近程防空反导系统。在反导实弹试验中,其曾击落了高速飞行的 4.5 英寸(约 11.43 厘米)的炮弹,赢得了良好的声誉。伍德沃德指望"海狼"近程防空反导系统优良的性能，可以对付体积更大、飞行速度更慢的"飞鱼"反舰导弹。

伍德沃德摆出的这一航母编队阵型，是经典的防空战斗队形，是英国海军作战实践的提炼总结，并考虑了在南大西洋海域作战的具体情况。与经典队形不同之处在于，该阵型充分考虑了没有空中预警支援的现实情况，并采取了相应的补救措施。编队中所有侦察预警设备严阵以待，24小时全天候运作，以航母为核心，尽可能构成远程、中程、近程，高空、中空、低空相互衔接覆盖的侦察预警网。通过无线电通播网和图像传输网，侦察预警信息可以在编队中互通、共享。

阿军准备攻击

1982年5月4日早晨，依据阿根廷军队前3天的顽强作战表现，"格拉斯哥"号导弹驱逐舰的舰长鲍尔·霍迪诺特判断，当天，阿根廷会从空中使用"飞鱼"反舰导弹发起攻击。鲍尔在当天的日记中写道："今天，我们可以预期一场全面的报复攻击。从我们的角度最令人担心的和从他们的角度最令其神往的是'超级军旗'攻击机与'飞鱼'反舰导弹。" 不过，阿根廷"超级军旗"攻击机发起攻击的具体时间却难以预测。为了应对当天可能的袭击，鲍尔下令，在白天禁止使用卫星通信设备，以免干扰电子侦察设备的正常工作。

形势高度紧张，虚警问题也随之而来。特混舰队舰载雷达显示屏出现的各类目标回波，如一群海鸥、一只信天翁，甚至一头吐水的鲸鱼，都会使高度紧张的雷达操纵员反应过度，它们看上去都好像是发射的导弹。两群完全不相干的海鸟，经雷达扫描周期的调制，看上去如同一批时速为50节（约每小时93千米）的空中目标向军舰飞来。在不同的方位上，截获到的每一批目标回波，都像是所担心的威胁。这就是实战效应，万一它的确是一枚导弹，谁能承担得起要负的责任呢？

伍德沃德将特混舰队防空指挥的任务，交给了"无敌"号航母的舰长杰利威·布莱克。当天，天还没亮，"无敌"号航母就接到了一连串各种威胁预警的报告。"确认一下""重复一遍""核实""确证"这些表示质疑的短促命令，不时从"无敌"号航母的防空指挥战位发出。久而久之，防空指挥员和战勤人员对各种没有实际结果的预警产生了怀疑。整个上午，天空晴朗，阳光照耀着平静的大海，并没有出现什么真正的威胁。

在英军特混舰队午餐前，阿根廷海军航空兵第二小队的 2 架"超级军旗"攻击机，从阿根廷火地岛的里奥格朗德空军基地一跃而起。"超级军旗"是一款法国产攻击机，最引人注目的是，它能挂载 AM-39"飞鱼"反舰导弹。1979 年，阿根廷从法国定购了 14 架"超级军旗"舰载型攻击机，并计划购买和装备 10 个小队。到马岛战争爆发时，阿根廷实际只拿到了 5 架"超级军旗"攻击机和 5 枚 AM-39"飞鱼"反舰导弹。飞行员平均飞行时间只有 90 小时，还没有来得及接受发射"飞鱼"反舰导弹的改装培训，法国专家就被召回国了。

当日驾机的是两名精心挑选的优秀飞行员，奥古斯塔·彼得克拉兹少校和阿蒙得·梅约拉上尉。当飞机爬升到 5000 英尺（约 1524 米）高度时，飞行员调节油门，使飞行速度降到 400 节（约每小时 741 千米），以节省燃油。为了完成 860 海里（约 1593 千米）的往返飞行，"超级军旗"攻击机的左翼下挂着一个副油箱，而其右翼下挂着 1 枚"飞鱼"反舰导弹。"飞鱼"反舰导弹长 15 英尺（约 4.6 米），全重为 1430 磅（约 649 千克），战斗部重 360 磅（约 163 千克），导弹射程 30 海里（约 56 千米）。"飞鱼"反舰导弹采用 2 级固态燃料火箭发动机，燃烧时间约 150 秒，可以使导弹速度达到 0.93 马赫（约每小时 1139 千米），其撞击速度可以达到 650 节（约每小时 1204 千米）。这种低空飞行的导弹，可以对任何舰只造成致命的损害。

在距离阿根廷海岸线约 150 海里（约 278 千米）处的上空，一架经改装的 C-130"大力神"加油机正在盘旋，准备为 2 架"超级军旗"攻击机加油。一架"海王星"海上巡逻机负责搜索英国特混舰队的位置，并引导"超级军旗"攻击机进入加油阵位。空中加油是一项难度不小的技术活，两天前，即 1982 年 5 月 2 日，阿根廷战机就因在加油环节没有把握好，不得不放弃长途奔袭任务。不过，今天空中加油成功了。2 架"超级军旗"攻击机采取密集编队和保持无线电静默的方式朝东，向英国特混舰队方向飞去。飞行员逐渐降低飞行高度，最后，在距离海面只有 50 英尺（约 15 米）的高度上飞行。受地球曲率的限制，特混舰队舰载雷达探测不到飞得如此低的目标。

在特混舰队的午餐时间，2 架"超级军旗"攻击机到达了位于特混舰队以西约 150 海里（约 278 千米）处。在这片海域，天空明净，有利于飞行员低空贴着海浪波峰飞行。"超级军旗"攻击机的机载雷达是法国制造的"龙舌兰"雷达，工作在 I 频段，是一种多功能、单脉冲雷达，可以执行对海和对空搜索、跟踪任务，并能将雷达获取数据传送给"飞鱼"反舰导弹制导系统。此时，"龙舌兰"雷达已经开机，处于预热状态。

"飞鱼"命中目标

13 点 30 分，"格拉斯哥"号导弹驱逐舰正位于特混编队最前沿，舰长霍迪诺特坐在作战室中央的一张可旋转的高椅上。和其他战勤人员一样，他戴着用黄色石棉材料制成的防护头罩和长手套，用以在遭遇导弹及炸弹爆炸冲击波时，保护头部、脸部和手部不被烈焰灼伤。此刻，特混编队处于"白色"空袭警戒级别。英军在二战中制定了区分和应对空袭威胁的不同警戒级别，"白色"意味着没有明显的空袭征候；"黄色"意味着发现空袭飞机，人员必须各就各位；最高级别"红色"意味着空袭迫在眉睫，各战位应立即采取相应行动。

13 点 56 分，2 架"超级军旗"攻击机突然跃升到距海面 120 英尺（约 37 米)的高度。彼得克拉兹驾机保持平飞状态，迅速瞄了一眼雷达显示屏，他的右手慢慢地放到了发射"飞鱼"反舰导弹的按钮上。在一侧飞行的梅约拉如法炮制。

13 点 56 分 30 秒，在"格拉斯哥"号导弹驱逐舰上的水兵罗斯，厉声发出了防空警报："'龙舌兰'雷达！"

"置信水平？"防空长尼克·霍克雅德立即问道。

"确定。"罗斯回答，"我扫描到 3 次，接着是 1 次短暂的跟踪。方位……2-3-8，工作模式，搜索。"

舰长霍迪诺特闻声一个机灵，猛地转身，朝向罗斯值守的 UAA-1"教堂山"雷达侦察和测向系统显控台，显示屏上的一条目标方位指示线清晰可见，霍克雅德所在的显控台给出的相应距离是 45 海里（约 83 千米）。

"辐射消失。"罗斯报告。

霍克雅德喊道："防空长呼叫观察长——立即进入战位！"

在舰桥上，观察长戴维·柯达得上尉立即按下内部广播按钮："各战位行动！"的声音传遍全舰。

霍克雅德打开超高频无线电台向所有舰只发出警报："闪电！这是'格拉斯哥'，'龙舌兰'……方位 238……关联批号 1234……方位 238……距离 40……'无敌'号，完毕。"

"无敌"号航母回复："明白，完毕。"

"再次截获'龙舌兰'……方位 238。"罗斯喊道。坐在罗斯身旁的电子战长确认了罗斯的发现。依据方位指示，负责对空搜索的雷达操纵员，在 238 度方位，也发现了目标回波："威胁目标 2 批。方位 238，距离 38 海里（约 70 千米），批号 070，速度 450 节（约每小时 833 千米）。"

"可以肯定这是 2 架'超级军旗'攻击机。突然跃升高度，可能要发射导弹。"霍克雅德向霍迪诺特报告。"格拉斯哥"号导弹驱逐舰已经升至

"红色"空袭警戒级别,并做好了各项作战准备。

霍克雅德发出的"箔条准备!"的命令声在作战室回响。军士长简·阿米斯完成了2部"乌鸦座"箔条火箭弹发射器的应急发射准备。

通过无线电通播网,霍克雅德再次向特混编队各舰通报:"这是'格拉斯哥'号……"当他开始发话时,突然想起,应该说"手刹杆"(英军特混舰队代指"龙舌兰"雷达的暗语),于是,他改口喊道:"'手刹杆',方位238。"

负责空情监视的上等兵奈文,通过10号数据链将来袭的1234批和1235批目标,发送给每艘舰只。他见电子战兵海威赫站在身旁,立即把手头工作移交给他,自己转身沿着扶梯飞也似地窜上甲板,准备重新装填箔条火箭弹。奈文后来在回忆往事时说:"在我的一生中,从未跑得如此之快。"

这期间,霍克雅德转用超高频电台,试图说服"无敌"号航母防空指挥员,这次是真的,而且很严重,绝对不是一次虚警。但是,他没有成功。

他只得再次呼叫:"这是'格拉斯哥'号,批号1234,1235,方位238,距离35,强度2,快速逼近。1234批与'手刹杆'方位相关。'无敌'号,完毕。"

当天上午,"无敌"号航母防空指挥员已经处置了三四起类似的预警报告。在没有充分可信证据的情况下,他不想让编队无谓消耗正在迅速下降的箔条火箭弹库存。他要求"格拉斯哥"号导弹驱逐舰进一步提供证据。

"格拉斯哥"号导弹驱逐舰已经开始发射箔条火箭弹。此刻,罗斯再次喊道:"'手刹杆',工作模式,跟踪。"霍迪诺特敏锐地感觉到,"飞鱼"反舰导弹发射在即,组织防卫刻不容缓。他命令在舰桥上的观察长:"左打舵025,调整航行速度与风速同速。"其目的是使"格拉斯哥"号随着箔条云的飘移而移动,使其始终处于箔条云的有效覆盖掩护之中。

14点02分，距离第一道防御线约23海里（约43千米）处，2名阿根廷飞行员按下了导弹发射按钮，然后，迅速向左改出。"飞鱼"反舰导弹离机后，按照惯性制导飞行，距离海面的高度不到30英尺（约9米）。由于"超级军旗"攻击机已飞临作战半径极限，2名飞行员没有时间分辨瞄准的是哪艘舰只，只知道目标回波大致在其右侧。两人驾机改出后，重新贴着海面向西飞去。

两批目标回波出现在"格拉斯哥"号导弹驱逐舰的雷达显示屏上，它们非常小，间歇闪现，在显示屏上快速穿行。

"紧急！大家伙！来袭。方位238，距离12。"霍迪诺特下令使用"海标枪"防空导弹击落来袭目标。霍克雅德命令枪炮长阿米斯，用"海标枪"防空导弹射击1234批和1235批。可是，"海标枪"火拉雷达无法在这样的距离上跟踪转瞬即逝的弱小目标。虽竭尽全力捕捉，小目标回波还是完全消失了。霍迪诺特舰长大怒，指挥室被沮丧的气氛笼罩。霍克雅德再次向"无敌"号航母呼叫，并建议立即派2架"海鹞"战斗机前往导弹发射空域，歼灭来袭敌机。然而，"无敌"号航母作战室认为，"格拉斯哥"号导弹驱逐舰发出的空袭警报并不是真的。

霍克雅德非常绝望，几乎在对无线电台发吼："敌情！编队正在遭遇攻击！目标批号1234和1235，方位和距离与'手刹杆'相关"。然而，"无敌"号航母仍然无动于衷……

阿米斯疯狂地操纵着"海标枪"防空反导系统，可是有心无力，徒劳无功。阿米斯不再抱幻想，准备听天由命了。依据导弹的飞行速度，舰长霍迪诺特第一个意识到"格拉斯哥"号导弹驱逐舰已经脱险了，顿时如释重负。的确，一枚导弹失去控制，另一枚朝"谢菲尔德"号导弹驱逐舰方向飞去。

千钧一发之际，"谢菲尔德"号导弹驱逐舰的舰长山姆·赛特不在作战室，他的舰只也没有发射箔条火箭弹。霍迪诺特事后回忆，他当时心急如焚，"不知道'谢菲尔德'号导弹驱逐舰到底发生什么事了？"

14点03分,站在"谢菲尔德"号导弹驱逐舰桥上负责观察的彼得·沃卜和布列·雷修上尉,发现在舰首右前方海面上有一小团烟迹,高度约6英尺(约1.8米),距离约1海里(约1.85千米),正冲舰而来。他们中的一人对着广播大喊:"导弹攻击!直冲甲板!"

14点04分,一枚"飞鱼"反舰导弹击中"谢菲尔德"号导弹驱逐舰右舷中部高于水线几英尺的位置,形成了一个4英尺×15英尺(约1.2米×4.5米)的大洞。导弹贯穿了辅助机械室和前发动机舱,造成的损坏一直波及舰桥下层结构设施,大火引燃了弹体泄漏的燃油,令人窒息的浓烟充斥着舰只中部。消防水压降为零,舰只已无法驾驶。这是自二战以来,英国海军被敌人导弹击中的第一艘舰只,舰勤人员阵亡20人,伤24人。

外军不明海空情处置案例之四
——II

阿根廷"超级军旗"攻击机发射"飞鱼"反舰导弹，击中英军"谢菲尔德"号导弹驱逐舰，英军特混舰队作战部署被打乱。当此之下，首先要进行危机控制；其次，要冷静分析阿根廷采用了什么样的攻击战术，特混舰队可以赢得多长的预警时间，"谢菲尔德"号导弹驱逐舰遭攻击时处于什么状态，为何"海标枪"防空反导系统没有发挥作用……英军特混舰队进行了全面深刻的作战检讨，并采取针对性措施，改进和完善各项作战准备，终于化危为机。

危机控制

1982年5月4日14点07分,"竞技神"号航母作战室,正与一名参谋讨论当晚计划的伍德沃德,突然收到一份报告:"'谢菲尔德'号导弹驱逐舰遭受一次爆炸。"报告没有更明确和更具体的内容。

是什么原因引起的爆炸?是着火引发的气瓶爆炸?还是鱼雷?抑或是导弹?如果是遭到了攻击,为什么"无敌"号航母没有提升空袭警戒级别?"竞技神"号仍处于"白色"空袭警戒级别。伍德沃德将各种可能性在脑子里过了一遍后,问了一句:"我们仍与'谢菲尔德'号导弹驱逐舰保持通信联络吗?"一人回答:"是的,将军。"

此时,位于第二道防线的"箭"号和"雅茅斯"号护卫舰开始向"谢菲尔德"号导弹驱逐舰运动,"格拉斯哥"号导弹驱逐舰离开阵位,驶向"谢菲尔德"号导弹驱逐舰,巡逻直升机也向"谢菲尔德"号导弹驱逐舰方向飞去。

伍德沃德知道出事了,他脑子里闪过一个念头,如果是一枚导弹所为,那么,另一枚导弹很可能会接踵而来。伍德沃德立即向"格拉斯哥"号导弹驱逐舰发出指示:"停止向'谢菲尔德'号靠拢。让其他舰只救援。调整所在位置,确保对'谢菲尔德'号实施掩护。"接着又向"箭"号护卫舰发出指示:"负责现场救援。由'雅茅斯'号护卫舰和直升机支援你。"过了几分钟之后,伍德沃德收到了"谢菲尔德"号导弹驱逐舰的第二份报告,该舰已被敌人导弹命中。"无敌"号航母也向每艘舰只发出信息:"我们遭到了'超级军旗'的攻击。确认是一架'超级军旗'的攻击。可能使用了'飞鱼'反舰导弹。"

相关信息不断传来,"竞技神"号航母作战室内的紧张气氛开始升温。

一位参谋脱口而出："将军，你必须做点什么。"伍德沃德泰然自若地回答道："不……让他们处置。"

"谢菲尔德"号导弹驱逐舰是特混舰队中的主力战舰，价值近 5 千万美元。战争才刚刚开始，就遭如此严重打击，身在现场的人感受到的震惊和切肤之痛，要远甚于远在伦敦骑兵俱乐部用餐的人的感受，很自然地在特混舰队青年军官中产生了一种强烈的复仇情绪，要求使用一切力量立即回击阿根廷的攻击。但是，作为身负重任的战役指挥员不能这么做。伍德沃德不能忘记自己肩负的重要使命：摧毁或者压制敌人的海空力量；将登陆部队安全送上岸；为登陆作战提供一切可提供的支援，以夺回马岛。在目前的形势下，他必须冷静观察，审时度势，做出客观的判断。伍德沃德努力控制自己，不让情绪失控，被环境和愤怒牵着鼻子走。阿根廷战机发起突袭，其战略目的就是要破坏特混舰队的稳定性，使特混舰队陷入混乱，为在后续战斗中击溃特混舰队创造条件。伍德沃德希望通过镇定自若的表现，营造一种临危不乱、充满自信的气氛，来感染身边的参谋人员，并通过他们传递给每艘舰只的作战室及舰勤人员。

伍德沃德思忖，战争爆发刚 4 天，第一道防线就损失了一艘雷达警戒哨舰，虽然并非超出预料，而且今后肯定还会出现类似的损失，但是，当下的主要问题是，第一道防线出现了缺口，第二道防线中的 2 艘护卫舰前出救援，也出现了一个缺口。在旗舰左翼的救援行动，也牵扯了特混舰队许多作战资源。若站在对手角度考虑，很可能会利用特混舰队防御失衡，作战重心偏移之际，再次发起协同进攻。因此，必须马上调整作战部署，重新构建海空情侦察预警体系，堵住出现的缺口和漏洞。伍德沃德一边调整部署，一边下令编队向东移动，远离阿根廷战机攻击半径范围。

尽管救援力量竭尽了全力，但"谢菲尔德"号导弹驱逐舰的火势并未得到控制。大火无情地向"海标枪"防空反导系统弹药库蔓延。在这个节骨眼上，"雅茅斯"号护卫舰的声呐操纵员探测到一枚鱼雷，"雅茅斯"号护卫舰不得不中止救援，转而搜寻发射鱼雷的潜艇。整个下午，"雅茅斯"号护卫舰声呐操纵员先后探测到 9 枚鱼雷，可是，猎潜行动却一无所获。无疑，这严重干扰了救援行动。事后，经分析推断，声呐操纵员侦听到的是橡皮艇马达及螺旋桨产生的噪声，橡皮艇当时正在"谢菲尔德"号导弹驱逐舰旁边穿梭救火。不过，"雅茅斯"号护卫舰舰长不认可这种解释，而且在多年之后他仍然不信。

"谢菲尔德"号导弹驱逐舰弹药库爆炸的危险越来越大，赛特舰长不得不下令弃舰。赛特撤到"竞技神"号航母的甲板上，抑制住眼中的泪水向伍德沃德报告。伍德沃德只淡淡地说了句："我想是某人致命的疏忽所致。"对"谢菲尔德"号导弹驱逐舰的后续处置问题，伍德沃德并不想将其拖回，而是有意留给对手去处置。阿根廷的潜艇很可能正在向"谢菲尔德"号导弹驱逐舰附近水域运动，以攻击特混舰队前来救援的舰只。依据这一判断，伍德沃德做了相应的安排，只等阿根廷潜艇上钩。不过，阿根廷潜艇最终并未出现。

处置常态

海上作战环境十分复杂，不明海空情处置是一个动态过程，原有的不明海空情处置完，还会不时涌现出新的不明海空情。1982 年 5 月 6 日和 7 日，英军特混舰队就因不明海空情处置不当，遭到了意外的打击，并蒙受了损失。

1982 年 5 月 6 日早晨，特混舰队位于海上禁区东部边缘外侧。天气条件不好，中低空飘着团团云层，能见度很差。11 点前后，从"无敌"号航母起飞、在空中巡逻的 2 架"海鹞"战斗机接到指令，在海上编队的南方发现一批低空目标，"目标批号 250，快！"2 架"海鹞"战斗机随即俯冲而下，朝目标方向飞去。可是，从此再也没有发现这 2 架"海鹞"战斗机。11 点 25 分，"无敌"号航母报告，与"海鹞"战斗机的 2 名飞行员失去了联系。英军虽然立即组织了搜救行动，却一无所获。事后判断，当 2 架"海鹞"战斗机俯冲到低空搜索目标时，因能见度不好，发生了相撞，直接坠入了海中。英军特混舰队一下损失了 2 名优秀的飞行员，以及十分之一的"海鹞"战斗机,这让伍德沃德懊恼不已。因为依据事后分析,水面舰只或巡逻直升机发现的低空目标是一次虚警,这不是战斗巡逻应该关注的事情,所以这次损失非常不值。

空情虚警过去了,海情虚警又出现了。特混舰队对海搜索雷达不时观察到海面上的目标回波,并引导火控雷达对其进行跟踪,但都无果而终。如此,反反复复,一整天都气氛紧张,战勤人员不胜其烦。

1982年5月7日,"谢菲尔德"号导弹驱逐舰仍在燃烧,舰只外表剥裂严重,但下沉迹象还不明显。"竞技神"号航母接到"发现一艘潜艇回波"的报告,这令伍德沃德十分兴奋,以为阿根廷上钩了。不过,后来证实,那只是一条造访"谢菲尔德"号导弹驱逐舰的鲸鱼。

天黑时分,海上升起大雾,英军特混舰队仍然逗留在海上禁区东部边缘外侧。18点07分,"无敌"号航母接收到置信度很高的空袭预警,在特混舰队西北方向发现来袭目标,但并不知晓是"堪培拉"还是"幻影"攻击机,是"天鹰"还是"超级军旗"攻击机。按常理,在这样的雾天,阿根廷战机是不会出动的。恰巧,此时天空中的雾团散开了一个空隙,于是,"无敌"号航母命令2架"海鹞"战斗机升空拦截。半小时后,经重新评估,防空指挥员确认这是一次空情虚警。然而,此时空中的雾团已经弥漫开来,合拢了原先的空隙,两架"海鹞"战斗机消失在了大雾之中,根本看不见航母的飞行甲板。好在对空警戒雷达显示屏上能够显示"海鹞"战斗机在空中的位置,只能寄希望于在下一次雾团散开之前,"海鹞"战斗机的燃油不至于燃尽,或者万不得已时,让飞行员弃机跳伞。不过,若是这样,英军将再失2架宝贵的战斗机,这对空中力量本来就不足的英军而言无疑是灾难。万幸的是在夜幕完全降临之际,灰暗的云雾中又裂开了一个空隙,能见度正好可以使2架"海鹞"战斗机返回航母。3小时后,对海搜索雷达探测发现的不明目标回波,像麻疹一样分布在雷达显示屏上,雷达操纵员不得不使出浑身解数,对其进行分析识别,防止放过任何一个可能的真实威胁。其实,这些令人生畏的水面回波都是虚警。在1982年5月6日和7日两天,阿根廷没有向英军特混舰队发起攻击行动。

作战检讨

阿根廷使用 2 架"超级军旗"攻击机和 2 枚"飞鱼"反舰导弹，给了英军特混舰队一个下马威。伍德沃德原以为对"超级军旗"攻击机和"飞鱼"返舰导弹已经很了解了，但现在看来并非如此。阿根廷手上还有 3 枚 AM-39"飞鱼"反舰导弹，在后续作战中，阿根廷航空兵肯定会使用这 3 枚"飞鱼"反舰导弹，向英军特混舰队的核心——航母，发起更凶猛的攻击。如果其中 1 枚击中"无敌"号或"竞技神"号航母，后果将不堪设想。在出征前，伍德沃德与英军舰队总部有过一个默契，即在 2 艘航母中，无论哪艘遭到严重损毁，都有可能不得不放弃夺回马岛的作战行动。为了防止灾难发生，英军特混舰队必须进行全面深刻的作战检讨。

阿根廷采用了什么样的攻击战术？阿根廷采用的是低空、高速和密集编队攻击战术。低空飞行可以规避防空雷达探测，高速飞行可以缩短在防空火力杀伤区的逗留时间，密集编队飞行可以使防空武器系统的火控计算机难以区分具体目标，以致无法实现火力分配和打击。在到达攻击阵位之前，"超级军旗"攻击机保持无线电静默，由"海王星"巡逻机为其提供目标引导。在到达距离特混舰队第一道防线 40 至 50 海里（约 74 至 93 千米）时，其突然跃升，即从 50 英尺（约 15 米）的高度跃升到约 200 英尺（约 61 米）的高度，迅速打开雷达搜索目标，持续时间不到 2 分钟。接着，又回到 50 英尺（约 15 米）的高度掠海飞行。飞越约 20 海里（约 37 千米）后，其再次跃升，打开雷达进行第二次目标搜索，持续时间不到 1 分钟，并向捕捉到的第一个目标发射导弹。之后，立即改出，回到掠海飞行状态返航。

特混舰队可以赢得多长的预警时间？英军舰载电子侦察设备可以在"超级军旗"攻击机"龙舌兰"雷达开机时，截获其辐射信号，进行分选识别后，可以引导舰载雷达在"超级军旗"攻击机重新回到低空之前，扫描到几次，形成航迹。如此，大约可为特混舰队提供 4 分钟的空袭预警时间。这是特混舰队防空链条中的首要环节，也是关键环节。在之后的 4 分钟时间里，各舰作战室下达的一系列指令是否及时、准确，以及箔条火箭弹、防空反导武器系统等效能发挥与否，将最终决定一艘遭攻击战舰的命运。显然，"格拉斯哥"号导弹驱逐舰反"飞鱼"反舰导弹的作战过程具有典型示范作用。

"谢菲尔德"号导弹驱逐舰处于什么状态？在遭遇"飞鱼"反舰导弹攻击的关键时刻，"谢菲尔德"号导弹驱逐舰舰长赛特并不在作战室。午餐之后，他回到自己的舱室休息去了。"谢菲尔德"号导弹驱逐舰的电子侦察设备没有侦收到"超级军旗"攻击机的雷达辐射信号，雷达也没有探测到"超级军旗"攻击机。原因可能是正在使用通信卫星终端收发报，以致影响了电子侦察设备和雷达设备的性能发挥。战勤人员没有听见和看见"格拉斯哥"号导弹驱逐舰发出的音频和视频告警信号，或者如同"无敌"号航母一样，对告警信号持怀疑态度，认为是虚警。结果既没有报告舰长，也没有提升防空警戒级别，更没有发射箔条火箭弹。还有一种可能，"格拉斯哥"号导弹驱逐舰提供的威胁方位是 238 度，而相对于"谢菲尔德"号导弹驱逐舰大约是 300 度，即"谢菲尔德"号导弹驱逐舰的雷达操纵员应加强对后一方位的探测搜索，或许因人工转换不同坐标方位耽搁，而错失了捕捉到转瞬即逝目标回波的时机。总之，"谢菲尔德"号导弹驱逐舰在导弹即将命中之前，对威胁没有做出任何反应。

为什么"海标枪"防空反导系统没有发挥作用？"海标枪"防空反导系统是一种中高空中程拦截武器，采用全程雷达半主动寻的制导，射程约 40 海里（约 74 千米）。发射试验时曾击落过时速为每小时 1500 英里（约 2414 千米），高度为 51000 英尺（约 15545 米）的目标。它的弱点是抗击低空目标的能力不强。此外，阿根廷拥有"海标枪"防空反导系统，对其性能，即强点和弱点，很了解。"超级军旗"攻击机飞行高度低，而且在"海标枪"防空反导系统杀伤区的逗留时间不到 1 分钟，"海标枪"防空反导系统根本来不及做出反应，这是"格拉斯哥"号导弹驱逐舰拦截"飞鱼"反舰导弹失利的主要原因。

"超级军旗"攻击机是从哪个方向进入的？他们是如何到达发射阵位的，舰载电子侦察设备和雷达的最远发现距离在哪里？"谢菲尔德"号导弹驱逐舰当时处于什么状态？"谢菲尔德"号导弹驱逐舰的装备出了什么问题？防空反导作战程序是否合理？各项战斗操作是否到位？通过详细分析梳理这些问题，英军特混舰队认真检讨作战失利原因，并采取针对性措施，改进和完善各项作战准备，以利再战。

化危为机

　　通过"谢菲尔德"号导弹驱逐舰事件，英军特混舰队更加深刻地理解了空袭预警"白色"警戒级别的真实含义。"白色"警戒级别并非表明没有来袭敌机，而是表明尚未探测到敌机，二者之间存在巨大差异。例如，"格拉斯哥"号导弹驱逐舰开始处于空袭预警"白色"警戒级别，3秒之后，就探测到来袭的"超级军旗"攻击机。3分钟之后，"超级军旗"攻击机就发射了"飞鱼"反舰导弹。可见，空袭预警"白色"警戒级别并非平安无事，舰勤人员必须随时做好作战准备。

　　实战表明，阿根廷也有其致命弱点。英军特混舰队构建的绵密侦察预警探测网，迫使来袭敌机不得不放弃对中高空域的运用，只能使用低空和超低空空域。由于开战前，阿根廷没有及时加长斯坦利港的机场跑道，没有应急建设和完善飞行保障设施，致使阿根廷战机只能从沿海的两个陆地机场起降，出海作战半径大为缩减。低空、超低空飞行的燃油消耗大，进一步缩减了战机的作战半径，严重制约了阿根廷战机作战效能的发挥。超低空掠海飞行带来的另一个问题是，需要靠飞行员目视观察导航。如此，在夜晚和不良气象条件下，阿根廷战机就无法出动。英军特混舰队摸索出这些规律后，在拟制作战计划和实际应对时更加得心应手。

　　"谢菲尔德"号导弹驱逐舰事件促使英军特混舰队改进和完善电子对抗措施。英军舰只装备了杂波干扰机和欺骗干扰机。在雷达侦察和测向系统的引导下，正确操作杂波干扰机可以干扰敌机的搜索雷达，以破坏其对目标的发现和定位。正确操作欺骗干扰机可以诱骗飞行中的导弹。在防御末端，及时正确地运用箔条火箭弹，可以对抗导弹的雷达寻的系统。同处第一道防线的"格拉斯哥"号导弹驱逐舰发现来袭导弹后，立即发射了箔条火箭弹。"考文垂"号导弹驱逐舰接到"格拉斯哥"号导弹驱逐舰发出的空袭警报后，随即也发射了箔条火箭弹。唯独"谢菲尔德"号导弹驱逐舰没有发射箔条火箭弹。这从正反两个方面证明了箔条火箭弹是对抗导弹雷达寻的系统的有效手段，并为后续的战斗反复证明。在没有预警飞机的情况下，雷达警戒哨舰和电子对抗措施是提高特混舰队生存能力的重要保障。马岛战争期间，位于英国汉普郡的切姆林箔条生产商，想尽一切办法，在一周内扩建了一家新厂，开足马力，日夜生产，使箔条产量提高了 8 倍，这才满足了前线的巨大需求。

"谢菲尔德"号导弹驱逐舰事件教育了特混舰队的舰勤人员。出发前，伍德沃德走访每艘战舰时，从未经历过战争的水兵们问及最多的一个问题是，海外津贴比本地津贴高多少？还有人直接问，这趟出征能为我们挣得多少外快？残酷的现实激发了舰勤人员的战斗精神，使之更加自觉、更加认真地对待自己的职责与工作，强化了生存意识和安全意识。例如，穿戴防护设施不再需要督促检查，处置每批海空情时都更加严肃认真，不再放过任何一个疑点，也不再为各种干扰分心。这些都提升了特混舰队应对各种复杂和困难情况的能力，为英军最终夺回马岛奠定了基础。

外军不明海空情处置案例之五

如今,当人们谈起韩国航空公司或选择其客机出行时,或多或少都会联想到至今仍扑朔迷离的一起空难事件——1983年,在苏联萨哈林岛上空,韩国航空公司一架波音747民航客机(航班代号为KAL007)被一架苏-15战斗机发射的两枚空对空导弹击中,包括61名美国公民(其中1人是美国国会议员)和23名机组人员在内的269名乘客全部遇难。事隔30多年,各种"阴谋论"层出不穷,下文抛开这些"阴谋论",从不明空情处置的角度分析和还原了当时的情况。

国际背景

1983 年 8 月 31 日 3 点 50 分（世界标准时间，下同），韩国航空公司的一架波音 747 民航客机，从美国纽约起飞，执行飞往韩国首都汉城（现韩国首尔）的航班任务，航班代号为 KAL007。KAL007 航班在阿拉斯加安克雷奇国际机场着陆加油后，于 13 点再次起飞，沿 R-20 国际航路飞行。这条国际航路经过白令海时，距离苏联堪察加半岛海岸线只有 28.2 千米。KAL007 航班起飞 28 分钟后，位于阿拉斯加基奈半岛上的空管雷达显示屏显示，KAL007 航班航线向西偏离航路 9 千米。当其飞抵阿拉斯加伯特利航路报告点时，位于阿拉斯加金萨蒙军用雷达显示屏显示，KAL007 航班航线向西偏离航路 23.3 千米。不过，KAL007 航班并未接到偏航警告。KAL007 航班飞出美国领海后不久，穿越了国际日期变更线，当地时间已经是 1983 年 9 月 1 日。在 KAL007 航班飞抵堪察加半岛外海前的 NEEVA 航路报告点时，它偏离航路已达 300 千米。之后，KAL007 航班飞越苏联领空，大约在当地时间 1983 年 9 月 1 日 18 点 26 分，KAL007 航班在苏联的萨哈林岛上空被一架苏-15 战斗机发射的两枚空对空导弹击中。机上包括 61 名美国公民和 23 名机组人员在内的 269 名乘客全部遇难。

在分析事件中的空情处置经过之前，不妨先回顾一下当时的国际背景。1983 年是不寻常的一年。1983 年 3 月 8 日，在奥尔兰多市，美国总统里根向全国福音派信徒协会——一个牧师团体的年会——发表讲话时称："……在你们讨论核冻结建议时，我促请你们提防自尊心的诱惑，即轻率地宣布自己对这个问题取超脱立场，指责双方都有同样的过错，却无视历史事实，无视一个邪恶帝国的侵略野心。" 1983 年 3 月 23 日，继公开称苏联是"一个邪恶帝国"之后，里根更进一步，宣布不接受"相互确保摧毁"的战略，首次提出"太空战略防御"计划，也称"星球大战"计划。美苏紧张关系骤然加剧，双方剑拔弩张，冷战形势十分严峻。当时，在苏联国内，防空体制发生了变化。1980年，苏军开始对防空体制进行调整改革，将原先统一由防空军负责的国土防空，改为内陆要地防空由防空军负责，边境地区防空由军区负责，撤销边境地区的防空军团，所辖防空部队转隶军区建制的新防空体制。这一调整改革，使防空体系的一致性和专业性产生了负面影响。1982年，苏联颁布了《航空法》，赋予防空部队更大的处置不明空情的权力。

事发时，任苏联远东军区司令的特列杨科奇生前回忆：一段时间以来，美军强化了在苏联远东地区外海的飞行活动。苏军对这些军事行动，尤其是对频繁在其家门口转悠的美军侦察机活动十分恼火。事发当天，美军在远东地区展开了高强度的航空电子侦察，先后出动2架RC-135电子侦察机和1架E-3A预警机，在苏联堪察加半岛等军事敏感地区外海实施侦察巡逻，中间还伴随"雪貂-D"电子侦察卫星过顶侦察。苏军则严阵以待，务歼入侵之敌。

这里，不妨先追溯一下"雪貂"这个名字的由来，以加深对读者美军航空航天军事侦察行动的理解。1943年3月，美军在阿留申群岛一线，对日军占据的岛屿展开侦察，为反攻做准备。一张基斯卡岛的航拍照片引起了美军情报分析人员的注意。照片显示，日军在岛上建立了两座建筑物，外观类似广告牌。情报人员猜测这可能是雷达天线。1943年3月6日早晨，沃尼克上尉驾驶一架经过加改装的B-24轰炸机，从埃克岛起飞，向东飞往基斯卡岛外海空域。爱德华·蒂茨和比尔·普拉恩少尉在机舱操纵新加装的侦察设备，侦收雷达信号。当飞机临近基斯卡岛时，两人从头戴的耳机中听到两部日军地面雷达的辐射信号，根据其工作频率推断，它们是日军的"马克Ⅰ-1"型雷达。接着，轰炸机按照不同的高度，围绕岛屿飞行，进一步测量雷达的探测覆盖范围。爱德华·蒂茨和比尔·普拉恩少尉将不同位置的雷达信号强弱变化数据，逐一报给领航员，由他在地图上进行详细标注。最后，绘出了环岛日军雷达探测覆盖范围图，上面清晰地显示出日军雷达探测的强点和弱点所在，为航空兵规划突防航线提供了可靠依据。这次任务的圆满完成，在美军电子侦察史上具有里程碑意义，被认为是第一次最具专业水平的航空电子侦察。这架经过加改装的 B-24 轰炸机的名字就叫"雪貂",意味着轰炸机能像"雪貂"搜寻、捕捉猎物一样,敏捷、精准地捕捉雷达。当然,今非昔比,现在的"雪貂"轰炸机功能更完善,性能也更先进。

苏军反应

1983 年 9 月 1 日 15 点 51 分(当地时间 0 点 51 分),苏军边防雷达站在堪察加半岛东北方向发现了 KAL007 航班。苏军尚未装备空管二次雷达,其雷达敌我识别系统自成体系,与国际民航组织采用的地面询问与空中应答技术体制并不兼容,无法自动询问和识别这是否是一架民航飞机。此外,KAL007 航班因连续偏航,不是在国际航路上正常飞行,雷达操纵员一时难以判明目标属性,将其作为不明空情编上批号上报,并对其进行了跟踪监视。当 KAL007 航班距离堪察加半岛海岸线约 130 千米时,苏军防空指挥所派出 4 架米格-23 战斗机升空查证。因引导雷达及指挥原因,查证飞机并未发现 KAL007 航班。17 点 38 分,KAL007 航班飞离堪察加半岛,当其继续朝萨哈林岛飞行时,苏军防空部队先后从索科尔空军基地起飞两架苏-15 战斗机,从斯米尔纽科空军基地起飞两架米格-23 战斗机升空查证、拦截。

18 点 05 分,KAL007 航班与飞在后面的 KAL015 航班进行了通话。18 点 08 分,苏-15 战斗机在地面雷达引导下,发现了位于鄂霍茨克海上空的 KAL007 航班的身影。夜幕中,飞行员格纳蒂·奥斯皮维奇按照查证程序,设法辨认目标身份。他驾驶着苏-15 战斗机爬升到 10000 米高度,在距 KAL007 航班约 200 米处对其进行观察。根据窗户形状和闪烁的灯光,他推断这是一架民用飞机。根据机身上有两排窗户,他推断这是一架外国的波音飞机。不过,他认为把民用飞机改装成军用飞机是件很容易的事。的确,RC-135 电子侦察机和波音 707 民航客机都是在 KC-135 加油机基础上研发而成的，波音747民航客机是波音707民航客机的发展型。在外观上，RC-135电子侦察机和波音747民航客机相似，尤其在飞行状态下和夜色背景中更难以区分。奥斯皮维奇没有向地面防空指挥所仔细描述他所看到的飞机外观细节。他回忆道："我没告诉地面那是一架波音飞机，他们也没有问。"查证过程中，奥斯皮维奇实施了4次警示性射击，共打出200多发炮弹。不过，飞机没有装曳光弹，打的全是穿甲弹，他不能确定警示性射击是否可以被看见。

在这段紧张的时间里，苏联远东军区各级防空指挥所及指挥员之间进行着频繁的通话。苏联远东军区司令特列杨科奇同军区防空司令瓦利亚·卡门斯基的通话记录："使用武器，授权使用任何武器，伊万·莫伊谢维奇·特列杨科奇授权。喂，喂""重复一遍""我听不清你在说什么""他下达了命令，喂，喂""是的，是的""伊万·莫伊谢维奇下达了命令，特列杨科奇""好的，好的""按他的命令使用武器"。

萨哈林索科尔空军基地司令科尔努科夫同卡门斯基的通话记录：科尔努科夫："……简而言之消灭他，即使他在中立空域？命令是在中立空域消灭他？哦，知道了。"

卡门斯基："我们必须查明，也许这是一架民用飞机，或许天知道他是谁。"

科尔努科夫："什么民用的？他已经飞越了堪察加！他是来自海上的且身份未经识别。如果他穿越国界，我就下令攻击。"

斯米尔纽科空军基地航空兵师作战控制中心引导员蒂托夫宁同师值班参谋长梅斯坚科的通话记录：

蒂托夫宁："任务确认？"

梅斯坚科："确认。"

科尔努科夫同第41航空兵团值班指挥员格雷斯门科的通话记录：

科尔努科夫："我重复一遍，发射导弹，目标60、65。消灭目标60、

65……接替指挥斯米尔纽科空军基地的米格-23，呼叫代号163，他正位于目标后方。消灭目标……执行任务，消灭他！"

格雷斯门科："任务收到。用导弹消灭目标60、65，接替对斯米尔纽科战机的指挥。"

……

科尔努科夫同第41航空兵团值班指挥员格雷斯门科的通话记录：

科尔努科夫："占据攻击阵位需要这么长时间，它就要飞入中立空域了。打开加力，立即实施攻击。让米格-23加入战斗。你们还在磨蹭，它就要飞出国界了。"

击落客机

18点20分，日本东京区域管制中心按照KAL007航班机长请求，准许其由330飞行高度层上升到350飞行高度层。KAL007航班开始减速爬升。据奥斯皮维奇判断，KAL007航班的飞行速度突然降到每小时约400千米，而当时苏-15战斗机的时速远大于此。奥斯皮维奇认为，入侵者的意图很明显，那就是通过减速，让无法空中停车的奥斯皮维奇冲到前面去。实际情况的确如奥斯皮维奇所料，苏-15战斗机冲到了KAL007航班的前面。两架飞机继续在萨哈林岛上空飞行，再有一会，KAL007航班就将飞出苏联领空。就在这一刻，奥斯皮维奇接到地面引导员的指令："消灭目标……"奥斯皮维奇回忆道："说来容易，但如何达成？用炮弹？我已经打了243发。直接撞击？这当然不是一种好方法，而是一种不得已的方法。"奥斯皮维奇努力完成了掉头转向，重新回到KAL007航班身后的下方位置。"我降低了高度，与KAL007航班形成2000米的负高度差……打开加力后，我接通导弹开关，猛地拉起机头。成功了，我锁定了目标。"

18点25分，奥斯皮维奇向KAL007航班发射两枚空对空导弹。18点

26 分，KAL007 航班向东京区域管制中心报告，飞机急剧失压，请求下降到 10000 英尺（3048 米）高度。18 点 38 分，KAL007 航班从苏联防空雷达及日本北海道稚内军用雷达显示屏上消失。奥斯皮维奇说："我很想让它迫降，非常想。你以为我想杀死它吗？我还想和它喝一杯呢！"他至今认为 KAL007 航班负有特殊使命。

科尔努科夫后来成为俄罗斯空军司令，他生前在接受一家俄罗斯电视台采访时说："击落 KAL007 航班让他感觉不爽，但是，他认为伤亡是不得不付出的代价。"他评论道："我一直确信当时我下达了正确的命令。在战略行动中，有时为了拯救一个军而不得不牺牲一个营。按照当时的情况，我可以非常有把握地说，这是一起预先计划，为了达成十分明显目的的行动。"

档案披露

KAL007 航班事件发生后，世界舆论为之哗然。苏联斥其是美国中央情报局精心组织策划的一次挑衅。美国则对苏联进行了严厉谴责，里根总统称："这次攻击不仅是针对我们或者韩国的。这是苏联对全世界，以及指导世界各地人际关系的道德观念的攻击。这是一种野蛮的行为……"但是，KAL007 航班为何会深入苏联军事敏感区上空？美国为何拿不出阿拉斯加金萨蒙军用雷达的数据记录？日本东京区域管制中心为何没有依据雷达监视情报，及时向机长发出偏航警告？对此，美国和日本讳莫如深，一直没有做出合理的解释。不过，对于为何会将一架偏航的民航客机击落，苏联也闪烁其词。如此看来，这不是一次简单的民航客机偏航导致的灾难，以下线索似可作为旁证。

时任美国国防部长温伯格的高级军事助理科林·鲍威尔回忆："1983 年 9 月 1 日午夜时分，电话铃响起，'鲍威尔将军，我是 DOD。'——DOD 就是作战局副局长。他是从全国军事指挥中心打来的电话，该中心 24 小时监视着全球动向。'出了点问题。'他告诉我说，'从安克雷奇飞往汉城的一架韩国客机从雷达显示屏上消失了。''还有别的事情吗？'我问。'目前没有了。'他说，'飞机刚刚失踪。'

"我给部长打了电话……尽管是在午夜，但是温伯格的声音听起来很平静，如同中午在五角大楼一样。他要我随时向他通报情况。

"我刚把电话挂上，铃声又响起来了。'将军。'来电话的还是那位值班军官。'看来问题不大。我们刚接到报告说，那架飞机大概做了紧急降落。'我把这一消息报告给温伯格……

"刚要迷迷糊糊睡去，值班军官第三次打来电话，长官，'燃烧的风'监听到苏联防空军司令部同他们的一位战斗机飞行员之间的一些奇怪通话。韩国的那架飞机可能侵犯了苏联领空。'燃烧的风'是我们使用 RC-135 电子侦察机在太平洋上空进行情报活动的代号。'你有什么建议？'我问。'现在还没有。'他回答道。我知道我俩都有同样的不祥预感。苏联是否可能击落了一架坐满普通乘客的民航飞机？"

事情发生后，苏联曾披露当晚美军 RC-135 电子侦察机的活动情况，指出其飞行航线穿越了 KAL007 航班的航线。

阿尔文·斯利德曾任美国新闻署世界电视部主任。1983 年 9 月 6 日，美国向联合国安理会提交的苏联地空通信剪辑及相关视频材料就是由他制作的。1996 年 9 月 1 日，他在华盛顿邮报上撰文称，1983 年在制作音频剪辑时，他接触到的美军截获的苏联通信内容很有限。到了 1993 年，当他拿到完整的苏联通信内容时，他说他意识到："苏联认为这是一架 RC-135 电子侦察机。"

2015 年，据日本外务省解密的外交档案文件披露，KAL007 航班事件发生两个月之后，一名美国政府高官曾秘密告知日本外交官员，苏联错误地将 KAL007 航班当成了一架美国侦察机。

依据上述蛛丝马迹，可以试着拼接当时的实际场景。KAL007 航班飞临堪察加半岛外海前，一架 RC-135 电子侦察机正绕着堪察加半岛飞行。

RC-135电子侦察机飞在内侧，KAL007航班以不同的高度飞在外侧。当接近苏联领空时，两条航线逐渐靠拢，最后RC-135电子侦察机穿越了KAL007航班航线。这一情况在苏军两坐标防空雷达的平面位置显示器上的反映是，两个回波点逐渐变成了一个回波点，两批目标合并成一批目标。当其重新分开时，雷达操纵员需要重新为两批目标编批号。此时，RC-135电子侦察机飞到了外侧，KAL007航班飞入了内侧。雷达操纵员判断，RC-135电子侦察机仍然飞在内侧，于是将原先RC-135电子侦察机的批号6065挂在了KAL007航班回波上，把原先KAL007航班的批号挂在了RC-135电子侦察机回波上，混淆了两批不同性质的目标。随后，KAL007航班连续两次深入苏联领空，对其敌对性质的判断得到进一步强化，从而定下了KAL007航班悲剧结局的基调。

有关KAL007航班事件发生的缘由和责任，迄今依然众说纷纭，莫衷一是。揭示事件真相有待更多史料公之于众。但是，不管怎么说，机上269名乘客的生命在此次事件中全部丧失，却是一个不争的事实。从这一角度讲，对不明空情的处置责任如山，使命关天，不可不察，不可不慎。KAL007航班事件之后，苏联军方严令：今后，在无法判明目标是否在执行军事任务的情况下，禁止任意向目标开火。

外军不明海空情处置案例之六

　　1983年9月26日拂晓时分，莫斯科郊外的弹道导弹防御地下指挥所里，突然想起了刺耳的警报声。大屏幕上显示，美国本土的一个弹道导弹基地向苏联连续发射了4枚导弹。当班的值班参谋斯坦尼斯拉夫·彼得罗夫中校的手指，不由自主地放到了核袭击报警的按钮上。是生存还是毁灭，就在弹指之间……彼得罗夫处变不惊，进行了恰当处置，避免了一场可能因虚警导致的人类劫难。大约在2002年，一名美国记者在采访彼得罗夫时紧追不舍地问："当时，你发现的是哪个基地在发射导弹？"彼得罗夫狡黠地答道："这重要吗？当时，我们若继续往前走，现在就不会有美国了。"

恐怖的核平衡

  20世纪40年代，原子弹的出现和使用颠覆了人们关于军事目的的概念。美国历史学家伯纳德·布罗迪指出："原子弹确实存在，它的杀伤力无比强大，这两个事实让有关原子弹的一切都蒙上了阴影。之前，我们的军事目的是赢得战争，以后必然是防止战争。"1949年9月23日，苏联第一颗原子弹爆炸成功，美国对原子弹的垄断被打破。1952年11月1日，在太平洋马绍尔群岛埃尼威托克环礁上，美国第一颗氢弹爆炸了，其爆炸威力达到1000万吨TNT当量，比投在广岛的原子弹的爆炸威力高出500倍。一位美国物理学家回忆道："氢弹爆炸后，地平线上的一切都被黑色所笼罩。"9个月之后，苏联的第一颗氢弹在中亚沙漠地区爆炸。一位苏联科学家写道："氢弹的爆炸威力之巨是难以想象的。"1957年8月，在核武器运载工具研发领域，苏联成功发射了世界上第一枚洲际弹道导弹。很快，美国也研制出洲际弹道导弹，并在命中精度上优于苏联。到了1962年，美国已经在本土部署了68套"宇宙神"弹道导弹发射装置，25套"大力神"弹道导弹发射装置和7套"民兵"弹道导弹发射装置。装备各型洲际弹道导弹294枚、潜射弹道导弹96枚。美苏两国部署的洲际弹道导弹可以在半小时内打到两国的任何地方。

  在冷战背景下，核武器的巨大破坏力，对美苏两个超级大国的决策会有什么样的影响？一旦美苏之间发生冲突，两国政治领导人会如何行事？这成为智库人士最为关心的问题。美国战略学家、经济学家谢林借用"勇敢者博弈"模型对此进行了分析。在一条笔直的大道上，比尔和本各驾驶一辆汽车相向而行。在对开的过程中，双方都将油门一踩到底，一路狂飙。如果比尔打方向避让，而本没有，比尔就丢份子了，反之亦然。如果双方都打方向避让，那么就是平局。如果双方互不相让，则将同归于尽，即双输。依据博弈论中极小极大策略进行选择，比尔和本都打方向避让，是所有结局中最好的一个策略。这意味着，一旦美苏之间发生冲突，两国政治领导人不顾一切，直接对抗的概率很小，双方都会表现出谨慎和理智。之所以会相互妥协，或许，如美国总统肯尼迪在1961年发表的公开声明所言："美国拥有的核武器可以毁灭苏联两次，然而，苏联也拥有可以毁灭美国的核武器。"

20世纪60年代发生的古巴导弹危机，似乎验证了上述理论分析。1962年10月，美苏双方军事力量在加勒比海地区剑拔弩张，互不相让。1962年10月26日夜晚，在冷战转为核战一触即发的关键时刻，苏联领导人赫鲁晓夫给美国总统肯尼迪发了一封长电报："……如果人们不拿出智慧，那么，最终他们就会像瞎眼的鼹鼠一样撞在一起，然后开始相互残杀……这就如同在一根绳子上打了个结，你我都不应该使劲拉扯这根绳子，否则，这个结就会越拉越紧。最后，很有可能连打结的人也解不开了，只能挥刀砍开这个结。我并非想把事情的后果解释给你听，因为你完全明白我们两个国家正在做着多么可怕的事情。"1962年10月27日晚，给赫鲁晓夫的复电正在打印并准备发出，肯尼迪在他的办公室，对其弟弟罗伯特·F.肯尼迪说："战争往往不是故意引起的。苏联跟我们一样，并不希望打仗。他们不想与我们交战，我们也不想与他们交战。然而，假如事态沿着过去几天的走势持续下去，谁都不希望发生且达不成任何结果的战争将毁灭世界，吞噬全人类。"罗伯特·F.肯尼迪在《十三天：古巴导弹危机回忆录》一书中写道："为了预防一场浩劫，他（肯尼迪）要确保自己在权限范围内采取了一切可能的措施，做了一切能想到的事，给了苏联所有机会去寻求和平解决方案，既不有损其国家安全，也不在公开场合让其蒙羞。"

最终，美苏双方找到了一条悬崖勒马的退路，美国承诺，不入侵古巴，以换取苏联从古巴撤出弹道导弹。1964年，在美国国会作证时，擅长统计分析、量化评估的时任美国国防部长罗伯特·麦克纳马拉说："（如果发生全面核战争）在第一个小时内，就会有1亿美国人和1亿苏联人丧生。"

不过，美国和苏联政治领导人在非理性中的理性决策是一回事，而在技术操作层面，谁也没有把防范核武器的袭击不当一回事。这是确保相互摧毁，即遭遇核袭击后，确保有效核反击能力，以维持战略平衡的基础和关键。弹道导弹因其速度快，可提供的预警时间短；因其目标小，不易被拦截等特点，使其既是防范的重点，也是防范的难点。以苏联为例，在 20 世纪 60 年代，苏联就开始建立弹道导弹防御预警系统。到 20 世纪 70 年代，苏军在摩尔曼斯克、里加、塞瓦斯托波尔和穆卡切沃建设了 4 个"第聂伯河"超视距雷达站，探测距离为 5000 千米，探测高度达 3000 千米。苏联向地球高椭圆轨道发射了一组红外探测卫星，并建立了相应的卫星地面站，用于接收和处理卫星发现的弹道导弹发射信息。1978 年 8 月，用于传递、处理和显示弹道导弹防御预警信息的"藏红花"报知系统开始服役。至此，苏联初步建成了覆盖美国及西欧地区，对弹道导弹的发射段、飞行中段和飞行末段进行探测监视的一个完整的预警网。

虚警事件始末

1981 年，里根就任新一届美国总统后，公开对苏联进行谴责；加大军费开支，1983 年提出"太空战略防御"计划。1983 年 9 月 1 日，韩国航空公司的一架波音 747 民航客机，在苏联萨哈林岛上空被苏军的一架战斗机击落，机上 269 名乘客全部遇难，其中包括美国国会议员拉里·麦克唐纳。除了发起国际舆论围攻苏联，里根还利用该事件，在联邦德国及北约国家，强力推行部署"潘兴Ⅱ"中程弹道导弹，这种可携带战术核弹头的导弹，可以在几分钟内打击苏联境内的目标，对苏联的国家安全构成了直接威胁。美苏两国的关系降到了冷战以来的冰点。

1983 年 9 月 26 日，苏联防空军中校斯坦尼斯拉夫·彼得罗夫，在莫斯科附近的一个地下指挥所，参加防空反导战斗值班。彼得罗夫不是一名专职值班参谋，而是一名对弹道导弹预警情报进行深度分析的人员，并负责编写弹道导弹预警操作程序及指令。为了保持对预警信息实时综合处理的技能，他每月两次到指挥所参加战斗值班。

指挥室的一面墙上镶嵌着一个大屏幕显示器，背景是一幅大比例尺的美国地图，地图上叠加的是在轨探测卫星和地面超视距雷达发现的目标信息。围绕着大屏幕是各类战勤参谋值守的控制终端台位。这些参谋人员大都在朱可夫防空指挥学院接受过正规的军事教育，具有良好的专业素养。彼得罗夫负责"慧眼"红外探测系统预警信息的监视与处置，该系统能及时发现从美国本土井下发射的弹道导弹，可以为苏联提供大约15分钟的预警时间。

拂晓时分，在彼得罗夫面前的控制终端上，红色的导弹发射告警灯突然闪烁起来，伴随着尖锐的告警声。数据显示，美国本土的一个导弹基地向苏联发射了一枚弹道导弹，这令指挥室里的每个人都十分震惊，目光全都投向了彼得罗夫的值班席位。这是真的吗？彼得罗夫沉着地按照操作程序，对由30个层级组成的系统的运行状态逐一进行检查。检查结果显示，系统运行一切正常，识别概率因子为2，到达了最高置信度水平。与此同时，控制终端相继显示了第2枚、第3枚和第4枚导弹的发射，已经完全符合遭到弹道导弹攻击的定义。导弹袭击音频告警的音调越来越尖锐，指挥室却越发显得静谧，战勤值班人员一定能听见自己的心跳声。

时间紧迫，容不得半点的拖延。彼得罗夫必须做出判断：是一次虚警，还是一次导弹袭击？多年后，彼得罗夫回忆道："在短短几分钟的时间内，你根本无法依靠理性做出分析判断，所能依赖的只能是基于经验的直觉和本能。"依据以下3条，他大胆做出了这是一次虚警的判断。首先，如果真想发动一场核战争，美国一定会在第一次打击中倾其所有，不让对方有还手之力。因此，不会只使用一个基地发射几枚导弹。第二，根据设定的条件和判据，由计算机做出识别判断，虽然客观，但是，计算机毕竟不是人脑。在现实环境条件下，还存在许多没有写入计算机程序的不确定因素，使计算机有可能做出误判。最后，弹道导弹防御是一个世界性的技术难题。苏联斥巨资研发的弹道导弹防御预警系统列装时间不长，正式担负战备值班的时间还不到一年，系统运行还不稳定，不少战术技术指标还有待进一步完善。彼得罗夫的分析符合逻辑，做出的判断为地面超视距雷达探测结果所证实。

可是，又是什么原因引发如此严重的虚警呢？事件发生后，苏联防空军派出了由导弹兵司令尤里·维琴斯夫中将为组长的调查组，到现场听取汇报，展开事件原因的调查取证工作。彼得罗夫接连几天几乎没有睡觉时间，不断接受各类调查人员的询问。经过事件回顾，专家复盘分析，对可能形成的虚警原因，做出如下解释：一是"慧眼"红外探测系统计算机将云层反射的太阳光，误判为弹道导弹发射尾焰。按照系统设计，太阳反射光是可以被专门的滤波器滤掉的。然而，因滤波器参数设置不匹配问题，滤波器没有起到应有的作用，酿成了一场虚警。二是，当卫星处于一定的轨道位置，其红外摄像头处于一定角度时，因许多未知环境因素的因缘际会，触发了一场虚警。彼得罗夫将其称之为："上帝在外层空间开了个玩笑。"

事实上，反导防御系统建设迄今仍是一个世界性的难题。囿于当时的技术水平，苏联反导防御系统在可靠性、红外探测器虚警率等方面还有待进一步发展完善。赫鲁晓夫在回忆录中说："为了长自己的志气，灭敌人的威风，当时我公开说，我们拥有反导武器，可以击中太空中的一只苍蝇。当然，我有点夸大其词……然而，事情却十分复杂……我认为无论花多少钱，也永远做不到绝对地不受侵犯。"

无独有偶，在反导防御技术领域同苏联不分伯仲的美国也难例外。1967年5月23日，美国部署在北极地区的雷达和无线电通信遭遇一场太阳风暴的突然袭扰。太阳风暴是指太阳的剧烈爆发活动及其在日地空间形成的一系列强烈扰动。太阳风暴具有周期性、突发性和地域性特点。太阳风暴喷射出的高能带电粒子，能穿透卫星外壳，产生的辐射效应会致使卫星载荷中的微电子器件发生逻辑错误和程序混乱。太阳风暴还会扰乱空间电离层的结构，从而对天波超视距雷达和短波通信构成严重干扰。1967年5月23日，作为探测监视苏联弹道导弹发射预警网重要组成部分的北极雷达站，因遭遇严重电子干扰而完全失效。北美防空司令部值班指挥员第一判断：如此强烈的电子干扰前所未有，这是一种战争行为，很可能是苏联准备发起大规模导弹袭击的先兆。为了在苏联突然发动核袭击时，留有核反击能力，美国战略空军保持一部分载有核弹的战略轰炸机在空中巡航，始终处于警戒状态。于是，值班指挥员下令，在空中处于警戒状态的战略轰炸机转入战斗准备状态。与此同时，北美防空司令部也在进一步搜寻、汇总多个查证渠道的信息，对这一突发事件做最后的研判。当天的气象分队值班员阿诺德·斯奈特上校接到作战室电话询问："是否有异常气象活动？"斯奈特答："是的，半个太阳都被吹走了。"他还按照要求，将空军航空气象局获取的信息迅速汇总上报。北美防空司令部如释重负，一场因虚警可能诱发的核灾难得以消弭。

是非功过任评说

　　调查结束后，彼得罗夫被叫到维琴斯夫中将的办公室。维琴斯夫先赞许了几句，并表示将嘉奖彼得罗夫。接着话锋一转责问道："当时，你为什么没有如实填写作战日志？"彼得罗夫回答："当时，我一手握着电话筒回答上级的询问，另一只手拿着另一个电话筒向下属查证。因此，我无法将处置过程记录下来。" 维琴斯夫并不认可他的解释："那么，当警报解除后，你为什么不详细补记呢？"从严格履行战备值班制度的角度讲，维琴斯夫的责难无可厚非。功是功，过是过。

　　几个月后，为了照顾长期因病卧床的妻子，彼得罗夫以中校军衔退出现役，转到一家军工企业工作，住在莫斯科郊外的一个小镇上。苏联解体后不久，维琴斯夫向外界披露了上述虚警事件，吸引了世人的注意。世界各地的记者纷至沓来，西方的许多出版商和电视访谈节目，对彼得罗夫进行采访，做了连篇累牍的报道。美国国防信息中心主任布罗斯·布莱尔说："这是我们距离意外核战争最近的一次。"彼得罗夫收到许多非政府部门及私人的访问邀请。例如，一位名叫卡尔的德国商人，出资带着彼得罗夫周游了欧洲，他将彼得罗夫视为英雄。他认为，如果不是彼得罗夫力挽狂澜，没有人能够活到今天，也没有任何事业可以延续，包括他本人及其所从事的殡葬业务。

1999年,一位新西兰女士得知彼得罗夫的事迹和晚年遭遇之后,专门给时任俄罗斯总统叶利钦写了一封信,询问俄罗斯政府是否能用某种方式帮助这位英雄。之后,一位俄罗斯记者奉命来到伏利尔季诺小镇,对彼得罗夫进行了专访。回去后,记者在报纸上发表了一篇专稿,中心意思是:彼得罗夫称不上是一位英雄,他只是尽了本分;他恰巧在正确的时间,处在了正确的位置上。如果仅从职责所系的角度看问题,这位记者所代表的观点一点也没错。然而,若从使命担当角度看问题,就会得出截然不同的观点。因为,面对突如其来的导弹袭击告警,彼得罗夫可以有两种选择:一种是按照操作程序按部就班,责任上交,一报了之;另一种是按照责任意识,多方核实,据理细判,大胆处置。如果彼得罗夫选择了前者,等于把烫手山芋扔给了上级,乃至时任苏共总书记安德罗波夫。在短短几分钟的时间内,他们很难不接受弹道导弹预警系统发出的袭击警报,这就为最终决策带来很大的不确定性。仓促之下,因误算误判做出核反击的决策并非完全不可能。正如谢林在《军备及其影响》一书中所言:"暴力,尤其是战争暴力活动,是一种混乱而不确定的行为,存在高度的不可预测性。它是由难免犯错的人所组成的不完美政府做出的决定,其依据是并不完全可靠的预警和通信系统,以及未必可信的人员和设备。"历史上,不乏因误判而走向战争的情况。第一次世界大战爆发,德国前首相冯·比洛亲王问他的继任者冯·贝特曼·霍尔韦格:"这一切到底是怎么发生的?""嗨,我怎么知道。"后者如是回答。好在彼得罗夫勇敢地选择了后者,把天大的责任扛在了自己的肩上,从不确定性的源头严格把关,防止了一次可能的致命误判。也许,没有参加过防空防天指挥所战备值班的人,很难体会到那种紧张的值班氛围,很难体会到彼得罗夫在处理这起虚警时所承受的巨大心理压力。

晚年疾病缠身,靠微薄的养老金度日的彼得罗夫却完全同意那位记者的评价。他认为,外国人喜欢夸大他的行为表现,把他说成英雄。实际上,他只是恰巧在正确的时间、正确的位置,正确地履行了自己的职责。

外军不明海空情处置案例之七

1987年5月28日，是苏联的边境卫士日。就在这一天，联邦德国（以下简称"西德"）19岁青年马蒂亚斯·鲁斯特驾驶一架塞斯纳C172型轻型飞机，从芬兰首都赫尔辛基起飞，飞往瑞典首都斯德哥尔摩。中途，他未经许可，突然转向径直朝苏联首都莫斯科飞去，在苏联戒备森严的领空违规飞行了约750千米，最后，竟然安然无恙地降落在莫斯科红场。这一事件令克里姆林宫震惊，也惊动了整个世界。莫斯科属于一级防空目标，是苏联防空的重中之重。那么，鲁斯特是如何闯过重重防空关卡，飞到莫斯科的呢？

西德青年鲁斯特的"宏愿"

发生"鲁斯特事件"的那一年,国际形势发生了变化,美苏紧张关系开始趋向缓和。1987年12月8日,在华盛顿,里根和戈尔巴乔夫共同签署了《苏联和美国消除两国中程和中短程导弹条约》。苏联部署的1500多枚核弹头将被销毁,包括SS-20导弹等;美国将销毁全部"潘兴Ⅱ"导弹和地面发射的巡航导弹,以及另外部署的大约400枚弹头等。在条约签字前,里根和戈尔巴乔夫发表了简短的讲话。里根称:"条约不仅对销毁整整一个种类的核武器做了规定,而且还对确保条约得到遵守做了规定。"戈尔巴乔夫称:"愿1987年12月8日成为永垂史册的一天,这一天成为人类从核战争危险日益增大的时代进入人类生活非军事化时代的分水岭。"

此前一年,苏联国内的防空体制进行了新一轮调整改革,边境地区恢复防空军团,防空部队脱离军区,重新转隶防空军。短期内,防空体制翻烙饼式的调整改革,对防空部队的战斗值班水平造成了一定程度影响。

同样是在1986年,秋天,在冰岛首都雷克雅未克,美苏两个超级大国举行的首脑峰会无果而终。西德青年鲁斯特在其父母家中观看了这一电视节目。看完后,鲁斯特突然迸发出一股激情,觉得自己有责任为东西方的和解做点什么。于是,他想到要驾驶飞机飞往莫斯科红场,在东西方之间架起一座沟通的桥梁。

在毫无征兆的情况下,鲁斯特开始了他的飞行之旅。当时,鲁斯特已经拿到了飞行驾驶证,但只有五十几个小时的飞行经历。1987年5月3日,他告诉父母,他要驾机去北欧旅行,为获得职业驾驶证,累积飞行小时数。

鲁斯特驾驶着一架塞斯纳C172型轻型小飞机,首站停留苏格兰设得兰群岛，之后停留法罗群岛，在每个岛上逗留了一个晚上。然后，他飞到冰岛雷克雅未克，接着，飞到挪威的卑尔根市。1987年5月25日，他到达芬兰首都赫尔辛基。鲁斯特知道苏联建立了世界上最庞大的防空体系，4年前，韩国的KAL007航班偏航进入苏联领空后,被苏军防空部队击落。他认为自己飞到莫斯科的成功概率只有50%。

尽管如此，鲁斯特依然未改初衷。1987年5月28日，他向赫尔辛基空管部门提交了飞往斯德哥尔摩的飞行申请。当天中午起飞前，鲁斯特仍未确定是否实施其冒险计划。直到起飞半小时后，他才最终下定决心，掉头向莫斯科飞去。

飞行过程经历5个阶段

按照雷达发现和掌握相关信息的先后顺序，鲁斯特的飞行过程，大致经历了下面几个阶段：

第1阶段，鲁斯特从赫尔辛基马尔米国际机场起飞，飞向瑞典首都斯德哥尔摩。升空后，鲁斯特关闭了飞机上的应答设备,飞行二十几分钟后，大约在芬兰努米拉镇上空，突然转向，改朝苏联首都莫斯科方向飞去。位于芬兰坦佩雷的空管中心雷达显示屏上显示，鲁斯特的飞机做了近180度的转弯，先向南接着向东飞越了芬兰湾及军事控制区。管制员试图与其联络，但没有成功。大约在13点，鲁斯特飞机的回波从芬兰空管雷达显示屏上消失。几乎同时，部署在苏联拉脱维亚斯克兰德的防空雷达站，首先发现了鲁斯特飞机的回波。由于没有飞行预报，雷达操纵员将其作为不明空情编上批号上报。

第2阶段，大约在14点10分，鲁斯特驾驶飞机飞越苏联海岸线。当他飞过第一个位于爱沙尼亚西莱姆亚的航路报告点时,他架机爬升到2500英尺（约762米）的海拔高度，距离地面的平均高度约为1000英尺（约305米）。在后来的飞行中，他基本保持在这一飞行高度。在防空雷达引导下，苏军两架歼击机从位于塔帕的空军基地紧急起飞，升空查证。飞行员向地面防空指挥所报告：看见一架像雅克-12 的运动型飞机。可能认为不存在威胁，歼击机返航，未做进一步的近距离观察查证。

为了规避低空云层和防止机翼结冰，鲁斯特降低了飞行高度。他的这一举动，使飞机回波从苏军防空雷达显示屏上突然消失。在天气转好之后，鲁斯特的飞机重新回到 300 米的高度，其回波第二次出现，不过已经位于防空雷达显示屏上的另一个扇区了。在该责任地域值班的两架歼击机紧急起飞，升空查证。鲁斯特看见一架飞机从前方云层中飞出，冲他而来，呼啸着从他右侧穿过。随后，在鲁斯特的飞机下方左侧，1 架米格歼击机放下起落架和襟翼，将机翼向前伸展努力降低速度，以尽可能对其做近距离观察。鲁斯特也注视着米格歼击机的一举一动，但是没有发现让他跟随飞行的指示信号。米格歼击机飞行员用军用高频信道试图与鲁斯特联络，然而，因通信信道不同而没有收到回答。几分钟后，米格歼击机收起起落架和襟翼，加速离去。1983 年韩国 KAL007 航班事件后，苏联防空政策发生了变化，防空军的情绪也受到很大影响，指挥员都不愿意处置及下令击落入侵的不明飞机。因此，地面防空指挥员没把飞行员的报告当一回事，认为此类小飞机不算什么威胁。于是，自行处置，没有将情况向友邻防空指挥所通报。

第 3 阶段，大约在 15 点，天气进一步转好，鲁斯特飞入一个航空兵训练空域。有 7 至 12 架教练机正在进行起飞和着陆训练，所用机型的回波特征与鲁斯特的飞机相近。出于安全考虑，苏军的敌我识别系统，按照约定的时间，会定期重新设置询问和应答密钥。如果地面雷达询问机按照约定时间更改密钥后，飞机没有做相应更改，那么地面雷达显示屏上目标回波下面的敌我识别标志就会发生跳跃现象，即前一刻显示"我"，后一刻显示"敌"，如此不断重复。15 点，正好是更改密钥的约定时间。事情就是这么凑巧，新飞行员忘记了重新设置密钥。正好也在此时，鲁斯特的飞机回波第三次出现在防空雷达显示屏上。一名习以为常的军官，从雷达操纵员的身后，伸手将闪烁中的敌我识别标志一一设置成"我"。

第 4 阶段，到了 16 点 10 分，鲁斯特驾驶飞机飞到著名度假胜地谢利格尔湖上空,距离莫斯科约 230 英里(约 370 千米)。鲁斯特飞机第四次被防空雷达发现,雷达操纵员将其当作不明空情编上批号上报,防空指挥所令两架值班飞机紧急升空、查证。由于鲁斯特飞得很低,防空指挥员认为让米格歼击机低空穿云查证太危险,所以没有让飞行员抵近用肉眼观察。同样,防空指挥所也没有向友邻防空指挥所通报所发现的不明空情。

第 5 阶段,在托尔诺克城以西约 40 英里(约 64 千米)处,防空雷达第五次发现鲁斯特的飞机回波,但误判为是一架正在参与当地搜救任务的直升机。

"鲁斯特事件"主客观因素

就这样,鲁斯特一路侥幸地飞出了列宁格勒防空区。在梳理空情处置过程时,可以发现存在的主客观因素。主观因素为,防空指挥所落实战备制度不够严格,在组织升空查证过程中不够细致,空情通报及跨区目标交接不够严谨。防空部队应对不明空情预案不完备,值班飞机中,没有适合查证低空、慢速目标的机型,如直升机、运输机等。客观因素为,地面防空雷达低空探测能力弱,空情丢点多,跟踪不连续。受地球曲率的制约,地面防空雷达最大探测距离要小于或等于雷达直视距离,后者与雷达本身性能无关,主要取决于雷达天线的架设高度和目标的飞行高度。例如,当雷达天线架设高度为 5 米,在没有遮蔽角的条件下,对于飞行高度为 1000 米的目标,雷达直视距离约为 139 千米;对于飞行高度为 300 米的目标,雷达直视距离约为 81 千米;对于飞行高度为 30 米的目标,雷达直视距离只有约 32 千米。对于鲁斯特驾驶的轻型小飞机,地面防空雷达实际探测距离比雷达直视距离还要近。因此,在中高空,地面防空雷达网可以形成无缝隙的探测覆盖,在低空超低空,探测覆盖存在漏洞和盲区。除非大量、密集部署地面防空雷达,这往往又不太现实,地面防空雷达网对于低空超低空目标,尤其是小型、慢速目标的探测能力很有限。鲁斯特的飞行高度只有300米左右，已经到了苏军地面防空雷达网探测覆盖的低界。这是地面防空雷达探测鲁斯特飞机丢点多，跟踪不连续的主要原因。对目标航迹掌握不连续会直接影响对目标属性的判断，还会对防空指挥员定下作战决心产生不利影响。要从根本上解决低空超低空探测问题，只能依赖气球载雷达、预警飞机等手段。苏联在1984年开始装备A-50预警机，不过，在鲁斯特事件中并没有升空发挥应有作用。还有一个客观制约因素是，边远地区防空部队的雷达情报传递、处理仍依靠人工手动操作，防空雷达情报传递、处理自动化系统建设滞后，计算机、通信技术的发展落后于时代发展步伐。

当鲁斯特开始飞入莫斯科首都防空区时，列宁格勒防空区与莫斯科防空区进行了任务交接。列宁格勒防空区提道：他们发现和跟踪过1架未开应答机的己方飞机，但是没有说明这架飞机曾飞越芬兰湾，没有说明米格歼击机升空查证的情况，也没有说明它是朝莫斯科方向飞行的。这为鲁斯特事件的进一步发展和恶化，埋下了祸根。

莫斯科属于一级防空目标，是苏联防空的重中之重。防空指挥设施按照冗余设计，空情自动处理设备发生故障或进行维护时，还可以转入人工处理。无线电技术兵（苏联对雷达兵的称谓）、歼击航空兵和地空导弹部队常年保持战斗值班，有一套严格的值班规范和程序。但是，前面讲过，防空体系对这种低空、慢速、小型飞行目标的发现和处置能力并不强。鲁斯特的飞机临近城区上空，地面建筑物越来越密集。按照鲁斯特的回忆，进入莫斯科城区上空后，他在众多建筑物之间，不时上下左右机动，沿空隙辗转飞行。在莫斯科城区上空，受建筑物遮挡的影响，地面防空雷达探测发现低空、慢速、小目标的能力进一步削弱，更谈不上及时、连续和准确地上报。在失去空情保障的情况下，防空指挥员判断情况，定下决心，歼击机升空拦截，地空导弹火力抗击都不可能实现。

刚过18点，鲁斯特的飞机飞抵莫斯科近郊。43分钟后，鲁斯特的飞机在红场降落。他从座舱出来后，受到红场上游客的围观。他们问他从哪来？为什么而来？鲁斯特回道：他从德国来，为和平而来。当人们同他握手，向他致意时，他不得不解释自己来自西德。这令围观人群感到十分惊讶，他们原以为这是一个来自东德的青年。红场安保人员毫不知情，对从天而降的鲁斯特不知所措。一个多小时后，苏联克格勃军官才赶到现场将鲁斯特带走。

防空系统的严重漏警，让苏联颜面扫地，造成了非常恶劣的影响。戈尔巴乔夫办公室主任瓦列里·鲍尔金回忆：事发时，他从办公室的窗户看到了这架低空飞行的飞机。不久，他接到内务部的电话报告，一架西德的"运动飞机"降落在克里姆林宫附近，他的第一反应是全然不信。事发第二天，戈尔巴乔夫参加完华约组织政治协商委员会会议，从柏林返回莫斯科。戈尔巴乔夫的特别助理契尔尼亚耶夫回忆："（戈巴乔夫在机场会见政治局成员时）脸红红的，言辞讥讽，怒气冲天。"随后，在听取汇报时，国防部长索科洛夫元帅及其助手关于"鲁斯特事件"自相矛盾、难圆其说的解释，激起了戈尔巴乔夫更大的愤怒。苏联公众对军队的态度也发生了明显变化，动摇了军队在群众心目中的神圣形象。最后，苏联防空军总司令戈多诺夫元帅被解职，国防部长索科洛夫元帅提前退休，还有超过150名防空军军官被撤职查办。

外军不明海空情处置案例之八

1987年5月17日，正在波斯湾演习的美军"斯塔克"号导弹护卫舰被伊拉克空军"幻影"战斗机发射的两枚"飞鱼"反舰导弹击中，造成重大人员伤亡，装备损毁。舰长布林迪因不明空情处置失当，被送上了军事法庭。

遭袭背景

1980年9月22日，伊拉克发动了对伊朗的战争。战前，伊拉克和伊朗每天向国际上输出的石油约有300万桶，石油创汇是两个国家财政收入的主要来源。战争爆发后，两国随即出动战机相互攻击对方的炼油厂，并很快波及波斯湾海面。伊拉克在波斯湾画设了禁航区，以封锁进出伊朗港口的海上通道。伊拉克空军出动战机巡逻，伺机攻击驶向伊朗港口的油轮，通过波斯湾向国际运输石油的油轮航行受到严重影响。在卡特总统时期，对两伊战争，美国基本持中立立场。到里根总统时期，美国在外交上承认了伊拉克政权，鼓励沙特阿拉伯、科威特等国与伊拉克交好，并不时为伊拉克提供军事情报和战争物资。与此同时，美国又私下与伊朗保持接触。1985年年底，为了促成亲伊朗的黎巴嫩伊斯兰武装组织释放被其扣押的美国人质，美国与伊朗秘密进行了武器交易。美国将一些防空导弹和"陶"式反坦克导弹卖给伊朗，换取伊朗的从中斡旋。1986年2月，伊朗乘势对伊拉克发起大规模反攻，占据了具有重要战略地位的法奥半岛，并将战线推进到了伊拉克第二大城市巴士拉近郊。1986年3月，伊朗对波斯湾上的过往船只发动袭击，击中8次，其中只有1次是针对非阿拉伯国家的船只的。

1986年年底，科威特向美国等西方国家及苏联发出请求，要求其派军舰保护科威特的运输船只。时任美国国家安全事务副助理的科林·鲍威尔回忆："鉴于波斯湾石油的自由运输对于我们有如经过动脉输送的血液一样重要，对于伊拉克和伊朗对科威特油轮造成的威胁必须予以应对。我们已告知科威特政府，如果他要求为其油轮悬挂美国国旗，从而把这些船只置于美国的保护下，美国愿意做出响应。"1987年3月，美军开始为11艘科威特油轮的护航行动做前期准备。

1987年5月17日，在波斯湾，美军"斯塔克"号导弹护卫舰、"孔茨"号导弹驱逐舰、"拉萨尔"号指挥舰和一架 E-3A 空中预警机举行为期两天的检验性军事演习。这里重点介绍"斯塔克"号导弹护卫舰的相关情况。"斯塔克"号导弹护卫舰是以美海军上将哈诺德·雷斯福德·斯塔克的名字命名的佩里级导弹护卫舰,于 1980 年 5 月 30 日下水,1982 年 10 月 23 日服役。军舰满载排水量为 4100 吨,舰长 136 米、宽 14 米,吃水深度为 6.7 米,航速为每小时 54 千米。军舰装备了 SPS-49 对空搜索雷达、SPS-54 对海搜索雷达、SQS-56 声呐、SLQ-32 电子战系统、密集阵近程武器系统、"鱼叉"反舰导弹、"标准"防空导弹等,此外还配有 1 架 SH-60"海鹰"轻型多用途直升机。全舰编制 15 名军官、190 名水兵及 1 个直升机特遣分队。舰长布林迪,1965 年毕业于美国宾夕法尼亚大学,之后进入美国海军服役;开始时,担任一艘坦克登陆舰的武器军官,参加了越南战争,因作战勇敢而获铜星奖等多枚奖章;后升任一艘炮舰的舰长;1975 年,到海军学院任教员;3 年后,出任"毕格露"号驱逐舰副舰长;1980 年,在海军研究发展和测试评估局任参谋;1982 年,在海军水面系统部任项目负责人;1984 年 6 月,41 岁的布林迪,以中校军衔出任"斯塔克"号导弹护卫舰舰长。

事件经过

1987 年 5 月 17 日 19 点 53 分左右,一架伊拉克空军的"幻影"F-1EQ 战斗机携带两枚重 1500 磅(约 680 千克)的"飞鱼"反舰导弹,从巴士拉附近的谢巴赫机场起飞,飞向波斯湾上空。它先以每小时 200 海里(约 370 千米)的速度飞抵沙特沿海,接着向北转向,在不到 3000 英尺(约 914 米)的高度飞往伊朗方向。

在空中巡逻的美军 E-3A 预警机负责演习海域的空中警戒,机上战勤班由美军和沙特阿拉伯空军人员共同组成。19 点 55 分,E-3A 预警机雷达操纵员于 200 英里(约 322 千米)处发现了一批不明空中目标,经组织地面雷达查证，美国和沙特阿拉伯联合对海空监视中心进行确认，这是一架伊拉克的"幻影"战斗机。E-3A 预警机对该机的飞行航迹进行了跟踪监视，并向海上参演舰只做了通报。不久，"斯塔克"号导弹护卫舰对空搜索雷达发现了同一批次的空中目标，正位于该舰以西约 70 英里（约 113 千米）处。此时，"斯塔克"号导弹护卫舰处于三级战备状态，各站位上的人员是战时的三分之一，对海对空探测平台和武器装备都有人值守。在战术信息中心，布林迪和他的参谋人员正忙于按计划实施海上演练。由于有 E-3A 预警机的通报，"斯塔克"号导弹护卫舰上的雷达操纵员只将其当成一般空情处理掌握，并未将其视为威胁目标。20 点 43 分，"孔茨"号导弹驱逐舰对空搜索雷达也探测到该批目标，同样，因已收到 E-3A 预警机的通报，"孔茨"号导弹驱逐舰只将其当作一般空情处理掌握。

21 点整，E-3A 预警机雷达操纵员注意到，伊拉克战机向东北方向飞去，速度提升到每小时 290 海里（约 537 千米），但是，他并未向参演战舰通报这一动态。2 分钟后，"斯塔克"号导弹护卫舰上的 SLQ-32（V）2 型电子战系统的雷达告警接收机侦收到"幻影"战斗机上"西拉诺"火控雷达的辐射信号，此刻，"幻影"战斗机距离"斯塔克"导弹护卫舰 43 英里（约 69 千米）。紧接着，"幻影"战斗机以每小时 310 海里（约 574 千米）的速度、45 度的俯角朝"斯塔克"号导弹护卫舰飞来。21 点 05 分，"幻影"战斗机距离"斯塔克"号导弹护卫舰只有 32 英里（约 51 千米）。21 点 07 分，雷达告警接收机操纵员发现，"西拉诺"雷达以扇区扫描方式照射"斯塔克"号导弹护卫舰。于是，他将雷达告警音频信号接到扬声器上，以使战术信息中心的战勤人员都能听见。

雷达显示屏上的目标距离越来越近，布林迪下令向战斗机发出询问。无线电报务员使用国际通用的 243 赫兹频率，向"幻影"战斗机发出询问呼叫："不明飞机，这是美国海军军舰，距离你 12 英里（约 19 千米），航向 78 度，听到，请亮明身份，听到，请亮明身份。"报务员连续呼叫两次，但是，没有收到回答。一名水兵依令到甲板上操作"超快速舰外散开箔条发射器"，他将两套发射器工作模式置于手动发射状态，而不是置于由雷达告警信号控制的自动发射状态。雷达告警接收机操纵员发现"西拉诺"

火控雷达已由扇区扫描状态转为目标跟踪状态,且跟踪时间已经持续了6秒,这意味着可能即将发射导弹。几秒钟后,"幻影"战斗机果然向"斯塔克"号导弹护卫舰发射了第一枚"飞鱼"反舰导弹。"斯塔克"号导弹护卫舰的对空防御武器紧急运作起来,密集阵近程武器系统的火控雷达开始搜索目标。但是,由于"飞鱼"反舰导弹掠海飞行,高度很低,且紧贴着"斯塔克"号导弹护卫舰首左舷方向进入,舰上的上层建筑物遮挡了观察视线,造成密集阵近程武器系统的火控雷达没有捕获到来袭目标。

21点09分,从"斯塔克"号导弹护卫舰的舰桥上,可以看到地平线附近有一团微小的蓝色火球,在时上时下地跳动。到了这一刻,布林迪意识到问题的严重性,大叫一声"有导弹"。只是,为时已晚,导弹已从舰首左舷12度方向径直飞来。5秒后,"飞鱼"反舰导弹以每小时550海里(约1019千米)的速度从左舷撞入"斯塔克"号导弹护卫舰舰体,冲击波在舰舷左侧形成一个直径约15英尺(约4.6米)的大洞,战斗部没有爆炸,但是弹体破裂,泄漏出残余的推进剂。仅过了几秒,第2枚导弹几乎从相同的位置撞入。这次,弹头在进入舰体5英尺(约1.5米)处后爆炸,熊熊大火迅速蔓延到邮政室、储藏室及军舰运行关键部位。舰上官兵中,有37人死亡,21人受伤。军舰遭到严重损毁,几近倾覆,最终被拖回巴林纳麦纳港。

空中的E-3A预警机战勤人员几乎目睹了事件经过,他们通过无线电话,紧急呼叫附近的沙特阿拉伯空军基地,让其派出战斗机拦截肇事飞机,不过,"幻影"战斗机最终安全返回基地。事件中,伊拉克飞行员把"斯塔克"号导弹护卫舰错判成了伊朗的一艘油轮。

暴露问题

事后,伊朗称该事件为神的恩赐,重申对于超级大国而言,波斯湾并非安全之处，基于其自身利益，还是不涉足险境为妙。伊拉克则立即向美国做出道歉，表示将严惩肇事飞行员，并声称除了伊朗的船只，伊拉克无意攻击其他任何目标。美国称，我们并不认为伊拉克是蓄意为之，伊朗才是那里的罪魁祸首。美军任命格兰特·夏普少将组成一个调查委员会，对事件进行全面调查。

调查委员会确认，事发时，"斯塔克"号导弹护卫舰位于禁航区 2 英里（约 3.2 千米）之外，符合交战规则。在事发 3 天前，一架伊朗战机曾经以同样的方式接近"孔茨"号导弹驱逐舰，或许由于其迅速机动，将舰首面向伊朗战机，做好了战斗准备，伊朗战机在距离"孔茨"号导弹驱逐舰约 39 英里（约 63 千米）时，转向飞离。也许曾有过的类似经历，对"斯塔克"号导弹护卫舰舰长的潜意识产生了影响，即美军舰只不会遭到攻击。

事件暴露出美军在处置不明空情过程中存在的多方面问题：

演习情况与实际空情之间的关系处理不当。"斯塔克"号导弹护卫舰指挥员没有把握好演习情况处置与实际空中目标情况处置之间的关系，侧重演习，忽视现实。在实际空情处置过程中，又只专注伊朗构成的威胁，却忽视了伊拉克可能形成的危险。

战备制度不落实。虽然舰载雷达告警接收机操纵员在侦获"幻影"战斗机火控雷达辐射信号后，及时发出了音频告警信号和视频告警信号。可是，为了不妨碍其完成演习任务，战术信息中心的战勤人员早已关闭了音响告警开关，致使没有人收听到音频告警信号，对于相应的视觉告警信号也未能及时引起关注，从而错过了最佳空情处置时机。

没有组织空情协同。21 点 02 分，当雷达告警接收机操纵员发现机载火控雷达信号后，没有主动与雷达操纵员进行协同，对空搜索雷达失去了为密集阵近程武器系统火控雷达指示目标的最佳时机，与本可以获得的 5 分钟宝贵预警时间失之交臂。此外，雷达告警接收机也没有同"超快速舰外散开箔条发射器"联动运作，致使"超快速舰外散开箔条发射器"没有发挥出应有的效能。

没有适时组织机动。当火控雷达探测视线受到建筑物遮挡时，没有人下达紧急机动的命令。当时，只要稍微调整一下舰首面对来袭导弹的方向，就足以改善火控雷达对来袭目标的探测视线，从而捕捉到来袭导弹，及时引导 6 管加特林机枪、76 毫米舰炮和"标准"防空导弹实施有效拦截。

空中预警组织不力。1987 年 5 月 17 日白天，伊拉克空军曾 3 次出动战机飞到波斯湾上空活动。对于夜间的再次出动，E-3A 预警机战勤人员有些疏忽大意，只是孤立地对其进行跟踪监视，没有将其与正在演习的美军战舰活动联系起来把握，没有准确判断出伊拉克战机的行动企图。

"斯塔克"号导弹护卫舰舰长布林迪因不明空情处置失当，造成重大人员伤亡和军舰损失，被提交军事法庭审判。后来，布林迪被免予起诉，但被撤销舰长职务，提前退役。布林迪 23 年的军旅生涯戛然而止。

外军不明海空情处置案例之九

1988年7月3日,一架伊朗航空公司的A300B2民航客机,在从伊朗南部城市阿巴斯港飞往阿联酋首都迪拜的途中,被美国海军"文森斯"号巡洋舰击落。机上290名旅客及机组人员全部遇难。在两伊战争的大背景下,数百条生命成了一场虚警的牺牲品。

美伊舰艇发生激战

1988年,两伊战争进入了第8个年头。自1987年7月,在波斯湾,美军出动军舰开始为悬挂美国国旗的科威特油轮提供海上护航。同时,受"伊朗门事件"的影响,美军强化对伊朗的禁运及制裁,进一步压缩伊朗的海上活动空间。1987年9月21日,美军出动武装直升机,袭击了一艘正在波斯湾布雷的伊朗海军"伊朗"号运输船。1988年4月14日,美海军"塞缪尔·罗伯茨"号(以下简称"塞茨"号)导弹护卫舰,被伊朗布设的水雷炸成重伤。1988年4月18日,作为报复,美军出动飞机和军舰,攻击了波斯湾中部的萨珊和南部的西里石油钻井平台。伊朗出动海军、空军进行反击。交战中,伊朗的"萨汉德"号护卫舰被击沉,其姐妹舰"萨巴拉"号护卫舰被击伤,还有1艘导弹巡逻艇及几艘小型船只被击沉。美军损失了1架"眼镜蛇"武装直升机。为了加强海上对空防御力量,美军调遣"文森斯"号巡洋舰驰往波斯湾。

1988年5月29日,美国海军"文森斯"号巡洋舰到达巴林,6月1日开始在波斯湾担负巡逻护航任务。转天,伊朗海军的"阿尔博兹"号护卫舰在波斯湾拦截了一艘名为"沃韦"号的大型散货船,进行例行海上检查,防止船上装有运往伊拉克的战争物资。

"文森斯"号巡洋舰舰长罗杰斯命令与其相距18英里(约29千米)的"赛茨"号护卫舰向其靠拢,并机动到伊朗护卫舰身后1500码(约1.4千米)的位置。"赛茨"号护卫舰舰长哈丹正在舰上的战术信息中心与新到任的卡尔森进行交接事宜。哈丹认为,美国与伊朗并非处于战争状态,罗杰斯的命令与美军的使命任务不符。目前,空中有美军侦察机巡逻,海面上有美军舰只巡航,伊朗护卫舰的搜索雷达对此一目了然。若"赛茨"号护卫舰此时突然机动到伊朗护卫舰的身后,明显带有战术意图,会不必要地加剧海上的紧张局势。

果然,受到压迫的伊朗护卫舰朝一架飞越其顶空的民用直升机实施了警示性射击,上面坐着美国 NBC 电视台的新闻记者。哈丹见状,用无线电话直接向美国海军设在巴林的中东联合特遣部队司令部做了报告。值班指挥员同意"赛茨"号护卫舰脱离"文森斯"号巡洋舰的指挥,并令"文森斯"号巡洋舰后退,只对伊朗舰只的活动进行监视。

1988 年 7 月 3 日早晨,"赛茨"号护卫舰正穿过霍尔木兹海峡,准备与一队商船会合,具体协调护航事宜。在附近海域,还有另外两艘美军舰只——"文森斯"号巡洋舰和"蒙哥马利"号护卫舰。其中,"文森斯"号巡洋舰装备了"宙斯盾"指挥控制系统,"赛茨"号护卫舰装备了 Link-11 数据链,通过计算机通信,"赛茨"号护卫舰可以同"文森斯"号巡洋舰互连互通,实时交互战术信息,并能同步观看"文森斯"号巡洋舰的战术信息中心态势显示屏上的相关信息。

太阳刚升起不久,"赛茨"号护卫舰通过无线电台,收听到了"蒙哥马利"号护卫舰的报告,霍尔木兹海峡出现伊朗炮艇,在其周围有过往的商船。不久,驻巴林的第 25 驱逐舰大队司令部命令"赛茨"号护卫舰火速向"文森斯"号巡洋舰靠拢。可是没过几分钟,"赛茨"号护卫舰接到恢复正常航速的命令,最后又撤销了同"文森斯"号巡洋舰会合的命令。

大约在 9 点 46 分,纳闷的卡尔森刚走到战术信息中心,就听见罗杰斯向第 25 驱逐舰大队司令部报告,其派出执行侦察任务的直升机遭到伊朗炮艇的攻击。

9 点 50 分,"文森斯"号巡洋舰及位于其左舷方向的"蒙哥马利"号护卫舰向北急驶。战术行动军官汤姆斯上尉对卡尔森说:"我的天哪,'文森斯'号巡洋舰正在全速前进,你瞧他身后掀起的波浪。不知道他到底想去哪?"

10 点 09 分,罗杰斯报告:伊朗革命卫队的炮艇正向其驰来,请求允许开火。美军中东联合特遣部队司令部设在"科罗拉多"号勤务指挥舰上,停泊在巴林,由于该舰没有装备数据链系统,无法同步接收海上战术情报。经过一番请示程序，罗杰斯拿到了开火权。不久，遂行侦察任务的直升机安全返回"文森斯"号巡洋舰。大约在10点10分，"文森斯"号巡洋舰和"蒙哥马利"号护卫舰穿越了伊朗12海里（约22千米）领海线，随后又发起攻击，击沉2艘、击伤1艘伊朗舰艇。伊朗炮艇进行了还击，但是，距美舰太远，超出了其武器射程，只在美舰前面几百米的水面上激起许多水柱。

"塞茨"号护卫舰空情判断处置

就在美伊两国海军舰艇发生激战的同一天的早晨，伊朗航空公司的一架空中客车A300B2飞机由首都德黑兰飞抵南部城市阿巴斯港，之后，按计划还将飞往阿联酋首都迪拜。10点17分，比预定起飞时间晚了27分钟，航班代号为IR655的空中客车A300B2从机场21号跑道起飞。机长穆尔辛·礼萨扬是一名具有7000飞行小时经历的老飞行员，英语讲得很流利。起飞后，按照塔台指令，机长打开了应答机，工作在模式Ⅲ，应答识别码是6760，表明这是一架商用飞机。飞机基本保持210度航向，在逐渐加速的同时，位于"琥珀59"空中航路上平稳爬升。阿巴斯港到迪拜的距离只有150英里（约241千米），飞行时间只需要28分钟。按照飞行计划，IR655航班的飞行剖面是一个简单的弹道型剖面，起飞后，先爬升到14000英尺（约4267米），做短时间巡航飞行之后，逐渐下降高度直至飞抵迪拜。

IR655航班升空不久，"赛茨"号护卫舰上的战术行动军官汤姆斯上尉向卡尔森舰长报告，发现一批不明空中目标，编为TN4131批。几乎同时，"文森斯"号巡洋舰也发现了同一批目标，并怀疑它是一架F-14A"雄猫"战斗机。对此，卡尔森并不认同，他问雷达操纵员："是目标吗？""是的，长官，雷达回波很连续。"雷达操纵员答道。卡尔森看了一眼控制台显示屏上的雷达回波，目标飞行高度约3000英尺（约914米），速度约350节（约每小时648千米），没有什么特别之处。于是，他问电子侦察机操纵员：

"侦收到辐射信号了吗？""没有，长官。这是个冷漠的家伙，什么也没有。"卡尔森问："我们能与他通话吗？""舰长，我们已用国际空中应急频率和军用空中应急频率呼叫，'文森斯'号巡洋舰也发出了呼叫，不过，尚未收到回答。"卡尔森命令用制导雷达照射目标。这是一种针对伊朗军用飞机的常用方法，目的是发出警告，要求其飞离。F-14A"雄猫"战斗机装备的雷达告警接收机能够自动接收和识别制导雷达信号，并及时向飞行员发出音频和视频告警。这种方法屡试不爽，然而，这次似乎不灵了。雷达回波没有任何变化。卡尔森再次把目光投向控制台显示屏，看见目标飞行高度在上升。"侦收到辐射信号了吗？"卡尔森再问。"什么也没有。""仍然没有回答吗？""是的，长官，没有收到任何回答。"卡尔森自言自语道："这不是一个威胁。"他对有些迷惑不解的汤姆斯解释道，"他在爬升，速度也不快，我们没有收到雷达辐射信号。此外，目标处于我们防空导弹杀伤范围的中间，F-14A"雄猫"战斗机也没有主动攻击我们水面舰只的先例，所以，TN4131 批目标不会是威胁。"

卡尔森注视着控制台显示屏，开始与汤姆斯评估伊朗的 P-3 巡逻飞机的活动情况。这时，收信机里传来了罗杰斯向司令部的报告，他准备击落 TN4131 批目标。卡尔森如同被雷击了一般："哎，他到底想干什么？F-14，他在爬升，这该死家伙的高度约 7000 英尺（约 2134 米）。"卡尔森转而又想："或许是我错了。他的巡洋舰上装备了'宙斯盾'指挥控制系统，身边还有一个情报小组。他一定掌握了我所不知的详情。"

按照卡尔森的回忆，大约在 10 点 23 分，位于后排拐角的电子侦察机操纵员，完成了对 IR655 航班应答识别信号的分析，确认这是一架商用飞机。这令他们感到毛骨悚然。

"文森斯"号巡洋舰空情判断处置

"文森斯"号巡洋舰对 IR655 的判断处置则是另一番景象。大约在 10

点17分，追逐伊朗炮艇的"文森斯"号巡洋舰发现一批不明空中目标，雷达操纵员将其编为4474批，推断这是一架从阿巴斯港机场起飞的F-14A"雄猫"战斗机。看到"赛茨"号护卫舰的已编批号后，遂将其改为TN4131批。在巴列维国王时期，伊朗从美国购买了80架F-14A"雄猫"战斗机，机载敌我识别器工作在模式Ⅱ。

3分钟后，"文森斯"号巡洋舰使用国际空中应急频率和军用空中应急频率发出呼叫。但是，没有收到回答。接着，雷达操纵员报告，收到了模式Ⅱ的识别信号，并称目标正在下降高度。

"文森斯"号巡洋舰防空指挥员拉斯蒂格是罗杰斯舰长的副手，他刚上任不久，是一名新手。向他报告情况、提供决心建议的是战术信息协调员。战术信息协调员判断，目标TN4131批是一个威胁。后来，他几乎是在歇斯底里地喊叫，称这是一个严重的刻不容缓的威胁。拉斯蒂格完全依据战术信息协调员的判断，向罗杰斯报告了决心建议。罗杰斯原单照收副手的决心建议，并给自己画了一条底线，一旦目标距离"文森斯"号巡洋舰小于20英里（约32千米），且不改变航向，他就下令攻击。此前，他向美军中东联合特遣部队司令部做过请示，获得了参谋长安东尼·利兹少将的批准。

大约在10点21分，站在罗杰斯身后的威廉蒙特·福德上尉提醒舰长，他没有发现目标有下降的迹象，目标很可能是商用飞机。10点23分，罗杰斯下令核实TN4131批的敌我识别信号，核实结果依旧，这是一架F-14A"熊猫"战斗机。罗杰斯判断，面临的威胁太严重了，再不做出反应，就可能重蹈一年前"斯塔克"号导弹护卫舰的覆辙。

如前所述，在这关键时刻，"赛茨"号护卫舰的电子侦察机操纵员刚好识别出IR655航班的应答信号。但是，他们没有及时果断地向卡尔森报告，错失了最后一次纠错的机会。10点24分，罗杰斯下达了拦截的命令。几秒后，距离"文森斯"号巡洋舰约8海里（约15千米），高度13500英尺（约4115米）的IR655航班被两枚SM-2ER防空导弹击中，飞机坠入波斯湾，290名旅客及机组人员无一幸免，全部遇难。空难涉及6个国家的公民，其中包括66名儿童，机上的黑匣子一直未能找到。

造成误判的综合因素

伊朗严厉谴责美军行径，称击落 IR655 航班是一次蓄意的非法行动，已构成国际犯罪，直接将美国告上了国际法庭。美国表示，在波斯湾，美国武装力量的存在是为了保卫自由世界至关重要的利益。在发射导弹前，"文森斯"号巡洋舰曾不止一次地呼叫 IR655 航班，但是没有收到回答，"文森斯"号巡洋舰行动属于正当防卫。同时，美国承诺将对事件展开全面调查。国际民航组织的报告指出，美军舰只在试图与 IR655 航班联络时，使用了错误的无线电频率，将信号发给了一架并不存在的伊朗 F-14 战斗机。

事后，按照"文森斯"号巡洋舰"宙斯盾"指挥控制系统的记录数据，IR655 航班从阿巴斯港机场起飞到被击落的 7 分钟时间里，一直处于爬升状态，这与"文森斯"号巡洋舰雷达操纵员报告的目标正在下降是相悖的。对此，美军将其归咎于"情景执行"心理因素。所谓"情景执行"是指一种无意识的，试图寻找证据来适应预想情景的心理状态，或者说身处真实情景之中，却按照想定的情景处置海空情。

记录数据表明，在下令攻击之前，"文森斯"号巡洋舰的确不止一次地试图与 IR655 航班通话，但是，所用通信频率不对。舰上没有装备甚高频无线拨号电话，也没有装备覆盖空中交通管制频段的通信侦察设备。在 IR655 航班飞行的最后阶段，机长穆尔辛·礼萨扬曾用国际标准民用航空频率与空中交通管制中心联络，在被击落的几秒前，还用英语与阿巴斯港进境飞行管制塔台通话。

IR655 航班是在德黑兰—阿巴斯港—迪拜国际航线上定期飞行的民用航班，有明确的飞行航路和运行时间表。虽然 IR655 航班比预定时间推迟了 27 分钟起飞，但是，起飞后一直在规定的航路上，基本保持正常飞行状态。由于"宙斯盾"指挥控制系统不能自动接入民航飞行计划实时信息，战勤人员在翻查民航飞行计划清单时，可能在手指的快速滑动过程中，错过了清单上所列的 IR655 飞行计划信息。

IR655 航班使用的空中客车 A300B2 是一种大型客机，其平均雷达反射截面积达 100 平方米量级，F-14A "雄猫"战斗机的平均雷达反射截面积只有 10 平方米量级，二者雷达原始回波的尺度差异十分显著。究竟是雷达操纵员的问题，还是雷达不具备辅助识别大型飞机和小型飞机的功能，迄今没有看到相关资料的披露。

最后一个问题关系"宙斯盾"指挥控制系统的总体设计，该系统的研制始于 1969 年，1983 年开始装备美海军舰只。"宙斯盾"指挥控制系统的设计是基于应对美苏全面战争的。在全面战争中，无论是空中还是海上，区分敌我友的方法都比较简单，模糊性和不确定性都比较小。而在波斯湾，"文森斯"号巡洋舰面对的是选择性战争。当时在海湾，苏联、英国、法国、荷兰、比利时及意大利等国也派出军舰为本国和悬挂本国国旗的外国轮船护航。在空中和海面，不仅有敌我友，还存在大量的民用航班和商用船只。当这些不受军事管控的目标，与各类军事目标活动相互交织和混杂在一起的情况下，如何精细分选，准确识别各类不同性质的目标，第一版"宙斯盾"指挥控制系统似乎并未考虑周全。此外，"文森斯"号巡洋舰雷达敌我识别器的技术体制与空中交通管制雷达的询问、应答体制也不兼容，这让"文森斯"号巡洋舰更难以应对不明空情。《谁掌控美国的战争：美国参谋长联席会议史（1942—1991）》一书作者斯蒂文·L. 瑞尔登说："1988 年 4 月，出于防空目的，海军为在波斯湾开展行动的小型舰队增派了一艘'宙斯盾'导弹巡洋舰——'文森斯'号巡洋舰。该决定是在国家安全委员会办公室提议下做出的，以期避免重蹈'斯塔克'号导弹护卫舰事件覆辙，这一决定与参谋长联席会议和海军规划人员的专业判断相左，他们认为'宙斯盾'导弹巡洋舰不适合相对较浅的波斯湾'绿水'环境。克罗上将（时任美军参联会主席）勉强支持国家安全委员会的建议，但根据他的说法，增派'文森斯'号巡洋舰本来是一项预备性措施，只有在情报表明伊朗人将孤注一掷，重新配置所剩无几的空军力量来袭击美国军舰的情况下才应实施。"

外军不明海空情处置案例之十

1980年爆发的伊拉克和伊朗之间的战争（两伊战争）是由萨达姆挑起的，战争持续了8年之久，使伊拉克的国库亏空，欠下近900亿美元的债务，经济濒临崩溃。为转移压力，萨达姆将目光投向了其弱小的邻国科威特，声称科威特侵犯了伊拉克的石油利益，从两国共有的鲁迈拉油田汲走了价值25亿美元的石油。他还称科威特不是阿拉伯兄弟，并秘密将共和国卫队的几个师调往与科威特接壤的边境地区。1990年7月31日，沙特阿拉伯国王法赫德亲自主持了科威特和伊拉克双方代表的谈判，对科威特和伊拉克边境地区的油田归属问题进行斡旋。然而，谈判以失败告终。两天后，伊拉克军队越过伊拉克和科威特边境，很快占领了科威特全境。1991年1月17日2点46分（巴格达时间），在两伊战争结束仅30个月之后，第一次海湾战争爆发。

佯攻谢拜赫港

第一次海湾战争中，就武器装备而言，以伊拉克与美国为首的联军处于不同的技术水平，存在代别之差。就军队人员素质、训练水平及对武器装备的了解和掌握而言，以伊拉克与美国为首的联军也不在一个档次上。因此，从战略层面讲，第一次海湾战争几乎是联军执牛耳的一边倒战争。但是，从战术层面讲，伊拉克军队并非不堪一击，束手就擒，而是同联军展开了厮杀。

在持续了 38 天的空中打击之后，1991 年 2 月 24 日凌晨 4 点，联军发起了解放科威特的地面作战行动。为了配合主要方向作战，美军中央司令部命令海军两栖特遣部队，于 1991 年 2 月 25 日拂晓时分，在谢拜赫港附近组织一次佯动，目的是牵制部署在科威特南部沿岸的伊拉克部队，防止其退回内陆地区，以增强其纵深防御。伊拉克守备部队在沿岸滩头设置了防登陆的铁丝网及障碍物，利用地形构筑了坚固的防御工事。为了欺骗伊拉克守军，使佯动更加逼真，美军"密苏里"号战列舰，在美军"贾勒特"号护卫舰和英军"格洛斯特"号驱逐舰的护卫下，驶入距离科威特海岸线约 10 海里（约 19 千米）的海域。1991 年 2 月 25 日 3 点，"密苏里"号战列舰上的 406 毫米重炮对海岸目标实施了 4 次火力突击。4 时许，美军第 13 陆战远征分队的 CH-5E 直升机从"冲绳岛"号两栖攻击舰上起飞，直奔芬塔斯方向而去，在距离海滩约 3 海里（约 5.6 千米）时折返。拂晓时分，10 架美国海军陆战队的直升机，在随队电子干扰的掩护下，直奔谢拜赫港，在抵近滩头防御工事的瞬间折返。"波特兰"号登陆舰在附近海域游弋，摆出一副即将展开登陆的架势。伊拉克军队毫不示弱，运用部署在科威特沿岸，北约称之为"蚕"式的反舰导弹系统进行了回击。

"格洛斯特"号驱逐舰是英国海军 42 型驱逐舰，舷号 D96，于 1982 年 9 月 2 日下水，1985 年 9 月 11 日服役，满载排水量为 5200 吨，军舰长 41 米、宽 15.2 米，航速为每小时 56 千米。舰上装备对海、对空搜索雷达，"海标枪"防空导弹系统，密集阵近程武器系统等，以及 1 架"大山猫"直升机。当日，在"格洛斯特"号驱逐舰上担负战斗值班的雷达军官是迈克尔·雷利，他肩负着警戒、掩护"密苏里"号战列舰的重任。在第二次世界大战中，"密苏里"号战列舰参加了硫磺岛和冲绳岛的登陆作战，1945 年 9 月 2 日，因见证了日本签署投降书而闻名于世。雷利可谓压力山大，不敢有丝毫怠慢。参战后，"格洛斯特"号驱逐舰与伊拉克巡逻快艇有过交火的经历。那是在 1991 年 1 月 29 日，英国皇家空军的"美洲虎"战斗机发现，伊拉克 15 艘巡逻艇正从古莱阿角驶往米纳萨乌德，企图进攻海夫吉港。从"格洛斯特"号驱逐舰及另外两艘舰只上起飞的"大山猫"直升机使用"海上大鸥"导弹实施攻击，伊军的巡逻艇展开还击。经激烈交火，直升机击沉或击伤了两艘伊军巡逻艇，被打散的其余巡逻艇迅速撤离。

处置不明空情

雷利明白，伊拉克军队在科威特沿岸很可能隐蔽部署了反舰导弹，随时会发起突然反击。连日来，完成作战任务的联军战机，在返回航母时已经习惯于不打开敌我识别器，这让紧盯雷达显示屏进行侦察监视的雷利既揪心又无奈。突然，在雷达方位—距离显示器上出现一批不明目标回波，一如既往地没有敌我识别标志。雷利思忖，这是一架返航的联军战机吗？不像。直觉告诉他，这不是联军返航战机，而很可能是一批威胁目标。这时，留给雷利处置的时间只剩下 1 分钟了，为了进一步证实自己的判断，他立即把目光转向雷达方位—高度显示器，从中拎出同一批目标回波，测出其飞行高度为 1000 英尺（约 305 米），这是"蚕"式反舰导弹的巡航高度。他经过再次复核后，果断地发出导弹来袭警报。指挥员依据雷利提供的威胁目标指示，及时下达拦截指令，引导"海标枪"防空导弹系统发射2枚导弹一举将目标击落。这是世界海战史上首例用导弹拦截导弹的成功战例。

接到伊拉克发射"蚕"式反舰导弹的报告后，一架 E-2C 预警机和一架 EP-3 电子侦察机协同配合，利用侦察定位设备标定了"蚕"式反舰导弹的阵地位置。随即，一架 A-6E 攻击机在 E-2C 预警机的引导下，向目标发起攻击，投下了 12 枚"石眼"集束炸弹，摧毁了"蚕"式反舰导弹阵地。

事后查明，伊拉克岸防部队向"密苏里"号战列舰共发射了 2 枚"蚕"式反舰导弹。第一枚落入了"密苏里"号和"贾勒特"号护卫舰之间的水域。第二枚在离岸 21 英里（约 34 千米）的海面上被英军"格洛斯特"号驱逐舰及时发现、识别和拦截。

实战经验总结

雷利对不明空情的洞察力引起了联军的关注，他们试图找出雷利在恰当处置不明空情的过程中，所具有普遍指导意义的方法。联军组织分析研究人员到现场访谈，并重放了当时的雷达记录。在查看雷达距离、方位等记录时，他们没有找到任何证据，可以表明目标回波就是"蚕"式反舰导弹。"蚕"式反舰导弹与 A-6 攻击机的雷达回波特征相似，飞行速度也相近，两者之间的唯一区别似乎只是飞行高度不同。当被问道，除飞行高度之外，你依据什么判断这可能是一枚"蚕"式反舰导弹时，雷利自信满满地回答："当它飞离海岸线时，看上去在加速。"

为了验证雷利的说法，联军分析研究人员用标尺对雷达距离—方位显示器上的前 3 个目标回波之间的距离进行了测量，以测出"蚕"式反舰导弹当时的飞行速率。雷达探测波瓣的扫描速率是均匀的，即每扫描一周的时间是确定的。如此，只要测量出一组目标回波的间隔距离是否发生变化，就可以判断出目标运动是否存在加速。遗憾的是，测量结果并不支持雷利的说法。

这到底是怎么回事呢？一位联军分析研究人员依据雷达探测原理，经过深入思索，最终对问题做出了比较合理的解释。在面对科威特海岸方向，"格洛斯特"号驱逐舰对空搜索雷达显示屏上存在一片强烈的地物回波。从岸基发射的"蚕"式反舰导弹，在离岸前，因其飞行高度比 A-6 攻击机的飞行高度低，处于地物回波遮蔽之中，雷利不可能像观察 A-6 攻击机那样及时发现其回波。只有当"蚕"式反舰导弹飞出海岸线后，地物回波的遮蔽才不起作用。因此，与每天观察到的 A-6 攻击机相比，雷利在雷达显示屏上发现"蚕"式反舰导弹的最远距离要更近些。其次，当"蚕"式反舰导弹飞出地物回波遮蔽之后，其运动速度与 A-6 攻击机相近。这样一来，就让雷利产生一种视觉上的错觉，似乎"蚕"式反舰导弹是以加速度飞离海岸线的。但是，雷利的确捕捉到了"蚕"式反舰导弹回波特征与 A-6 攻击机回波特征的不同之处，这帮他做出了正确的判断。

尽管战时目标环境相对简单，但是，雷利从发现第一点回波到查证高度、确认属性、引导拦截，只用了 1 分多钟的时间。整个处置过程行云流水，无懈可击。回顾当时短短 1 分多钟的时间发生的一切，或许可以梳理出雷利恰当处置不明空情的门道。一是职业精神，这意味着有担当，干什么钻研什么，钻研什么像什么，这是前提。二是专业素养，这意味着懂业务，熟悉手中兵器及工作程序，掌握交战规则，这是基础。三是认真准备，这意味着日常功课做得到位，雷利只要值班，他都会认真观察联军战机的飞行动态，细心摸索和掌握其活动特点，如背向和相向飞行时，雷达的最远送出距离和最远发现距离等。通过日积月累，他对联军飞机的目标特征和飞行参数诸元等了然于心。例如，A-6 攻击机返航高度通常是 2000 至 3000 英尺（约 610 至 914 米）。同时，对敌方飞行目标的特征和飞行参数诸元等也了如指掌。四是产生感觉，这意味着形成了对海空情本质特征的敏感性和适应性。雷利在雷达显示屏上已经观察了上百批联军战机的飞行动态,把握了从科威特海岸相向飞行时,第一点目标回波通常出现在雷达显示屏上的位置。一旦首点目标回波出现的位置异常,直觉就会立即提醒他:不对,要注意了!

　　加里·克莱因在《洞察力的秘密》一书中说:"洞察力往往显得很神奇,因为我们看到的都是最后那个令人惊奇的时刻,是兔子从帽子里变出来的那个时刻。我们看不到那些通往最终环节之前的步骤,魔术师们在台下的苦练,帽子设计得十分巧妙,兔子在舞台上被'偷梁换柱',魔术师助手在关键时刻往前一弯腰……"此言不虚。

外军不明海空情处置案例之十一

这是发生在科索沃战争中的一次空战。交战双方的战斗机——美国的 F-15C 战斗机与南联盟的米格-29 战斗机同属第三代战斗机,但是,两架米格-29 战斗机双双被两架 F-15C 战斗机击毁。就战术而言,南联盟飞行员采取无线电静默,并采用密集编队飞行,竭尽全力进行隐蔽。在战斗精神上,他们更具有大无畏气概,但最终还是输了。那么,美军究竟赢在什么地方呢?原因有三:一是美军在空中编织了一张严密的预警探测网,能够及时发现不明空情;二是采用多种手段、多种方式,能准确识别不明空情的真伪和属性;三是美军超强的电子对抗能力完全赢得了空中战场态势单向透明的优势,从而把握了空中交战的主动权。

美国与北约空袭南联盟

冷战结束后,由于民族、历史和地理等因素持续发酵,前南斯拉夫地区很快成为世界上的一个热点。1999 年 2 月,在法国朗布伊埃召开了一个国际会议,旨在寻求解决科索沃问题的具体方案,持续了两天的谈判无果而终。3 周后,谈判在巴黎重开,但仍然无法达成一致。1999 年 3 月 22 日,在贝尔格莱德,美国特使霍尔布鲁克和南联盟总统米洛舍维奇总统见了最后一面。他对米洛舍维奇发出了最后通牒,但遭到断然拒绝。他问道:"明不明白拒绝签署朗布伊埃协议的后果?"米洛舍维奇回答:"明白,你们要轰炸我们。"霍尔布鲁克说:"没错。"

1999 年 3 月 24 日晚,美国及北约对南联盟发动空袭。这是一场完全不对称的战争,美国及北约的经济总量是南联盟的 700 多倍,军事实力是南联盟的 400 多倍。美国及北约使用的是军事高技术,南联盟使用的是军事中低技术。因此,战争一开始,结局几乎没有悬念,不过,战争的进程却并不如美国及北约所愿。

1999 年 3 月 24 日晚,当贝尔格莱德西北方向的巴塔伊尼察军用机场遭到北约巡航导弹袭击时,南联盟空军少校库拉钦毅然驾驶一架米格-29 战斗机升空迎击。他刚飞到交战空域,机载雷达就遭到电子干扰,雷达显示屏上充塞着大量假目标。紧接着,多架敌机飞来,发起围攻。库拉钦知道,夜幕下敌众我寡,雷达又遭遇干扰,不能硬拼。于是,他凭借高超的驾驶技术,不断机动迂回,与敌机斗智,最终甩掉了敌机的围追堵截,安全返回基地。在另一次空战中,尼科列奇少校驾驶一架米格-29 战斗机,与 24 架敌机交战。他临危不惧,冲入敌阵,紧紧咬住一架敌机猛烈开火,雷达显示屏显示已经击中了敌机。当他转而扑向另一架敌机时,连中两弹。他驾驶着负伤战机坚持战斗,在格斗中再中一弹。在飞机失去控制的情况下，尼科列奇不得不弃机跳伞。

为了便于空袭，北约在波斯尼亚部署了部队及作战飞机。为了防止南联盟空军的空中打击，北约在波斯尼亚上空组织了 24 小时不间断的空中巡逻，巡逻任务由预警飞机，电子侦察机和战斗机共同担负。

两架米格-29 战斗机对阵两架 F-15C 战斗机

1999 年 3 月 26 日下午，美军第 48 战术联队第 493 小队的 2 架 F-15C 战斗机，组成"短剑小队"飞到波斯尼亚上空巡逻。夜幕降临之际，"短剑小队"飞临图拉市附近空域。长机杰夫·旺上尉在雷达显示屏上发现一批不明目标回波，位置在正东，距离约 40 英里（约 64 千米），据推测，不明目标应在塞尔维亚境内。这是一批什么目标？是民用飞机还是军用飞机？

当时 F-15C 战斗机的飞行高度为 28000 英尺（约 8.5 千米），速度为 0.85 马赫（约每小时 1041 千米）。几乎在同一时间，僚机麦克里上尉也发现了这批目标。杰夫·旺将发现的目标位置，向遂行空中支援任务 E-3 预警机报告，但是 E-3 预警机并没有发现和掌握这批目标。杰夫·旺后来回忆道："经仔细观察和判断，不明目标飞行高度约 6000 英尺（约 1.8 千米），飞行速度约为每小时 600 海里（约 1111 米）。据我所知，该速度比任何非战斗机所能飞行的速度要快得多。那时，我们已接近波斯尼亚与塞尔维亚的交界空域，不能继续向东飞行了，一是再飞将进入敌方空域，二是远离后方，E-3 预警飞机无法实施空中支援。"杰夫·旺令僚机和他一起掉头，将机尾朝不明目标的方向，以拉大与逼近的不明目标的距离。就在"短剑小队"以超音速掉头向西飞行时，E-3 预警机依据杰夫·旺的通报，加强了对相关空域的搜索，很快发现了这批不明目标。在获得了所需的空间距离之后，杰夫·旺与僚机再次掉转机头，重新迎向不明目标。在"短剑小队"完成横滚和转弯动作后，杰夫·旺在雷达显示屏上重新发现了那批不明目标，它向西，径直朝"短剑小队"飞来。此时，F-15C 战斗机空中目标识别系统显示，目标是一架米格-29战斗机，双方正以每分钟20英里（约32千米）的超音速接近。

这时，天穹中，阳光从西方射来，照在了"短剑小队"的身后，却照射在米格-29战机的座舱前。杰夫·旺猜测，或许南联盟地面引导雷达站已经告知米格-29战斗机"短剑小队"所在的位置，或许米格-29战斗机正在搜寻美军的空中加油机。按照空中交战规则，飞行员必须得到预警机的允许，才能攻击他们用肉眼尚未识别属性的飞机。米格-29战斗机飞行员似乎并未察觉已身处险境，继续快速向前飞来，马上就将到达F-15C战斗机发射导弹的边界。此刻，"短剑小队"明显感受到了威胁，E-3预警机在确认不明目标的属性之后，批准其实施攻击。杰夫·旺命令僚机丢掉副油箱，使武器系统进入待发状态。"短剑小队"运用雷达的基本战术是，当发现目标回波后，长机、僚机雷达不同时锁定在同一批目标上。杰夫·旺将雷达恢复到搜索状态，寻找目标周围是否还有其他目标。之后，杰夫·旺令其僚机作为主攻者发起攻击。

杰夫·旺看到一枚AIM-120中距空空导弹从僚机前面飞了出去，随后听到了E-3预警机的呼叫："雷达回波一分为二，目标不是1架，而是2架飞机。"杰夫·旺从雷达显示屏上也看到1批目标分成了2批，这完全印证了先前自己对该批目标的识别与判断。杰夫·旺用雷达瞄准敌方的长机，然后，在其周围进行小范围雷达搜索，以做好必要时与多架敌机交战的准备。杰夫·旺能同时跟踪2批目标，但他不能告诉僚机应向哪一架发起攻击。2批目标机都在中空，先转向东北方向，然后折回，迎着"短剑小队"的方向飞来。

杰夫·旺在距敌机16英里（约26千米）处，发射了首枚AIM-120中距空空导弹。接着他将瞄准十字线压在第2个目标回波上，距上一枚导弹发射约10秒后，发射了第2枚AIM-120中距空空导弹。在3枚AIM-120中距空空导弹穿过前面的夜幕时，似乎什么也没有发生。当F-15C战斗机进入距离目标回波10英里（约16千米）处时，杰夫·旺在检查雷达告警显示器的同时，要求僚机也进行检查，确认是否存在被逼近的敌机雷达所截获的征候。随即，杰夫·旺使用通信秘语呼叫："明白。"意味着没有被截获。僚机也呼叫:"明白。"接着,"短剑小队"迅速下降高度,力图用肉眼发现敌机,准备继续实施攻击。对着裂开的云层,从地平线上,杰夫·旺看到有个黑点,相距约 8 英里(约 13 千米)。杰夫·旺推断那就是自己追踪的米格战斗机,前面发射的中距空空导弹似乎并未将其击毁。他开始考虑使用 AIM-9 近距"响尾蛇"导弹再次发起攻击。就在那一刻,恰好在他平视显示器的外缘处,看到了一次爆炸,如一团火在空中穿行。那不是杰夫·旺看到的小黑点,据他估计是另一架,即长机。杰夫·旺将注意力转向刚才看到的小黑点,2 秒后,它以与第一架同样的方式猛烈爆炸,燃起大火。杰夫·旺向 E-3 预警机报告:"'短剑'击落 2 架米格-29。"从雷达开始发现目标到击落第 2 架米格-29 战斗机,只花了 2 分钟,这还包括为拉大间隔飞离米格-29 战斗机的时间。

击落米格-29 战斗机后,F-15C 战斗机继续向东飞行,以便查明是否还有其他飞机跟在前 2 架飞机的后面。结果没有新的发现,E-3 预警机也没有新的空情通报。"短剑小队"重新返回巡逻航线。

从空情处置看美军胜利

米格-29 战斗机和 F-15 战斗机同属第三代战斗机,这是一场典型的现代空中交战。在战术上,南联盟飞行员采取无线电静默,并采用密集编队飞行,使 2 架飞机在美军雷达显示屏上看上去只是 1 架,为达成隐蔽和出其不意的目的竭尽全力。在战斗精神上,南联盟飞行员具有"虽千万人,吾往矣"的大无畏气概,但最终还是输了,美军赢在了哪里呢?

及时发现不明空情。南联盟飞行员精心选择出航航线,采用密集编队队形,虽然躲过了 E-3 预警机雷达的探测空域,却又撞入了 F-15 战斗机雷达的搜索空域。美军在空中编织了一张严密的预警探测网,能够及时发现不明空情,这是其制胜的前提。

准确识别不明空情。美军对不明空情的识别采取了多重保险的方式。

首先，F-15C 战斗机机载雷达发现不明目标，接着是 E-3 预警机雷达发现同一批不明目标；其次，F-15C 战斗机的专用机型识别系统，区分出不明目标的具体型号；再次，由 E-3 预警机确认不明目标的属性，并在不危及战机安全的情况下，由飞行员用肉眼做进一步查证识别；最后，由 E-3 预警机批准实施攻击。采用多种手段、多种方式准确识别不明空情的真伪和属性，这是其制胜的保障。

电子对抗能力占优。运用电子对抗能力，可以使己方看得远，辨得明，打得准；同时，使对方看不远，辨不明，打不准。在美军及北约电子侦察、电子干扰和反辐射攻击的三重打压下，南联盟的地面预警、引导雷达网丧失了功效，机载雷达也不敢轻易开机。面对 F-15C 战斗机机载雷达的照射、跟踪，作为最后一种侦察预警手段，米格-29 战斗机的雷达告警设备，又不能正确进行分选和识别，无法及时发出威胁警告。南联盟飞行员只能依靠目视与强敌进行空中交战，结局可想而知。美军超强的电子对抗能力，完全赢得了空中战场态势单项透明的优势，从而把握了空中交战的主动权，这是其制胜的关键。

外军不明海空情处置案例之十二

2001年1月的一天,本·拉登在阿富汗坎大哈的一家电影院为儿子穆罕默德举行婚礼派对。婚礼开始时,本·拉登为来宾朗诵了一首由他人代笔的长诗,其中的一段是:一艘威风凛凛,/让勇敢者都感到畏惧的驱逐舰,/在港口和公海上引发恐慌,/她劈波斩浪,为傲慢、自负及虚幻的力量所簇拥,/她缓缓地驶向劫数的深渊,/在那里,一艘迎风起伏的小舟,正等候她的光临。诗中所谓的驱逐舰就是美国海军"科尔"号导弹驱逐舰。2000年10月12日,"科尔"号导弹驱逐舰在也门亚丁港加油时,遭到基地组织策划的恐怖袭击,造成舰上17名海军人员死亡,39人受伤,舰体严重损坏。"科尔"号导弹驱逐舰事件,是"9.11"事件的一场序幕。反恐战争中的一次海上漏警,给美国海军上了十分现实的一课,不明海情处置遇到了全新而又复杂的课题。

策划袭击美国军舰

1998年,阿卜杜勒·拉希姆·纳希里加入基地组织。1999年春天,他受本·拉登之命,成为基地组织在也门实施恐怖行动的负责人。起先,作为千年之交恐怖袭击的一环,该分支的任务是袭击美国或西方在也门西海岸停靠的油轮。后来,袭击地点转移到了也门亚丁港,袭击目标锁定在美国海军舰只上。本·拉登认为"驱逐舰代表着西方的都市",其象征性和重要性都远大于普通油轮。

领命后,纳希里首先在亚丁港的工作人员和港口沿岸居民中发展线人。经过一段时间的探查,他了解到美国海军舰只在亚丁港停靠加油的平均时间约4小时。接着,纳希里又在当地招募了巴达维,负责任务协调;库索,负责物流组织;以及自杀式袭击者的候选人哈桑和尼卜拉斯。

到了1998年夏天,巴达维以纳希里的名义,在亚丁港一僻静处租下了一幢房子,当作秘密活动据点。为了安全起见,他为房子安装了防盗门,还加高了院子的篱笆。按照纳希里的指令,巴达维专程到沙特购买了一艘小船,以及一辆带拖挂的卡车。小船用于装载炸药,卡车用于把小船拖到港口。

2000年1月3日,就在纳希里及其同伙紧锣密鼓做准备之际,接到了美国海军"沙利文"号导弹驱逐舰即将到港的情报。纳希里迅速组织同伙,将装满炸药的小船用卡车悄悄地拖到港口。可是,因炸药装得太多,小船刚一入水就搁浅在了海滩上。

当天晚上,5个也门人沿着海岸一路走到海边。他们无意中看见了这艘搁浅的小船任由浪花拍打,四处连个人影都没有。他们决定把船上的东西全都卸下来拿走。他们先拆了那台重600磅(约272千克),价值上万美元的马达，可是马达刚被拆下，就不慎掉入了海水中。等到捞起推上岸时，马达已被海水浸透了。接着，有一个人设法撬开了船舱，只见里面塞满了像砖头一样的东西。他猜想这些东西可能是大麻制品，不过这些像砖头一样的东西相互用导线连接，而且还绑着一块电池。他试着拽下一块闻了闻，感觉有一股怪怪的油腥味，不像是大麻。几个人讨论后认为，不管像砖头一样的东西是什么，一定很值钱。于是，5个人在小船和海滩之间排成一条龙，将像砖头一样的东西从船上一抛一接地传递出来，码放在海滩上。就在这时，纳希里及其同伙驾驶着一辆越野车赶过来了。当他们看见这些人正在抛"砖头"时，吓得直往后退。赶走那5个人之后，纳希里及其同伙用起重机把小船打捞上岸，收拾好炸药，悄悄地返回了住地。

袭击"沙利文"号导弹驱逐舰行动失败后，本·拉登很生气，要求重新物色合适人选，换下2名自杀式袭击者。但纳希里表示反对，他认为此次行动失败不能简单地归咎于2名自杀式袭击者，主要原因是行动仓促，事前没来得及实际操作演练。他解释道，通过演练就可以发现行动过程中可能存在的问题，如小船上增加的浮力装置不能拆除，装药量要适当等。此外，通过演练还可以提高行动速度，进一步提高行动的隐蔽性和袭击的突然性。本·拉登被纳希里说服，同意继续由他负责组织2名自杀式袭击者演练，并准备下一次行动。2000年夏天，哈桑在亚丁新租了一处住房，同样为了隐蔽和安全，他立即对院子的篱笆进行了加高。哈桑还租了一套海景公寓房，作为观察据点，在那里可以俯瞰亚丁港作业区。

纳希里组织对小船进行了适应性改装，几乎同时，又研制出一种新型炸弹，这种炸弹的装药是赋型的，爆炸后能将威力集中于一个方向，从而提高爆炸的破坏力。一切准备就绪，就等下一艘美国军舰到达亚丁港。

亚丁雄踞于一座火山遗址的山坡上，火山塌陷的地方形成了一个得天独厚的天然良港，分为内港和外港。内港被亚丁半岛和小亚丁半岛环抱，使之免受季风和巨浪的影响，港内风平浪静，终年可以安全停泊船只。亚丁是红海的门户，地缘战略位置十分重要，是印度洋沿岸最重要的海军基地之一。1998年，早就相中这一战略要地的美国如愿与也门政府达成一项协议，允许美国海军过往军舰在亚丁港停泊加油。

"科尔"号导弹驱逐舰被袭经过

2000年10月12日,星期四,上午,美国海军"科尔"号导弹驱逐舰按计划,在亚丁港做例行加油停靠。当地时间9点30分,"科尔"号导弹驱逐舰在港口输油浮标处完成系泊,距离海岸1000码(约914米)。1小时后,开始加油。这艘阿利·伯克级驱逐舰订购于1991年,于1995年2月10日下水,1996年6月8日服役,满载排水量为8800吨,舰长154米、宽20米,速度为每小时56千米。"科尔"号导弹驱逐舰装备了"宙斯盾"指挥控制系统、SPY-ID三坐标雷达、SPG-62火控雷达、SQS-53C声呐、SLQ-32(V)2电子战系统等,舰载武器有BGM-109"战斧"巡航导弹、"鱼叉"反舰导弹、密集阵近程武器系统等,可搭载2架MH-60直升机。显然,"科尔"号导弹驱逐舰的战技性能水平属于世界一流。

"科尔"号导弹驱逐舰是为纪念1945年2月19日在日本硫磺岛战役中阵亡的机枪手、海军士官雷尔·S.科尔而命名的,编制33名军官、38名军士长和210名士兵。"科尔"号导弹驱逐舰时任舰长是柯克·S.利波尔德中校。1981年,利波尔德毕业于美国海军学院,1989年毕业于美国海军研究生院,获系统工程科学硕士学位,1994年毕业于美国陆军指挥参谋学院,2001年毕业于美军武装力量联合参谋学院。利波尔德曾任"夏洛"号巡洋舰值更官,"阿里·伯克"号驱逐舰作战军官,还曾在"约克城"号巡洋舰和"费尔法克斯郡"号登陆舰上任部门军官,1999年6月25日出任"科尔"号导弹驱逐舰舰长。

"科尔"号导弹驱逐舰舰身设计采用了隐形技术,雷达对其探测发现距离大为缩短。舰上重要部位采用重装甲防护,具备防核生化武器攻击的能力。"科尔"号导弹驱逐舰是美国海军生存能力最强的舰只之一。虽然,"科尔"号导弹驱逐舰不易被雷达探测发现,但是,当它停泊在亚丁港时,肉眼仍能从近处发现它。

大约在11点18分,哈桑和尼卜拉斯驾驶着满载炸药的小船,从岸边向"科尔"号导弹驱逐舰徐徐驶去。时值中午,"科尔"号导弹驱逐舰上的对海对空搜索雷达天线360度地旋转着，显示屏前，雷达操纵员警惕地搜索任何可疑的海上和空中目标。不过，由于舰载对海搜索雷达存在近场盲区，无法探测到与军舰毗邻的海上目标。甲板上有几名水兵值勤，对舰只周围的近距离海上目标实施目力观察。

"科尔"号导弹驱逐舰可以装载24万加仑（约109万升）燃油，加满油通常需要6小时。大约加油到45分钟时，甲板上一名执勤水兵看见一只小船从岸边徐徐驶来，2名驾驶者还友好地向其招手致意，似乎没有任何恶意。水兵觉得有点蹊跷，就扒住护栏探出身子，仔细观察。小船行进至大概位于"科尔"号导弹驱逐舰左舷中部附近处停了下来，此刻，哈桑和尼卜拉斯在小船上并排肃立，如同军人受阅一般。正当水兵想进一步判断小船真实意图时，小船上180至320千克的炸药被引爆了。一团火球从驱逐舰吃水线附近骤然升起，形成的巨大气浪瞬间将正在观察的水兵吞没了。爆炸在"科尔"号导弹驱逐舰的左舷形成了一个12米×18米见方的大洞，正在舰上餐厅排队打饭的水兵被炸得血肉横飞，17人死亡，39人受伤。

起初，负责加油的水兵以为是汽油管爆炸了，赶紧断开加油管道。后来才发现，笼罩着军舰的不是油烟，而是炸药形成的烟雾。爆炸产生的巨大冲击波把岸上停放的汽车都掀翻了，1千米之外的人都有震感，以为发生了地震。在亚丁市的一辆出租车中，法赫德·库索被猛地震醒，他是基地组织行动支援小组的一员，负责拍摄袭击现场，结果睡过了头，没能听见"架起摄像机准备拍摄"的寻呼信号。

不明海情处置的新挑战

冷战结束后，美国著名学者塞缪尔·亨廷顿，在《文明的冲突与世界秩序的重建》一书中阐述了造成伊斯兰和西方冲突的根本因素。无论是亨廷顿的观点不幸挑起了文明的冲突，还是"科尔"号导弹驱逐舰事件碰巧印证了亨廷顿的观点,毋庸置疑的是,作为"9.11"事件的一场序幕,"科尔"号导弹驱逐舰事件给美国海军上了十分现实的一课。不明海情处置遇到了全新而又复杂的课题,面临多样而又严峻的挑战。

首先,目标明确,意志坚决。基地组织将袭击目标锁定美国在海外的象征——美军军舰身上,虽然针对"沙利文"号导弹驱逐舰的袭击失手,然而这并未使其气馁,而是分析原因,总结教训,改进和完善行动方案。像一个老道的猎手躲在暗处,重新等待下一个猎物的出现,不达目的,绝不收手。

其次,损失比悬殊,不成比例。据事后掌握的情报,纳希里行动小组获得的恐怖袭击经费只有 36000 美元,而造成美国海军的损失则高达数十亿美元。此外,2 名自杀式袭击者造成 56 名美军官兵伤亡。

再次,针对"科尔"号导弹驱逐舰的恐怖袭击,就发生在美国海军先进舰载雷达及"宙斯盾"指挥控制系统的眼皮子底下。"科尔"号导弹驱逐舰的设计指标是与苏联海军争夺制海权,其"宙斯盾"指挥控制系统可以同时发现、识别、跟踪和处置 370 千米以内的数百批飞机、导弹和舰船目标。然而,对反恐战争中突发的不明海情的发现、识别和处置却显得力不从心。

最后,海上恐怖袭击已由潜在威胁变成现实危险,反恐不明海情处置必须提上议事日程。一是,修改交战规则,定义何种目标或行动可以视为挑衅或威胁,同时,海上可以使用武力的情况、条件、程度和方式等必须修改。"科尔"号导弹驱逐舰上的士官约翰·瓦萨克抱怨道,就在爆炸发生之后,一名军士长还命令他不要将舰尾的机枪瞄准另一艘向前驶来的小船。他说:"当时他脸上还有血迹。"但是被告知,"这是交战规则,即在遭到攻击前,不能射击。"二是,要与当地海事部门、港口安全部门建立顺畅的沟通渠道。美国联邦调查局认为,事发前并非毫无迹象可察。例如,有人频繁打听"科尔"号导弹驱逐舰抵达港口的消息。又如,恐怖分子将小船运到码头时,一个叫哈尼的 12 岁男孩正在岸边钓鱼。从卡车上卸下小船后,一名恐怖分子掏出 100 也门里亚尔(约合 60 美分)递给哈尼,让其帮忙照看停在一旁的卡车。但是，由于没有建立情报协同机制，不仅事前得不到情报支援，事后在当地展开调查都困难重重。因此，与所在国实现反恐不明海空情的收集、分析处理的密切协同和情报共享至关重要。三是，创新反恐工作机制，重新研究和评估海上反恐及部队防护的方法。2001年11月，美国海军在弗吉尼亚利特尔克里克的海军两栖训练基地，开设了一个反恐及部队防护作战中心，专门研究反恐战术，论证反恐装备研发要求和进行反恐培训。2004年10月，美国海军新组建了海上力量防护司令部，专司对海军海外远征军反恐任务的管理、培训和监督。2007年，"科尔"号导弹驱逐舰案例场景被植入一艘驱逐舰的实体模型里，配置在伊利诺伊州大湖海军基地，用于培训学员如何尽早发现、快速传递、准确识别和及时处置不明海情，以及如何控制和降低恐怖袭击可能造成的危害和损失。

恐怖袭击事件发生后，美国海军对"科尔"号导弹驱逐舰事件展开了司法调查。最后的结论是，"科尔"号导弹驱逐舰抵达亚丁港加油时，舰长柯克·S.利波尔德对周围环境的评估，对调整兵力做好防护准备等方面基本尽职。但报告同时指出，如果利波尔德能考虑亚丁湾的现实情况，完全依照12项安全程序中的每项规定严格行事，恐怖袭击还是有可能被阻止的，或造成的损失是有可能被减轻的。

"科尔"号导弹驱逐舰事件发生之后，利波尔德被调离舰长岗位，先后在五角大楼多个部门任职，并做出了一定的成绩。2002年，海军晋升委员会曾提名利波尔德晋升为海军上校军衔，但遭到美国参议院的反对。后来，海军晋升委员会还几次提名利波尔德晋升上校军衔，但是，都未获参议院的认可。2006年8月22日，美国海军部长唐纳德·C.温特决定，将利波尔德的名字从晋升名单中剔除，理由是其在"科尔"号导弹驱逐舰事件中的所作所为，没有达到一名海军指挥官应该达到的高标准要求，不具备晋升更高一级军衔所需的条件。2007年5月，利波尔德以海军中校军衔退役，时年47岁。

外军不明海空情处置案例之十三

2001年9月11日，19名恐怖分子，在光天化日之下，分别劫持了4架美国航空公司的客机，并驾驶其中的2架对位于纽约曼哈顿下城——象征美国强大经济实力的世贸中心双塔实施了撞击；驾驶其中的1架对位于弗吉尼亚州阿灵顿县波托马克河畔——象征美国强大军事实力的五角大楼实施了撞击；还有1架准备对位于哥伦比亚华盛顿特区——象征美国强大政治实力的国会大厦或白宫实施撞击，不过，中途坠毁在宾夕法尼亚州斯托克里的一处空地上。袭击共造成机上乘客及机组人员246人（不含劫机者）、世贸中心2749人、五角大楼125人死亡，死亡总人数达3120余人，超过了1941年12月7日在珍珠港事件中的死亡人数，整个世界为之震惊。美国"9.11"事件调查委员会报告称，这一天改变了美国。

策划与组织

1996年5月18日,在美国干预苏丹政府的情况下,本·拉登不得不离开居住了4年的苏丹,几乎丧失了所有在当地的投资和资产,惶惶若丧家之犬般地来到阿富汗。1996年8月23日,与美国结下了梁子的本·拉登发表了一篇向美国发动战争的宣言:"你们不是没有意识到,由犹太人、基督徒及其代理人所组成的联盟给穆斯林带来了怎样的不公、压迫与侵略;穆斯林的鲜血成了最为低贱的东西,穆斯林的金钱和财富遭到了敌人的掠夺。"他指名道姓地向时任美国国防部长威廉·佩里叫板:"威廉啊,明天你就会知道,是哪些年轻人在和你们这伙被误导的人对抗……由于你们在我们的国土上耀武扬威,对你们进行恐吓是我们合法的权利,也是一种道德义务。"当时,本·拉登虽小有名气,但远未如后来那样名声显赫。他的战争宣言在美国及世界上并未引起太多的关注。

不久,本·拉登在托拉博拉一个山洞里,会见了一位名叫哈立德·谢赫·穆罕默德的人。此人是1993年用炸弹袭击纽约世贸中心的拉米兹·优素福的叔叔,曾在美国北卡罗来纳州农业与技术大学学习机械工程。他为本·拉登带来了一套针对美国本土的袭击方案,其中一个就是训练飞行员驾机撞击建筑物。具体设想是,从美国东海岸和亚洲各劫持5架客机,并发起两个波次的袭击。一个波次是用9架飞机撞击选定的目标,如美国中央情报局、联邦调查局和核电厂。哈立德驾驶最后一架飞机,他将杀死机上所有的男人,继而发表一份谴责美国对中东政策的宣言,最后,驾机着陆,释放机上的妇女和儿童。本·拉登听后未置可否,只是正式邀请他参加基地组织。哈立德可谓"9.11"事件的始作俑者。

3年后的春天,本·拉登重新把哈立德找回来,基本认可其对美国本土的袭击方案,并要求对方案进行细化和完善。过了几个月,本·拉登带着阿布·哈夫斯（与拉登关系最为密切的顾问之一）在坎大哈同哈立德再次碰面。首先，本·拉登同意运用劫持的客机实施袭击的方法；之后，三人仔细筛选中意的袭击目标。本·拉登认为："美国是一个军事力量无比强大、经济领域涵盖甚广的超级大国。但这一切都建立在一个并不稳定的基础上。我们可以把这个基础作为目标，并对其明显的薄弱点予以特别关注。如果有100个薄弱点遭到打击，真主保佑，美国就会衰落，就会垮台，就会放弃世界的领导权。"本·拉登把美国白宫、国会和五角大楼列入了目标名单，哈立德提议将世贸中心也列入目标名单。此外，他们还讨论过将芝加哥的希尔顿大厦和洛杉矶的图书馆大楼（现为联邦银行大厦）列入目标名单。不过，本·拉登最后敲定，有关美国西海岸城市的目标先放一放。

行动方法和袭击目标确定之后，剩下的关键问题是挑选劫机行动的实施者，尤其是要找到会驾驶飞机的人。

穆罕默德·阿塔、拉米兹·本·希布赫、马尔万·谢希和齐亚德·贾拉4个人，在1999年11月的最后两个星期相继从德国汉堡来到阿富汗基地组织的训练营地。阿塔是一个愤世嫉俗的青年，他于1992年秋天，从埃及来到汉堡哈堡工业大学，报名攻读城市规划专业的研究生学位。阿塔也是一个完美主义者，情绪很少外露，曾与他共事的一位女同事回忆道："他有个不同寻常的习惯，每当他提出一个问题，然后听你作答时，他都会把嘴唇紧紧地抿起来。""有段时间，我很难将其瞳孔与黑眼珠区分开来，这一点本身就让他显得非常吓人。"

1996年4月8日，黎巴嫩平民被以色列埋设的地雷炸伤。转天，黎巴嫩真主党游击队向以色列发射了2枚火箭弹。2天后，以色列针对黎巴嫩真主党，发起了代号为"愤怒的葡萄"的军事行动，共造成20人死亡，50多人受伤。就在同一天，义愤填膺的阿塔填写了一份从圣城清真寺拿来的标准遗嘱，表明将以生命相许进行复仇的决心。

阿塔等人的到来，立即引起了阿布·哈夫斯的注意：他们受过正规教育，懂技术，甚至能熟练使用英语。他们熟悉西方的生活方式，赴美签证也不存在问题。他们只需要学会和掌握飞机驾驶技术，而且甘愿以身殉教就可以了。

一天晚上，4个人受邀与本·拉登共进斋月晚宴。席间他们谈及塔利班，本·拉登还询问了欧洲穆斯林的情况。之后，他告诉这4名青年，他们将成为殉教烈士。得到的具体指示是返回德国，报名参加美国的飞行学校。

不久，从沙特来的青年哈尼·哈居尔也进入了阿布·哈夫斯的视线。1990年，哈尼首次进入美国，在亚利桑那州斯科茨戴尔的CRM航空公司培训中心接受飞行训练，1999年4月获得美国联邦航空管理局颁发的商用飞机飞行员证书。回到沙特后，他想成为一名国家航空公司的飞行员，但被拒绝。这一年年底，他告诉家人他要去阿拉伯联合酋长国为一家航空公司工作，实际上他去了阿富汗。经考察，哈尼·哈居尔成为以汉堡4名青年为主的劫机行动核心团队的一员。

被精心挑选出来的劫机行动成员共有20人，分为4个小组。第1小组：穆罕默德·阿塔、阿布杜兹·奥马里、瓦立德·谢希、维尔·谢赫里和萨塔姆·苏克米，阿塔是组长及劫机后的驾驶员。第2小组：马尔万·谢希、法耶兹·巴尼哈马德、哈马兹·伽玛迪、阿马德·伽玛迪和穆罕默德·谢希，马尔万·谢希是组长及劫机后的驾驶员。第3小组：齐亚德·贾拉、萨义德·伽玛迪、阿马德·纳米、阿马德·哈兹纳维和穆罕默德·卡塔尼，齐亚德·贾拉是组长及劫机后的驾驶员。第4小组：哈尼·哈居尔、哈立德·米达尔、马杰德·默克德、萨利姆·哈兹米和纳瓦夫·哈兹米，哈尼·哈居尔是组长及劫机后的驾驶员。具体劫机行动由穆罕默德·阿塔统一协调指挥。

"9.11"事件发生后不久的一个晚上，在坎大哈的一家旅馆，本·拉登对一位神职人员说："我们策划了行动，还做过计算。""我们坐下来估算了敌人的伤亡数字。我们估计，几架飞机上的乘客肯定会死。至于双塔，我们估计飞机撞入的那三四个楼层里的人也得送命。我们的估算就是这样。我们是乐观的。根据我从事的职业和工作（建筑业），我估计飞机上的燃料起火后会使钢材的温度大幅升高，直到把它们烧得通红，几乎丧失其物理属性。因此，如果飞机从这里撞上塔楼，那么，该位置以上的部分将会坍塌，这是我们期望的最大效果。""9.11"事件的精心策划及计算，从中可窥见一斑。

潜入与准备

马尔万·谢希原是阿拉伯联合酋长国的一名学生，1996年来到德国。不久，他结识了穆罕默德·阿塔、齐亚德·贾拉和拉米兹·本·希布赫，4人很快成为密友。2000年5月，马尔万·谢希进入美国；6月，穆罕默德·阿塔进入美国。两人在佛罗里达州哈夫曼航空学校学习飞行技术，2000年年底，获得美国联邦航空管理局颁发的商业飞行员驾驶执照。随后，马尔万·谢希潜心准备劫机行动。他专门乘航班旅行，在机舱现场考察和体验如何进行劫机，以确定劫机行动的具体细节。2001年9月9日，马尔万·谢希从佛罗里达搬到波士顿，入住米尔纳酒店，并与阿塔同住一室，为"9.11"劫机行动做最后的准备。

齐亚德·贾拉出生于黎巴嫩的一个富裕家庭，在世俗教养下成人。为了成为一名飞行员，他1996年来到德国，进入格雷夫斯瓦尔德大学学习德语。一年后，他来到汉堡，在汉堡应用科技大学学习航空工程。在那里，他成为一名虔诚的穆斯林，并与后来成为劫机核心团队的成员建立了联系。1999年11月，他来到阿富汗，2020年1月底又返回汉堡。齐亚德·贾拉称其护照被盗，重新申领了一本"干净"的护照。3个月后，他从美国驻柏林使馆拿到赴美签证，并于6月到达佛罗里达，在那里接受飞行课程及搏击训练。在准备期间，齐亚德·贾拉仍然保持与德国女友及其家人的联系。或许，这为后来93号航班劫机行动阴谋的败露和失败埋下了伏笔。实际上，贾拉的优柔寡断，令穆罕默德·阿塔感到不爽和不安，他可能曾考虑用扎卡里亚斯·穆萨维取代齐亚德·贾拉。2001年8月中旬，明尼苏达州的一所飞行学校，向当地联邦调查局外勤办事处反映，有一个叫扎卡里亚斯·穆萨维的学员问了一些令人生疑的问题,如纽约市空域的飞行航路分布情况,飞机驾驶舱门能否在空中打开等。由于穆萨维是摩洛哥裔法国公民,所持签证已经过期,移民规划局将其拘留。负责此案的特工向联邦调查局总部提出申请,希望能够对穆萨维的笔记本电脑进行检查,结果因检查理由不充分而遭拒绝。当明尼苏达外勤办事处主管就此事再次提醒总部时,却被告知这是在"制造紧张气氛。"不服气的主管回敬道,他是在"设法阻止有人劫下一架飞机撞向世贸中心。"不过,最终还是未能获得总部授权。

哈尼·哈居尔于2000年12月,进入美国来到圣地亚哥,与2000年1月到达那里的纳瓦夫·哈兹米和哈立德·米达尔会合。哈立德·米达尔是本·拉登最信赖的人之一,原籍也门,拥有沙特公民身份。哈立德·米达尔后来又离开了美国,直到次年7月才重新返回美国。可能就在这段时间里,他将阿布杜兹·奥马里、瓦立德·谢希和萨塔姆·苏克米从沙特带到了美国。

哈尼·哈居尔和纳瓦夫·哈兹米随后去了亚利桑那州的米萨,在那里,哈尼·哈居尔开始恢复性飞行训练。之后,哈尼·哈居尔到新泽西州的泰特博拉接受模拟飞行训练,并在新泽西州费尔德的一所飞行学院接受了空中飞行训练。

2001年5月至8月,另外11名劫机成员陆续进入美国。其中,穆罕默德·卡塔尼于2001年8月3日从迪拜飞往奥兰多,在过海关时,他受到官员的质疑,因为其只随身携带了2800美元,且持的是单程机票,于是被送回迪拜,不得不返回沙特。由于在短时间内无法找到合适的替代人选,齐亚德·贾拉的劫机行动组就少了1人,可能这也是后来93号航班劫机阴谋未能得逞的重要原因之一。

其间,阿塔和拉米兹·本·希布赫待在西班牙一个名叫萨洛的海边景点,对劫机行动方案及具体细节做了最后的梳理和敲定。拉米兹·本·希布赫是也门人,因没有拿到赴美签证,没有直接参加"9.11"当天的劫机行动。马尔万·谢赫在佛罗里达伯伊顿海滩的一家体育用品店买了两把 4 英寸（约 10 厘米）的袖珍刀，法耶兹·巴尼哈马德在一家沃尔玛超市买了一个两件式小刀，哈马兹·伽玛迪买了一套 Leatheman Wave 牌子的多功能工具。

2001 年 9 月 10 日，从马里兰州盖瑟斯堡的一个飞行训练中心，哈尼·哈居尔拿到了使用地形识别导航的飞行认证。纳瓦夫·哈兹米与其他几名劫机成员一同住进了弗吉尼亚州赫尔登市的万豪旅馆，该旅馆毗邻华盛顿杜勒斯国际机场。

2001 年 9 月 10 日，在白宫，美国国家安全事务助理赖斯参加了布什总统同澳大利亚总理约翰·霍华德的会面。晚上，赖斯同英国首相托尼·布莱尔的外交政策顾问戴维·曼宁一起用晚餐。第二天早上，布什总统将前往佛罗里达州参加一项教育宣传活动。按照惯例，赖斯和其副手史蒂夫·哈德利应陪同前往，但由于行程短（只有一天的时间），赖斯就指派白宫战情室主任，海军上校德迪波拉·洛伊陪同。

入夜，美国东海岸依然灯光闪烁，与平时并没有什么两样，忙碌了一天的人们逐渐进入梦乡。然而，当他们一觉醒来，迎来的将是改变美国及世界的一天。

安检与登机

11 号航班登机

缅因州波特兰国际机场。2001 年 9 月 11 日，星期二，清晨 5 点 41 分（美国东部夏令时，下同），身穿蓝色衬衣的穆罕默德·阿塔左肩挎着个包，左手提着个包，进入机场候机大厅。他身后是阿布杜兹·奥马里，两人各持 1 张经波士顿转机，飞往洛杉矶的商务舱机票。办理登机手续时，阿塔托将两件行李交运，奥马里没有托运行李。机场计算机辅助乘客预筛查系统，按照预设标准选中了阿塔，对其交运的两件行李进行了专门检查，但并未发现任何异常情况。

6点整，穆罕默德·阿塔和阿布杜兹·奥马里乘坐的 Colgan Air 5930 航班，从缅因州波特兰国际机场起飞，飞往马萨诸塞州波士顿。6点45分，阿塔和奥马里到达洛根国际机场。此时，另外3名劫机者瓦立德·谢希、维尔·谢希和萨塔姆·苏克米也来到洛根国际机场，他们将租来的汽车放在了停车场。3个人在美国航空公司值机柜台办理登机手续时，维尔·谢希和萨塔姆·苏克米各交运了一件行李，瓦立德·谢希没有交运行李。机场计算机辅助乘客预筛查系统，选中他们3个人进行专门行李检查。不过，预筛查系统只针对旅客交运的行李，因此，他们3个人也顺利通过了旅客安检通道，并未受到特别的检查。

由于在波特兰登机时，并没有拿到下一站的登机牌，阿塔和奥马里在机场快速通道办理了登机手续，并通过旅客安检。不过，不知何故，航空公司的工作人员，没有将阿塔的行李装上美国航空公司的11号航班。

经B32号登机口，5名劫机者陆续登上11号航班。阿塔坐在商务舱8D座位上，奥马里坐在旁边的8G座位上，苏克米坐在10B座位上，瓦立德·谢希和维尔·谢希坐在头等舱2B和2A座位上。7点46分，飞机从登机口倒出，13分钟后，波音767-223ER飞机载着81名乘客和11名机组人员，从机场的4R跑道起飞，飞往加州洛杉矶国际机场。

175号航班登机

洛根国际机场C航站楼。晨光熹微时分，哈马兹·伽玛迪和阿马德·伽玛迪就离开了酒店，他俩打了一辆出租车来到洛根国际机场。6点20分，两人抵达联合航空公司的值机柜台，阿马德·伽玛迪交运了两件行李。马尔万·谢希在值机柜台办理登记手续时，交运了1件行李。6点52分，马尔万·谢希用航站楼付费电话拨通阿塔手机，确认了当天的袭击行动。法耶兹·巴尼哈马德和穆罕默德·谢希在值机柜台办理登机手续时，巴尼哈马德交运了1件行李。机场计算机辅助乘客预筛查系统没有选中任何一名劫机者，其交运的行李没有接受专门检查。

经 19 号登机口，5 名劫机者陆续登上 175 号航班。巴尼哈马德坐在头等舱 2A 座位上，穆罕默德·谢希坐在 2B 座位上，马尔万·谢希、阿马德·伽玛迪和哈马兹·伽玛迪分别坐在商务舱 6C、9D 和 9C 座位上。7 点 58 分，飞机从登机口倒出，16 分钟后，波音 767-200 飞机载着 56 名乘客和 9 名机组人员，从机场 9 号跑道起飞，飞往洛杉矶国际机场。大约在同一时间，美国航空公司的 11 号航班遭劫持。

77 号航班登机

华盛顿杜勒斯国际机场。7 点 15 分，在美国航空公司值机柜台，哈立德·米达尔和马杰德·默克德办理了登机手续。在接受旅客安全检查时，两个人都触发了金属探测器报警，被安排做第二次检查，默克德再次触发报警，安检员用手持式金属探测器对其进行了进一步检查后，予以放行。

萨利姆·哈兹米和纳瓦夫·哈兹米兄弟二人在接受旅客安全检查时，也触发了金属探测器报警，但是，探测器没有查明是什么触发了报警。从事后重放的安全检查录像看，在纳瓦夫·哈兹米裤子后袋中有一个不明物体。不过，按照当时美国联邦航空管理局对旅客随身携带物件的规定，允许旅客随身携带长度不超过 4 英寸（约 10 厘米）的小刀。哈尼·哈居尔独自办理了登机手续，并通过安检。

5 名劫机者都被选中进行专门的托运行李检查。哈尼·哈居尔、哈立德·米达尔和马杰德·默克德是被机场计算机辅助乘客预筛查系统选中的，而萨利姆·哈兹米和纳瓦夫·哈兹米兄弟是被航空公司值机员选中的，因为他俩提供的身份识别信息不够充分。不过，哈尼·哈居尔、哈立德·米达尔和纳瓦夫·哈兹米并没有交运行李。马杰德·默克德和萨利姆·哈兹米的行李检查后被留滞，直到他们俩登上飞机。

经 26 号登机口，5 名劫机者陆续登上 77 号航班。哈尼·哈居尔坐在头等舱 1B 座位上，萨利姆·哈兹米和纳瓦夫·哈兹米分别坐在 5E 和 5F 座位上，马杰德·默克德和哈立德·米达尔坐在经济舱 12A 和 12B 座位上。8 点 10 分，飞机从登机口倒出，10 分钟后，波音 757-223 飞机载着

58名乘客和6名机组人员，从机场30号跑道起飞，飞往洛杉矶国际机场。几乎前后脚，飞行中的11号航班关闭了二次雷达应答机。

93号航班登机

新泽西州纽瓦克国际机场。7点03分，萨义德·伽玛迪、阿马德·纳米到达候机大厅，俩人在联合航空公司的值机柜台办理了登机手续，萨义德·伽玛迪没有交运行李，阿马德·纳米交运了两件行李。阿马德·哈兹纳维办理登机手续时，交运了1件行李。齐亚德·贾拉办理登机手续时，没有交运行李。4个人中，只有阿马德·哈兹纳维被机场计算机辅助乘客预筛查系统选中，进行专门的行李检查，但没有发现异常情况。4个人在接受旅客安全检查时，均顺利通过。由于穆罕默德·卡塔尼被拒绝入境，93号航班劫机组比原计划少1个人。

经17号登机口，4名劫机者陆续登上93号航班。阿马德·哈兹纳维和萨义德·伽玛迪分别坐在6B和3D座位上，阿马德·纳米坐在3C座位上，齐亚德·贾拉坐在1B座位上。由于空中飞行流量大，机场拥堵严重，8点01分，飞机从登机口倒出后，不得不排队等待，直到8点42分才起飞。波音757-222飞机载着44名乘客及机组人员，飞往旧金山国际机场，比计划时间晚了近40分钟。此刻，11号航班距离纽约世贸中心北楼的飞行时间只剩下4分钟。175号航班正遭到劫持。77号航班正在爬升，距离被劫机还剩9分钟时间。

执行层不明空情处置

11号航班劫机与处置

8点13分29秒，11号航班飞越马萨诸塞州中部时，飞行员按照波士顿空中交通管制中心的要求，向右转了20度。8点13分47秒，管制员让飞行员上升到 11000 千米的巡航高度，但是，没有收到回答。3 分钟后，飞机在 8800 米的高度改平，不久，就偏离了预定航线。管制员多次尝试与 11 号航班联络，但是，都没有收到回答。为了隐蔽行动意图，8 点 21 分，阿塔关闭了工作在 C 模式的二次雷达应答机，11 号航班的回波信号顿时从空管二次雷达的显示屏上消失。

机上乘务员贝蒂通过机上应急电话，拨通了美国航空公司的电话："喂，我是贝蒂，11 号航班的 3 号乘务员。我们的 1 号（机长）被刺伤了，乘务长被刺伤了。没有人知道是谁刺伤了谁。现在，我们甚至无法进入商务舱，因为难以呼吸。我们进不了驾驶舱，驾驶舱门无法打开。"贝蒂还提供了劫机者的座位号，这为后来确认劫机者的身份提供了帮助。"9.11"事件调查委员会推断，11 号航班劫机始于 8 点 14 分。

穆罕默德·阿塔在准备向机舱乘客讲话时，错按了发射按钮，他的话音被无线电台发送给了塔台。8 点 24 分 38 秒，空中交通管制员听见了阿塔的声音："我们有一些飞机，保持安静就好，你们不会有问题。我们正返回机场。"18 秒后，他又说："任何人都不要动，一切都会好的。如果你企图做什么，将会危及自身和飞机的安全，保持安静。"一如上次，阿塔以为，他只是在对乘客讲话。不过，他的讲话被空中交通管制员听见并记录在案。此刻，波士顿空中交通管制中心意识到：11 号航班被劫持了，但是，无法判断劫机者的真实意图及目的。8 点 25 分，波士顿空中交通管制中心管制员向其他管制中心通报了 11 号航班的情况。不过，北美空天防御司令部并不知情。1 分 30 秒后，飞机转了 100 度弯，改向南朝纽约方向飞去。8 点 32 分，位于弗吉尼亚州赫尔登的联邦航空管理局空中交通管制指挥中心，向联邦航空管理局总部报告了 11 号航班遭劫持的情况。1 分 59 秒后，阿塔再次发声："请任何人都不要动，我们准备返回机场，不要企图干任何蠢事。"8 点 34 分，波士顿空中交通管制中心管制员丹·伯纳向空军国民警卫队奥梯斯基地塔台管制员通报了 11 号航班被劫持的情况。塔台管制员要求伯纳与北美空天防御司令部东北防空分区联系。接着，塔台管制员通知奥梯斯基地作战中心：东北防空分区可能会下达命令。奥梯斯基地的 2 名 F-15 战斗机飞行员开始做起飞准备。

由于空中管制雷达失去了对 11 号航班动态的掌握，8 点 37 分 08 秒，伯纳询问从同一个机场出发，飞往相同目的地，且起飞时间只差 15 分钟的 175 号航班飞行员，能否看见 11 号航班。飞行员回答："11 号航班在其南面 10 英里（约 16 千米）处，飞行高度 29000 英尺（约 8839 米）。" 伯纳令 175 号航班转弯，以规避 11 号航班。时间紧迫，刻不容缓，8 点 37 分 52 秒，伯纳决定绕过规定的通报规则，直接向北美空天防御司令部东北防空分区通报有关 11 号航班被劫持的情况，并请求军方帮助监视及拦截 11 号航班。这是北美空天防御司令部第一次接到 11 号航班遭劫持的报告，此刻，距离 11 号航班被劫持已经过去了 23 分 52 秒，距离管制员意识到 11 号航班被劫持过去了 13 分 14 秒，留给北美空天防御司令部处置 11 号航班的时间只剩下 8 分 48 秒。

在这不到 9 分钟的时间里，为了获准战斗机起飞，奥梯斯基地的值班指挥员花了几分钟请示报告。由于 11 号航班的具体位置信息不明，东北防空分区一直试图从一次雷达显示屏上捕捉 11 号航班的回波信号。直到 8 点 46 分，奥梯斯基地才接到战斗机起飞处置 11 号航班的命令。

阿塔驾驶 11 号航班，在 8 点 43 分完成了飞向纽约曼哈顿的最后一个转弯。1 分钟后，11 号航班上的乘务员艾米·斯威尼用机上应急电话向美国航空公司航班服务部的迈克尔·伍德沃德报告："出事了，我们正在急剧下降……我们都在这。"伍德沃德要求她描述从窗外看到的场景。她回答："我看见水，我看见建筑物，我看见建筑物……"短暂停顿后，她接着说，"我们飞得很低，我们飞得很低，我们飞得太低了。"几秒后，她说，"哦！上帝，我们飞得太低了。"通话在一阵响亮的忙音中戛然而止。

8 点 50 分，东北防空分区被告知，1 架飞机撞入世贸中心。2 分钟后，从奥梯斯空军基地紧急升空的 2 架 F-15 战斗机，飞往长岛附近空域识别和跟踪可疑目标。飞行员并不知道在 6 分钟前，11 号航班载着约 38000 升的航空煤油，以每小时 790 千米的速度，撞入了世贸中心北楼北侧的 93 至 99 层之间。

175 号航班劫机与处置

8点33分，175号航班爬升到31000英尺（约9449米）的巡航高度，这通常是客舱服务开始的时间。纽约空中交通管制中心对于11号航班的失踪十分纳闷。8点41分，管制员要求175号航班飞行员报告有关11号航班的情况。飞行员回答："哦，当我们从波士顿出发时，曾听到一次奇怪的无线电话音。嗯，听起来像是有人，听起来像是有人按下了麦克说，'喂，大家留在自己的座位上'。"这是175航班与管制中心的最后一次通话。

8点47分，几乎与11号航班撞击世贸中心同时，175号航班首次出现异常征兆，在1分钟内，其二次雷达应答信号代码改变了两次，由于空中飞行流量集中，管制任务繁重，所以没有被空中交通管制员及时发现。与此同时，飞机开始偏离航线。与11号航班不同，175号航班被劫持后，不知何故，马尔万·谢希没有关闭二次雷达应答机，因此，在空中交通管制中心二次雷达显示屏上仍有175号航班的应答信号。

4分钟后，纽约空中交通管制中心的管制员伯特格利尔注意到，175号航班曾两次改变二次雷达应答机的代码，他立即与175号航班联系，但5次尝试都没有成功。这时，直觉告诉他，175号航班可能发生了什么情况。于是，伯特格利尔开始将175号航班附近的飞机调配到其他航路上。在此期间，175号航班险些与达美航空公司的2315航班发生相撞，最近时，两机间隔只有90米。当他指示175号航班转弯避让时，飞行员不仅没有反应，还加速朝2315号航班飞去。伯特格利尔命令2315号航班飞行员："采取一切必要的规避机动，我们有一架飞机，不知道他在干什么。紧急规避机动。"此刻，伯特格利尔意识到175号航班一定是出事了，但是，他无法判明机上的真实情况。

8点55分，纽约空中交通管制中心向联邦航空管理局空中交通管制指挥中心运行经理报告，175号航班被劫持了。一直在处置11号航班和175号航班不明空情的伯特格利尔说："我们可能遇到了劫机，有2架。"3分钟后，175号航班飞到新泽西州上空，高度28500英尺（约8687米），径直朝纽约方向飞去。在接下来的近5分钟里，马尔万·谢希驾机完成了最后一个转弯，飞机开始持续加力俯冲，在 5 分 04 秒的时间里，下降了 24000 万英尺（约 7315 米），每分钟下降近 4800 英尺（约 1463 米）。伯特格里尔报告："他和同事正在计算飞机下降的速率。飞机平均每分钟下降近 1000 英尺（约 305 米），这对于商用飞机而言，简直不可思议。"

175 号航班乘务员罗伯特·方曼使用机上电话，给联合航空公司在旧金山的办公室打电话，报告飞机已被劫持，并称劫持者在驾机。他还说，两名飞行员死了，一名乘务员被刺伤。9 点 01 分，175 号航班下降到了曼哈顿下城上空。纽约空中交通管制中心通知附近的一个低空飞行管制站，注意监视 175 号航班，并要求纽约机场航站楼进近管制塔台注意搜索 175 号航班。

纽约空中交通管制中心的一名经理，在 9 点 01 分至 02 分之间，报告联邦航空管理局空中交通管制指挥中心："我们遇到了数起情况，问题变得越来越严重。我们需要军方介入……我们遇到了异常情况，我们还遇到了其他类似情况的飞机。建议立即关闭纽约空中交通管制中心负责的空域。"9 点 03 分，纽约空中交通管制中心向北美空天防御司令部通报，175 号航班遭劫持。2 秒后，距离第一次撞击不到 17 分钟，175 号航班从 11 号航班撞击世贸中心的反方向进入，载着约 38000 升航空煤油，以每小时约 950 千米的速度，撞入了世贸中心南楼南侧第 77 层至 85 层之间。

尽管从奥梯斯空军基地紧急起飞的 F-15 战斗机根本没有处置 11 号航班的时间，然而，当其飞往长岛上空时，仍有处置 175 号航班的可能。可是，因东北防空分区尚不知实情，也没有地面雷达为飞行员提供 175 号航班位置的引导信息，结果错失了可能处置 175 号航班的最后机会。9 点 58 分 59 秒，世贸中心南楼坍塌；10 点 28 分 22 秒，世贸中心北楼坍塌。

世贸中心之前曾遭遇过一次恐怖袭击，那是在 1993 年 2 月 26 日。一个名叫拉米兹·优素福的青年驾着一辆租来的厢型汽车，驶入世贸中心地下停车场。优素福点燃了 4 根 20 英尺（约 6 米）长的导火索后，迅速躲到卡纳尔街以北的一个适宜观察的地方，想看着世贸中心双塔倒掉。猛烈爆炸产生的冲击波，造成 6 人死亡，1042 人受伤，双塔发生了震动和摇晃，但并未倒下。时任联邦调查局纽约主管的刘易斯·斯基利罗查看了爆炸现场，炸弹的巨大威力和世贸中心的坚固结构令其十分震惊。他对一位建筑工程师说："这座建筑将永远屹立不倒。"优素福落网后，一架直升机将其送往纽约市联邦广场附近的惩戒中心。斯基利罗回忆："我们升空后沿哈得逊河向南飞。特警队的一个人问我，'能不能把他的眼罩拿掉？'。当时直升机正从世贸中心旁边飞过，刚刚拿掉眼罩，已经可以看清东西的优素福被特警队的那个人捅了一下，'你瞧，大楼还立着呢。'"然而，在"9.11"这天，世贸中心的双塔倒下了。恐怖袭击造成的无辜遇难人数骇人听闻，财产损失之大前所未有。

77号航班劫机与处置

8点50分51秒，77号航班与空中交通管制中心进行了最后一次例行通话。大约3分钟后，飞机开始偏离航线，在俄亥俄州中部上空向南转弯。为了隐蔽行踪，8点56分，即11号航班撞入世贸中心约10分钟后，哈居尔关闭了二次雷达应答机，飞机朝东向华盛顿哥伦比亚特区方向飞去。就在这时，联邦航空管理局意识到77号航班可能也出现了紧急情况，因为，此时11号航班已经撞入世贸中心北楼，并已得知175号航班遭劫持。

当77号航班遭劫持后，飞机正好飞过一片限制无线电辐射的空域，在该空域，空管雷达覆盖衔接有空档，造成一次雷达信号消失。在印第安纳波利斯空中交通管制中心，管制员数次试图与77号航班取得联系，但都没有成功。9点05分，也就是175号航班撞入世贸中心南楼2分钟后，一次雷达信号重新出现，管制员赶紧沿着77号航班先前位置的两侧向前展开搜索，但一直未能发现目标。印第安纳波利斯空中交通管制中心一度认为77号航班可能会在9点09分前后坠毁。

77号航班乘务员瑞尼·梅，拨通了住在拉斯维加斯的母亲南希·梅的电话。在持续近2分钟的通话时间里，梅告诉母亲，航班被6个人劫持，机组人员和乘客都被赶到了机舱的后部。梅让母亲联系美国航空公司。9点24分，联邦航空管理局通报东北防空分区，77号航班可能被劫持。随即，联邦航空管理局开通了一条与北美空天防御司令部的电话专线，会商

77号航班处置事宜。

9点32分，华盛顿杜勒斯国际机场航站楼进近管制一次雷达显示屏上出现一条高速向东飞行的航迹，管制员判断，这可能是77号航班。1至2分钟之后，华盛顿里根国际机场塔台主管向白宫特勤局报告："一架飞机朝你飞去，并且不与我们联系。"当白宫正准备撤离人员时，塔台又报告，飞机已经转弯，正飞临里根国际机场上空。3分钟后，疑似77号航班再次转弯，向华盛顿飞去。

杜勒斯国际机场的空中交通管制员丹尼尔·欧伯里安事后回忆道："无论是飞行速度还是转弯和机动的方式，都如同一架军用飞机。在雷达机房里的人，全都当过空中交通管制员，他们一致认为，以这种方式飞行，波音757客机是不安全的。"由于飞机急剧转弯和下降，起初，空中交通管制员将其判断成一架军用飞机。里根国际机场的空中交通管制员，要求空中路过的一架空军国民警卫队的C-130"大力神"运输机，从空中做进一步查证。中校飞行员斯蒂文·欧伯里安报告：这是一架波音757或767，其银色机身表明它是一架美国航空公司的飞机。由于能见度不佳，他无法准确识别该机。

77号航班从五角大楼的西南方向进入，之后做了一个330度转弯，结束转弯时，飞机降到了670米的高度。9点37分46秒，77号航班以约每小时853千米的速度，毫无阻拦地撞入了五角大楼西侧办公楼的一层。虽然，东北防空分区在9点24分获悉77号航班被劫持，但是，却不知道77号航班的具体位置信息。直到9点32分，也就是77号航班撞击五角大楼之前5分钟，才从一次雷达显示屏上重新发现77号航班的回波。此刻，即使报出77号航班位置坐标，也于事无补。撞击发生时，国防部长拉姆斯菲尔德正在办公室办公，不过，他的办公室位于五角大楼的另一侧，离撞击地点距离较远。因烟雾涌入，国家军事指挥中心受到影响，到13点，战勤人员不得不转移。

93 号航班劫机与处置

9 点 02 分，93 号航班爬升到 11000 米的巡航高度。17 分钟后，根据掌握的情况，联合航空公司的飞机调度员埃德·柏林格开始通过飞机通信寻址和报告系统向公司航班的驾驶舱发送文本报警信息。由于无法群发，他负责调度的洲际航班又达 16 架之多，所以直到 9 点 23 分才向 93 号航班发送报警信息。1 分钟后，93 号航班驾驶员接到柏林格发送的"小心驾驶舱入侵，2 架飞机撞击了世贸中心"的报警信息。9 点 26 分，93 号航班飞行员回复一条确认收到的信息："埃德，收悉最新信息，杰森。"1 分 25 秒后，飞行员与空中交通管制中心进行了例行通话，这是被劫持前，93 号航班与空中交通管制中心进行的最后一次通信联络。

9 点 28 分 17 秒，副机长荷马向地面发送话音，大喊："Mayday（飞机遭遇紧急情况暗语）! Mayday! 出去!"中间夹杂着打斗的声音。克利夫兰空中交通管制员问道："谁在呼叫克利夫兰？"但是，没有收到回复。在接到第一个"Mayday"电话之后，过了 35 秒，又听见荷马的喊声："Mayday! Mayday! 从这里出去! 我们都会死在这里!"

飞行记录仪的记录表明，机长达尔和副机长荷马在最初的袭击中幸存了下来。在劫机者接管飞机后，他们仍然躺在驾驶舱的地板上。因为，可以听见他们的呻吟声，以及劫机者在斥责某人的声音。达尔和荷马的妻子认为，达尔和荷马采取了干扰劫机者的行动，包括在劫机者控制飞机之前，将飞机置于自动驾驶状态，把麦克从机舱内部通信切换到无线电发射状态，以便劫机者在与乘客通话时，可以被地面的空中交通管制员听见。

齐亚德·贾拉在 9 点 31 分 57 秒首次对乘客讲话："女士们、先生们，我是机长，请大家坐下，保持在座位上坐好。机上有一枚炸弹，请大家坐下。" 空中交通管制员明白这是劫机者在讲话，但是，他决定向劫机者喊话："呼叫克利夫兰，我听不明白，请再说一遍，慢点。" 空中交通管制员听见一位女士，可能是头等舱服务员威尔希与人搏斗的声音。接着是一名男子说阿拉伯语："一切都好，解决了。"

9点34分，赫尔登空中交通管制指挥中心向联邦航空管理局总部报告93号航班的异常情况。1分09秒后，93号航班在俄亥俄州上空转弯，转向东飞去，飞机上升到12400米的高度。空中交通管制员立即对93号航班飞行航路上的其他几架飞机重新进行调配，以离开这一航路。大约2分钟后，联合航空公司负责东海岸航班飞行的协调员亚历山大·桑迪·罗杰斯，向位于弗吉尼亚赫尔登的空中交通管制指挥中心报告，93号航班没有回答，已偏离航线。9点38分41秒，即在77号航班撞击五角大楼约1分钟后，为了隐蔽行动企图，贾拉关闭了二次雷达应答机。不过，空中交通管制中心已经加强对空管一次雷达的运用。克利夫兰空管中心通过一次雷达，继续跟踪监视93号航班的飞行，并经赫尔登空中交通管制指挥中心中继，将93号航班的空情信息发给联邦航空管理局总部。

9点39分，空中交通管制员听到贾拉再次发声："我是机长，我让大家保持坐好。机上有一枚炸弹，我们准备返回机场，我们有我们的要求。所以，请大家保持安静。"乘务员希希·莉莉给丈夫打电话，在无人接听的情况下留言："飞机已被劫持。"

或因技术不熟练，或因紧张，93号航班迷航了。9点55分11秒，贾拉不得不通过电话向里根国际机场导航支援系统求助，以将飞机导向华盛顿。与此同时，乘务员桑卓告诉丈夫，"大家在往头等舱跑，我必须去，再见。"2分多钟后，贾拉喊道："出什么事了？打起来了？"

9点58分57秒，贾拉告诉驾驶舱内的另一名劫机者："他们想进来，稳住，从里面稳住，稳住。"约1分钟后，贾拉驾机停止做大幅度水平机动，改做大幅度垂直机动，以干扰和阻止乘客反抗。飞行记录仪记录下驾驶舱外劫机者的痛苦呼叫声，以及玻璃和盘子等的破碎声。

贾拉重新将飞机稳住。10点08秒，他问道："就这样了吗？我们该了断了吗？""不，还不能，等他们进来时再了断。"贾拉驾机再次做大幅度垂直机动。10点00分25秒，背景音中，一个乘客在喊："在驾驶舱里，如果我们不干，我们全都得死。"16秒后，另一个乘客在喊："冲进去！"录音记录了可能是用食物推车撞击驾驶舱门的声音。10点01分，赫尔登空中交通管制指挥中心报告联邦航空管理局总部，一架飞机看见93号航班在摆动机翼。几乎与此同时，贾拉停止了剧烈的飞行机动，并多次喊叫："真主伟大。"他还问另一名劫机者"了断？我的意思是把飞机摔掉。"另一名劫机者回答："是的，放他们进来，然后，把飞机摔掉。"10点02分17秒，一名男乘客的声音："把门打开！"1秒后，一名劫机者说："把飞机摔掉！把飞机摔掉！"10点02分33秒，贾拉发出请求声："嘿！嘿！把它给我，把它给我！""它"可能是指驾驶杆，随着驾驶杆向右猛打，飞机开始向下俯冲，飞机机身发生翻转。一名劫机者开始喊："真主伟大。"最后一条语音记录时间是在10点03分09秒，最后一条飞行数据记录时间是在10点03分10秒。最终，93号航班以40度的俯冲角，约每小时906千米的速度，以机身翻转的姿态撞入宾夕法尼亚州斯托克里的一处空地上，据推算，距离华盛顿哥伦比亚特区大约还有10分钟至22分钟的飞行时间。过了4分钟，东北防空分区才获悉93号航班被劫持，且已经坠毁的信息。一切为时已晚，有效处置更无从谈起。

如果93号航班准点起飞，而不是晚了近40分钟；如果劫机者与其他劫机者一样，在起飞后30分钟左右就动手，而不是在46分钟后，"9.11"不明空情可能会更加复杂，处置可能会更加困难，后果可能会更加严重。查获的阿塔和拉米兹·本·谢布赫的谈话记录显示，白宫是93号航班的首选目标，其次是国会山。

管理决策层应对恐袭

科勒尼海滩网球度假村

9月11日，小布什总统一大早就走出套房，绕着高尔夫球场慢跑。回酒店洗澡、用餐后，他开始浏览当天的报纸，新闻头条是迈克尔·乔丹复出，重返NBA。按惯例，一位名叫迈克·莫雷尔的中央情报局分析员，向小布什汇报《总统每日简报》，内容包括俄罗斯、中国及中东地区等情况。

度假村距离佛罗里达州萨拉索塔市不远，8点55分，小布什总统一行如约来到萨拉索塔市埃玛·布克小学。之前，在他的促成下，国会通过了《不让一个孩子掉队》法案，他此行的目的，是宣传自己的教育法案。下车后，在走向教室时，白宫政策顾问卡尔·罗夫告诉小布什，一架飞机撞入了世贸中心。小布什认为可能是一架小型螺旋桨飞机因突然失控而撞入了世贸中心。

华盛顿白宫

当天早晨，赖斯如往常一样，6点30分来到办公室。她看了各种新闻简报、电报和情报报告，并没有什么特别重大的消息。当天晚上，赖斯有一个霍普金斯大学高级国际研究学院演讲的邀约，她得为此做些准备。离9点还差几分钟的时候，赖斯正站在办公桌旁，她的行政助理和陆军上校托尼·克劳福德先后进来报告：一架飞机撞入了世贸中心。赖斯觉得怪怪的，以为可能是一架小飞机偏航误撞了。几分钟后，克劳福德又进来报告：是一架商用飞机撞入了世贸中心。赖斯立即拨打小布什总统的电话。

在走进教室之前，小布什接到赖斯的电话："一架商用飞机撞击了世贸中心。""总统先生，这就是我们现在所掌握的情况。"赖斯最后道。小布什曾经是一名F-102战斗机飞行员，在大晴天，飞机撞上一座摩天大楼，这让小布什感到十分不解。他让赖斯与他保持联系，又让白宫公共关系事务主任丹·巴特利特拟一份声明，表明白宫将全力支持联邦应急管理局的工作。

放下电话后，赖斯下楼走进白宫战情室召开会议。她一边听国安会高级主管讲话，一边围着桌子走动。突然，克劳福德拿着一张字条走了进来——第二架飞机撞入了世贸中心。这一次，直觉告诉赖斯一定发生了恐怖袭击事件。赖斯转身来到战情室旁边的作战中心，在这里工作的文职人员和军官负责监控各处情报的往来，以及接听打给总统和国家安全委员会官员的电话，与中央情报局、国务院和国家军事指挥中心保持联系。此时，电话声已经此起彼伏，多部电视播放着从纽约传来的画面。战勤人员一边盯着屏幕，一边扯着嗓子说话。赖斯给国防部长拉姆斯菲尔德打电话，但电话一直占线。她反过身来时，正好看见一架飞机撞向五角大楼的画面。还没等赖斯反应，一位特勤局的特工跑来："赖斯博士，你得立即去地堡躲一躲！整个华盛顿的建筑都有可能遭飞机撞击，接下来肯定要轮到白宫了。"

9 点 03 分，纽约空中交通管制中心通报北美空天防御司令部东北防空分区，175 号航班遭劫持。几秒钟后，175 号航班撞入世贸中心南楼，劫机者的真实意图显露。为了控制事态，波士顿空中交通管制中心下令其管制范围内的所有机场停止航班起飞。

布克小学

校长向教室里的二年级学生和老师简要介绍完来宾，老师桑德拉·凯·丹尼尔斯开始带领学生一起阅读课文——《宠物山羊》。9 点 05 分，白宫办公厅主任安迪·卡德走过来向总统耳语："又一架飞机撞上了世贸中心另一座楼。美国正在遭到袭击。"小布什后来回忆，他决定继续上课，而不是惊扰小学生。

小布什走入学校一间临时准备的会议室，里面已经装好一部电话，一台电视正在用慢镜头重放第二架飞机撞入世贸中心南楼的片段。几名高级参谋人员已在里面等候。小布什先后与副总统切尼、国家安全事务助理赖斯、纽约州州长帕塔基和联邦调查局局长穆勒通电话，并准备好一份简短的讲话稿。

9 点 29 分，在小学 200 多名师生面前，小布什总统首次对劫机事件发表讲话："女士们、先生们，此刻对于美国是一个艰难的时刻，2 架飞机……撞入……世贸中心……这显然是一起针对我们国家的恐怖主义袭击。"他说他将返回华盛顿，现场一片沉默。总统随行人员没有提供飞机被劫持或失踪的具体信息。总统车队从小学出发，驰往萨拉索塔市布雷登顿机场，空军 1 号专机在那里待命。

布雷登顿机场

空军 1 号滑行，起飞，并迅速爬升至 45000 英尺（约 14 千米）高度，这远远高于正常飞行的高度。为了确定飞行目的地及降落地点，飞机在空中盘旋了近 40 分钟，由于华盛顿情况不明，最后决定飞往路易斯安那州的巴克斯代尔空军基地。空军 1 号试图建立一条与白宫总统应急作战中心保持沟通的专线，但电话却不时掉线。空军 1 号收到许多相互矛盾，甚至完全错误的信息。有情报称，国务院发生了爆炸，国家大草坪起火了，一架韩国航班遭劫持，正向美国飞来；一条电话情报显示，通话者使用了空军 1 号的代码名称——天使，似乎存在针对空军 1 号的威胁；一条情报称，一个物体正高速飞向位于得克萨斯州的克劳福德牧场；还有一条情报称，第 4 架被劫持飞机坠毁在宾夕法尼亚州某处。小布什问切尼："是我们将其击落了，还是其坠毁了？"没有人知道答案。后经证实，除了最后一条情报是真的，其余都是假的。

空军 1 号上没有卫星电视，只能借助其他手段和设施观看新闻。但通常在观看一个电视台几分钟后，屏幕就不动了。在断断续续的视频中，小布什看到有些被困者从世贸中心顶层跳下，有些人身悬窗外等待解救的惨状。多年后，小布什在其回忆录中感慨道："我做着世界上最有权力的工作，但那一刻我却感到无能为力。"

为了防范事态进一步恶化，9 点 06 分，联邦航空管理局下令，纽约空中交通管制中心、波士顿空中交通管制中心、克利夫兰空中交通管制中心和华盛顿哥伦比亚特区空中交通管制中心管制范围内的机场，凡飞往纽约或途径其上空的所有航班一律禁止起飞。2 分钟后，联邦航空管理局又下令，全国飞往或途径纽约上空的航班全部禁止起飞。9 点 13 分，空军国民警卫队 2 架 F-15 战斗机飞离长岛附近空域。在没有地面雷达引导的情况下，飞行员按命令打开机载雷达、保持搜索状态，飞往曼哈顿上空搜寻可疑目标。且不说，在没有雷达引导的情况下，战斗机在空中搜索目标如同大海捞针，令东北防空分区始料未及的是，恐怖分子不仅还有下一轮撞击，而且撞击的目标已不在纽约，而是在阿灵顿和华盛顿。9 点 17 分，联邦航空管理局再下令，关闭纽约周围的机场。1分钟后，联邦航空管理局禁止所有的民用机场飞机起飞。

白宫战情室

国家安全委员会反恐行动协调人理查德·A. 克拉克正在召开紧急视频电话会议，汇总情况，协调行动。参加会议的部门有：中央情报局、联邦调查局、国务院、司法部、国防部和联邦航空管理局。总统应急作战中心的战勤保障人员通过引接视频信号，将战情室的画面传送到总统应急作战中心的一个屏幕上，可是会议音频信号却传不过来。而且在显示战情室画面时，电视实况报道的声音又听不见了。为了从电视新闻中更好地了解实时信息，只得将战情室的画面关掉。如此状况，赖斯难以置信。多年后，赖斯对美国政府通信线路问题仍不能释怀："我怎么也想不明白，美国是全世界科技最先进的国家之一，但政府的通信线路，甚至国家保密线路总是出现故障。""在紧急情况下更是如此。"

白宫副总统办公室

9点35分，特勤局特工吉米·斯科特径直闯入切尼的办公室："副总统先生，我们现在就得走。"不等切尼反应，斯科特就闪到办公桌后，一只手护着切尼的腰，另一只手搭在切尼的肩上，强行将其推出办公室。斯科特和切尼穿过狭窄的白宫西侧走廊，沿着楼梯向位于地下的总统应急作战中心疾走。下完楼梯，切尼回头看到特勤局特工已在楼梯顶层、中层和底层站岗，设立了警戒线，以防白宫受到攻击。斯科特告诉切尼，将其紧急从办公室撤离，是因为从无线电话中得知，一架不明身份的飞机正向代号为"王冠"的白宫飞来。

交通部长诺姆·米内塔是最早进入总统应急作战中心的人之一，他的人占用了2部电话，其办公室主任占了1部，联邦航空管理局占了另1部。为了有效处置不明空情，米内塔正在梳理航班清单，努力核实哪些飞机已遭到劫持并实施了撞击，哪些仍在空中，并构成威胁。通常，在遭遇紧急情况时，飞行员有很大的自由裁量权，可以自主决定飞机是否降落及何时降落。由于空中有上千架飞机，处置不明空情非常困难。经商议，米内塔下令："所有飞机立即降落。"今天，飞行员的自主决定权不再适用。

9点42分，联邦航空管理局的本·斯里尼发布美国空域净空令，除军用、医疗及国事用途飞机之外，命令所有在飞的飞机立即就近降落。地面飞机不准起飞，正准备入境的国际航班，转移至备降机场降落。然而，下令容易，落实不易。空中交通管制中心在对空呼叫时，一些飞机不按标准方式进行回复，除了噪声什么也听不清；一些飞机刚联系上，但很快又中断了。

3分钟后，美国关闭了其领空。除来自南美的航班被引导到墨西哥机场之外，几乎所有飞往美国的航班都被引导到加拿大机场。因事前未与加拿大协调，加拿大运输部随即也关闭了其领空，只有墨西哥领空仍然开放。接着，美国联邦航空管理局又宣布，至少至9月12日中午，所有民用航空暂停飞行。加拿大运输部也发布了类似的通告。这导致一些准备入境的国际航班无所适从，空中交通秩序受到严重影响。遍布大西洋沿岸的海岸警卫队，接到了美国联合航空公司、加拿大航空公司和美国大陆航空公司的求助电话。之后，美国联邦航空管理局又不得不发布命令，允许其机场接收飞往美国的国际航班。这是美国历史上第4次，也是唯一一次事先毫无计划的停飞所有商业航班，先前3次都与军事任务有关。

总统应急作战中心，是冷战时期为应对苏联的袭击而修建的。切尼进入时，大量报告已纷至沓来，起先报告可能有6架飞机遭劫持，随后又减少到4架。有报告称，华盛顿爆炸4起，林肯纪念堂、国会山和国务院都发生了爆炸。另有报告称，一架身份不明且不回应询问的飞机正飞向戴维营，另一架正飞向得克萨斯州的克劳福德，那里是小布什的老家。还有报告称，一架计划飞往阿拉斯加州安克雷奇的韩国航空公司的客机，不断发出飞机遭劫持的信号。

10点02分，93号航班回波从雷达显示屏上消失，根据其飞行速度和先前的航迹推断，93号航班消失点距离华盛顿只有129千米。在93号航班已经坠毁约4分钟之后，东北防空分区刚得知93号航班被劫持。紧接着，空中交通管制指挥中心向联邦航空管理局报告，93号航班可能已经坠毁。

10点05分左右，切尼的一位助手向其报告，一架确信已被劫持的飞机在80英里（约129千米）之外，正朝华盛顿飞来。这位中校问切尼，是否授权空中警戒巡逻的飞机进行拦截？切尼回答："是的。"不一会，中校返回又问："副总统阁下，飞机距离我们还有60英里（约97千米），是否授权拦截？"切尼再次回答："是的。"拦截民航客机事关重大，人命关天。中校花了近5分钟时间，反复向国家军事指挥中心传达和解释切尼的命令：如果战斗机飞行员能够确认客机被劫持，可以对其进行拦截。

切尼下达的命令震惊了在场的所有人，总统应急作战中心陷入一片沉默。这时，白宫办公厅副主任乔希·博尔顿从椅子上欠起身来，建议与总统保持联系，让他知道刚才发生了什么事。10点18分，切尼拿起身边的保密电话，呼叫空军1号。此刻，空军1号已离开佛罗里达，正向西飞行。电话接通后，切尼向小布什总统报告已下达的拦截命令。小布什告诉切尼，首先飞行员要联系可疑飞机，迫使其着陆，如遭拒绝，可以将其击落。命令下达后不久，米内塔从空中交通管制指挥中心获悉，一架飞机从空管雷达上消失了。切尼提出要与国防部通话，斯蒂夫·哈德利要通了国家军事指挥中心的电话。"……你得知道对方是不是民用飞机。"接着，切尼不停地责问，"你们怎么连民用飞机都辨别不清……"

10点31分，北美空天防御司令部将拦截命令传达到东北防空分区。据悉，另一架大型客机正飞向华盛顿，东北防空分区命令安德鲁斯空军基地出动战机拦截。10点38分，2架F-15战斗机紧急升空，在华盛顿上空展开搜索。飞行员先是接到切尼，后又接到经小布什授权的命令：对一切不遵守无线电指令的飞机，可以击落。后来发现，声称的大型客机，实际上是一架飞往五角大楼的医用救援直升机。

五角大楼国防部长办公室

9点30分，五角大楼E翼3层国防部长办公室，拉姆斯菲尔德正在听取中央情报局的汇报。在办公室门外站岗的奥布里·戴维斯听见"有震耳欲聋的轰鸣声"。9点37分46秒，77号航班撞击了五角大楼。拉姆斯菲尔德跑出办公室，问出什么事了。戴维斯从便携式无线电中获悉，一架飞机刚撞上了五角大楼。拉姆斯菲尔德听闻后，匆匆穿过艾森豪威尔走廊，戴维斯紧随其后。戴维斯回忆，浓烟充斥，人们跑着、喊着、叫着，"他们要炸五角大楼了！他们要炸五角大楼了！"走了几分钟，拉姆斯菲尔德来到了一面火墙前。"到处是大火和金属碎片"。一个女人躺在地上，腿部严重烧伤。"部长捡起一块金属碎片。"上面印有美国航空公司的字样。混乱中，传来寻求帮助的叫喊声和哭声。有人推着轮床上的伤员经过，拉姆斯菲尔德走上前去帮忙。10点，拉姆斯菲尔德回到办公室。不久，又转移到了大楼里一个更安全的地方。

这时，切尼要通了拉姆斯菲尔德的电话。切尼："我们至少3次收到信息，称有飞机向华盛顿逼近，其中2次确信飞机被劫持了。另外，根据总统的指示，我授权将其击落，你能听见吗？"

拉姆斯菲尔德："是的，我明白。你向谁下达了命令？"

切尼："命令是从这儿，通过白宫的作战中心下达的，从地下室发出的。"

拉姆斯菲尔德："好的，我要先问个问题，命令是否已经传到了飞机？"

切尼："是的。"

拉姆斯菲尔德："这么说，到目前为止，有些飞机已经收到了这样的命令？"

切尼："对的，据我理解，他们已经干掉了几架。"

拉姆斯菲尔德："我们还不能确认。我们收到消息，有架飞机掉下来了，但尚没有战斗机飞行员向我们报告此事。"

赖斯在《无上荣耀：赖斯回忆录》中，曾这样评价拉姆斯菲尔德："开会时，他决不会干坐在那里，而是频发苏格拉底式的问题。"不过，这次拉姆斯菲尔德的问题却非常现实。因为，切尼以为空中战斗机已经在执行他所下达的命令时，实际上，飞行员仍然在执行识别和跟踪可疑飞机的命令。一直到93号航班坠毁28分钟后，小布什授权的命令才刚下达到北美空天防御司令部。

巴克斯代尔空军基地

在空军1号飞临时，一架来自休斯敦埃灵顿空军基地的F-16战斗机飞到空军1号后侧，护送空军1号降落。下飞机后，由于基地没有总统车队，小布什上了一辆临时指派的小车，小布什感觉汽车以每小时80英里（约129千米）的速度沿跑道疾驰。当司机以同样速度开始转弯时，小布什不禁喊道："慢点，小伙子，空军基地里没有恐怖分子。"小布什后来回忆："这可能是那天我离死亡最近的一刻了。"

在基地司令办公室，小布什通过保密电话，终于联系上了国防部长拉姆斯菲尔德。经小布什总统批准，10点53分，国防部长拉姆斯菲尔德，将全球美军战备等级提升至3级，这是自1973年"赎罪日战争"以来的第一次。美军参联会制定的战备等级共分5级，由低到高分别为5级、4级、3级、2级、1级。

白宫总统应急作战中心

切尼办公室主任斯库特·利比提出，应该有人将提升战备等级的事通报俄罗斯。当时，俄罗斯正在举行大规模军事演习，如不通报，有可能会引发误判，导致错误的核对抗。可是情况紧急，如何与俄罗斯进行直接有效的沟通呢？赖斯想起了小布什与俄罗斯总统普京在斯洛文尼亚会面时的一次谈话。小布什问："告诉我，谁才是你的心腹？如果我们之间出现了棘手的问题，这个人就可以做你我的中间人。"普京回答："国防部长谢尔盖·伊万诺夫可当此任。"小布什点点头说："赖斯是我信赖之人。"于是，赖斯要求与俄罗斯国防部长谢尔盖·伊万诺夫通电话，结果发现普京总统正试图联系小布什。普京接听了赖斯的电话："总统先生，小布什总统现在无法接听你的电话，因为他正在往另一个安全之处转移。我想告诉你美军打算提高战备等级。"普京回答："我们已经知道了,我方已取消军演,并将战备等级下调了。""我们还能为贵方做点什么?"普京最后道。

联邦航空管理局在 11 点 05 分确认,除了美国航空公司的 11 号航班,还有几架飞机也遭劫持。11 分钟后,美国航空公司确认,公司 2 架飞机失事。11 点 26 分,美国联合航空公司确认,93 号航班失事,并称对 175 号航班深表关切。27 分钟之后,美国联合航空公司确认,公司 2 架飞机失事。这时,距离 93 号航班坠毁已经过去了 1 小时 50 分。

12 点 04 分,11 号、77 号和 175 号航班的目的地——洛杉矶国际机场关闭。11 分钟后,93 号航班的目的地——旧金山国际机场关闭。大约到 12 点 15 分,经各级空中交通管制中心的艰苦努力,约有 4500 架飞机安全降落,美国本土 48 个州的上空已经没有商业航班和私人飞机飞行。这时,距离 175 号航班撞入世贸中心南楼已经过去了 3 小时 12 分。

13 点 04 分,小布什总统下令将美军全球反恐戒备等级提升至 DELTA 级。美国国务院制定的反恐戒备等级分为 5 级,DELTA 是最高级。巴克斯代尔空军基地,向全国播放了小布什总统的录像讲话。小布什称："今天早晨,自由受到了一个不露面的懦夫的攻击,自由将被捍卫。"他还说："美国将惩罚对这些懦夫行为负责的人。"因华盛顿局势依然不明朗,小布什乘空军 1 号飞往内布拉斯加州的奥夫特空军基地,登机前,空军 1 号已经装满了食物和水,以备长期之需。

奥夫特空军基地

14 点 50 分,空军 1 号一降落,小布什就进入位于地堡的美国战略司令部指挥中心,当时很多军官因参加既定的演习也待在那里。突然,广播里传来请示声音:"总统先生,有一架未经许可、不回答询问的飞机从马德里飞来,我们是否有权将其击落?"小布什的第一反应是:这样的事情何时才是个头啊?不一会儿,广播里又传来"从马德里飞来的航班已经在葡萄牙里斯本降落"的声音。可后来又报告,这架飞机还在飞往美国的途中。最终,不知道为什么飞机又返回了马德里。

小布什从指挥中心来到通信中心，使用视频电话系统，召开国家安全委员会会议。会议开始时，小布什说："我们现在已经开始了反恐战争。从今天起，这将成为本届政府的一个新的工作重点。"会后，小布什乘空军1号离开奥夫特空军基地，飞回华盛顿。

安德鲁斯空军基地

空军1号于18点30分许在基地降落。小布什转乘海军陆战队1号直升机，飞往白宫南草坪。在10分钟的飞行航程中，直升机采用之字形机动方式飞行，以防不测。20点30分，小布什在白宫椭圆办公室向全国发表电视讲话："今天，我们的同胞，我们的生活方式，我们最重要的自由，受到一系列故意和严重的恐怖主义袭击。""恐怖主义袭击可以动摇我们高大建筑物的基础，但不能动摇美国的根基；恐怖主义袭击可以粉碎钢铁，但不能撼动美国钢铁般的决心。""我们正在搜索犯下这些恶行的背后之人……我们对犯下这些恶行之人和庇护他们的人将不加区分同等对待。"

小布什进入总统应急作战中心，会见了围坐在一张大会议桌旁的国家安全委员会成员。会议桌占据了房间的绝大部分空间，桌下边的格子里放着几部电话。正对着小布什座椅的墙面上是2个大显示屏和1台摄像机，另一面墙上也有2个大显示屏和1台摄像机。小布什在听取了事态的最新进展情况及下一步的应对计划后说："没有人会主动寻求或预计到这一使命的来临，但美国要应对这一挑战。自由与正义终将战胜恐怖与邪恶。"

国家安全局在9点52分，截获一个电话，本·拉登在阿富汗的一名助手对格鲁吉亚的一个同伙说："已听到好消息了，还有一个目标将被击中。"中央情报局局长特内特说，阿富汗塔利班和基地组织本质上是一伙的，他认为基地组织是这起事件的幕后策划人。不过，第二天早晨他还要与有关人员做进一步核实。小布什说："告诉塔利班，我们将让他完蛋。"为了确保任何情况下指挥不中断，切尼离开了总统应急作战中心，在白宫南草坪，登上了海军陆战队2号直升机，朝戴维营方向飞去。白宫由小布什留守。

小布什入睡前，写下日志："今天发生了 21 世纪的珍珠港事件……我们认为这是本·拉登干的。"上床后，一天的经历老在眼前晃动，小布什很长时间无法入睡。可是，正当他要睡着时，却隐约看到卧室门前来了一个人，并喘着粗气喊道："总统先生，总统先生，白宫受到攻击！我们快走！"

情况紧急，总统夫人劳拉连戴上隐形眼镜的时间都没有。小布什一手拉着她的睡袍领着她，另一手牵着他们的爱犬——苏格兰梗犬巴尼，并喊着英国跳猎犬斯波特跟上。小布什光着脚，身上只穿了一条运动短裤和一件 T 恤衫。特工们快速将小布什夫妇带入地下防空洞。进入隧道后，小布什听见重重的关门声和增压锁的声音。之后，特工们带着小布什夫妇又穿过一道门。"梆……嘶……"的声音再次出现在小布什夫妇的耳际。穿过最后一条走廊，绕过门外的工作人员，小布什夫妇进入了总统应急作战中心。多年后，小布什在其回忆录中自嘲道："我俩当时的模样真可算是一景了。"

几分钟后，走进来一名军官，他向小布什报告："总统先生，是我们自己的一架飞机。"原来是一架 F-16 战斗机在沿波托马克河降落时，机上应答信号发生错误，空情虚警引发了一场虚惊。9 月 11 日，小布什总统始于科勒尼海滩上的慢跑，止于跑步进入白宫地下防空洞，不停地经历空情漏警和空情虚警，这一天一定是小布什总统生涯中最长的一天。

"9.11"事件留给今天的反思

历史上的劫机事件

"9.11"事件之前，在美国本土发生的空中劫机事件并不是很多，影响较大的有以下几起：

1964 年 5 月 7 日，太平洋航空公司 773 号航班的一架 F-27A 型客机，在执行国内航线飞行任务时，2 名飞行员遭 1 名乘客射杀，导致飞机在加州圣拉蒙附近坠毁，造成包括劫机者在内的 44 名人员死亡，空管雷达全程掌握了飞机的坠毁过程。事后查明，劫机者是一名菲律宾移民，名叫弗朗西斯·保拉·冈萨雷斯，时年 27 岁。他原先是菲律宾帆船运动员，参加过 1960 年的夏季奥运会。移民美国后，成为旧金山的一名仓库工人，因婚姻和债务危机，引发严重抑郁症。事发前，他曾向一位亲友透露，他会在 5 月 6 日或 7 日死亡。

1994 年 4 月 7 日，一架联邦快递公司的 DC-10-30 货运飞机，执行从田纳西州孟菲斯到加州圣荷西的货运航班任务时，险遭一名劫机者劫持。劫机者名叫卡洛威，是一名联邦快递公司的空中机械师，时年 42 岁。他因谎报空中飞行小时数，以骗取津贴被查，担心遭解雇而铤而走险。他计划谋害飞行机组，并造成飞机坠毁的假象。这样一来，以事故中丧生的雇员身份可为其家人拿到一笔 250 万美元的人寿保险。事发当日，他携带一个藏有锤子和鱼枪的吉他琴盒，搭乘联邦快递公司的 705 号航班。不过，卡洛威试图谋害机组人员的企图没有得逞。机组及时向地面空中交通管制中心发出了遭劫持信息。虽然，机组人员在搏斗中受重伤，但是，最终还是将卡洛威制服，飞机有惊无险地降落。

1994 年 9 月 11 日，一名 38 岁，名叫弗兰克·尤金·卡德的美国卡车司机，从马里兰州阿尔迪诺机场偷了一架塞斯纳 150 型轻型飞机，并驾机升空，当时，他已经喝得酩酊大醉。这架轻型飞机在进入空中禁区飞越白宫围墙之前，被空管雷达发现和掌握。12 日凌晨 1 点 49 分，卡德驾驶的飞机坠毁在白宫南草坪上，事故中，仅卡德 1 人因撞击受伤。卡德曾加入美国陆军，以一等兵的军衔退役，后成为一名卡车司机，曾因偷窃和贩毒被捕。他先后有过 3 位妻子，但最终都与其分手。卡德患有严重的抑郁症，据他的朋友讲，卡德对克林顿总统并无恶意，可能只是想炫耀一下他的飞行特技。这位朋友还说，卡德对鲁斯特驾驶塞斯纳 C172 型转型飞机，在莫斯科红场降落的行动十分欣赏和着迷。

2000 年 8 月 11 日，西南航空公司一架由内华达麦卡伦国际机场飞往犹他州盐湖城国际机场的 1763 号航班，途中遭遇一名 19 岁青年的暴力袭击。这名来自拉斯维加斯的青年，用头猛烈撞击飞机驾驶舱门，后被乘客制服，并因窒息死亡。机组及时向地面空中交通管制中心发出遭劫持的信息，最终得以安全着陆。

从上述4起个案看，劫机者都是个体，事发偶然，起因和动机比较简单。由此形成的不明空情比较容易识别和处置，最终造成的后果及影响也不是很严重。可以说，自1814年华盛顿被英军占领、白宫被焚之后，美国本土再未遭遇过外敌袭击的严重事件，本土空中安全更未遭遇过有组织、有预谋和有计划的严峻挑战。

"9.11"事件的特点

"9.11"事件缜密诡异，史无前例。首先，策划者对美国东海岸的航班时刻，空中飞行流量在时间和空间的分布，以及空中交通管制流程和特点等进行了详细的研究，并将其作为拟制行动方案的依据。

其次，分散选择波特兰、波士顿、纽瓦克和华盛顿的4个国际机场作为空袭的出发地，使行动更具隐蔽性、欺骗性和灵活性。

再次，选择空中交通管制交接班、航班起飞集中时段，发起劫机行动，增加了空管雷达及空中交通管制系统对不明空情的研判、识别及处置的难度。

此外，利用空中交通管制系统习惯使用二次雷达的特点，劫持飞机后，随即关闭机上的二次雷达应答机，使空中交通管制中心失去对不明空情的实时掌握，以至于无法及时恰当处置。

最后，发起撞击的时间突然、连贯和紧凑。从发现11号、175号和77号航班被劫持到其发起撞击的时间，分别只有约22分钟、9分钟和41分钟。世贸中心北楼和南楼遭撞击的时间只隔了约17分钟。如果93号航班没有因拥堵而推迟起飞，如果劫机行动提前，如果途中没有迷航，那么所有撞击行动很可能在8点46分至9点40分左右，也就是在不到1小时的时间内全部完成。考虑先后两架飞机撞入世贸中心北楼和南楼，事态发展已经清晰表明，这不是一般的空中事故，而是蓄意为之的恐怖袭击。在此情况下，以175号航班撞入世贸中心南楼的时点起算，留给空中交通管制中心及军方处置77号航班和93号航班的时间，最多只有约34分钟和60分钟（见表1）。

表1 "9.11"不明空情关键时点状态汇总

航班代号	11	175	77	93
航空公司	美国航空公司	联合航空公司	美国航空公司	联合航空公司
离开登机口时间	7点46分	7点58分	8点10分	8点01分
起飞时间	7点59分	8点14分	8点20分	8点42分
遭劫持时间	8点14分	8点42分至46分	8点51分至54分	9点28分
关闭二次雷达应答机时间	8点21分	8点47分（改代码，未关闭）	8点56分	9点38分41秒
改变航线时间	8点26分30秒	8点47分	8点54分	9点35分09秒
一次雷达重新发现时间	未发现	不详	9点32分	9点39分
撞击（坠毁）时间	8点46分40秒	9点03分02秒	9点37分46秒	10点03分11秒

暴露的问题

本土防空的职责区分不明。"9.11"事件之前，美国本土空中防御由联邦航空管理局和北美空天防御司令部共同负责。其中，空中交通管制由联邦航空管理局负责，防空由北美空天防御司令部负责。然而，北美空天防御司令部更关注可能来自外部的威胁，在本土，几乎没有保留空情预警基地，对民航飞机基本不实施监视。这就造成在各自承担的角色、担负的任务和履行职责的区分上，既存在重叠交叉，又存在缺位、挂空挡问题。虽然有协调机制，但遇到问题，难以实现及时、快捷和有效地协同处置。例如，发现不明空情后，空中交通管制部门由谁、向哪一级的防空指挥机构报告不明确，向防空指挥机构发送和交接不明空情信息的手段、方式等不规范、难操作。11号、175号和93号航班遭劫持后，北美空天防御司令部接到报告的时间较空中交通管制指挥中心接到的时间，分别晚了约9分钟、8分钟和33分钟，而且还得不到遭劫持航班位置的实时动态信息。又如，联邦航空管理局发布净空令28分钟后，东北防空分区才下达对华盛顿上空不服从净空令者可以射击的命令，此时距 93 号航班坠毁已经过去了近 7 分钟。

防范不明空情的预想不充分。尽管北美空天防御司令部在不明空情处置预案中，也曾预想被劫持的飞机用来攻击美国本土目标的情况，但是，主要关注的是从境外入境的飞机。按照联邦航空管理局的要求，民航机组人员接受的是一旦遇到劫机，以不反抗，确保旅客和飞机安全为前提的相关训练。联邦航空管理局也没有与北美空天防御司令部进行过反恐协同演练，对于大规模的空中恐怖袭击没有思想准备。由于预想不充分，在处置"9.11"不明空情的过程中，无论是北美空天防御司令部还是联邦航空管理局，只能在毫无预案、毫无准备的情况下，仓促上阵，凑合应对。

不同处置层级的表现不同。总体而言，在处置"9.11"不明空情的过程中，执行层人员表现要优于管理、决策层的人员。主要表现在：不明空情发生后，及时报告上级、通报友邻，积极组织多方查证，果断做出判断，主动提出处置的意见、建议。例如，空中交通管制员在发现 11 号、175 号和 93 号航班被劫持后，分别在 1 分钟、1 至 4 分钟和 6 分钟内，向上级报告。11 号和 77 号航班雷达回波消失后，迅速询问航路上的飞机帮助查证。9 点 01 至 9 点 02 分，在 175 号航班即将撞入世贸中心南楼之际，纽约管制中心认为这已不是一般的劫机事件，而是严重的恐怖袭击，立即向赫尔登空中交通管制指挥中心报告："我们遇到了数起情况，问题正变得越来越严重。我们需要军方介入……我们碰到了异常情况，我们还遇到了其他类似情况的飞机。"然而，赫尔登空中交通管制指挥中心反应迟钝，一直到 9 点 49 分，才向联邦航空管理局建议，是否请求军方为处置 93 号航班提供帮助。联邦航空管理局在同北美空天防御司令部的沟通协调上差强人意，直到 93 号航班坠毁，也未向北美空天防御司令部提出支援请求。

重空管二次雷达使用，轻空管一次雷达使用。由于空管二次雷达提供的空情信息完整，目标识别标志清晰，无论是雷达操作人员，还是空中交通管制人员，都专注于空管二次雷达的使用。然而，空管二次雷达的使用需要目标的合作配合。一旦飞机上的空管二次雷达应答机故障或关闭，空管二次雷达就会丢失目标信号，失去掌握空中态势的功效。如果平时不使用、不训练，临时使用空管一次雷达，在目标信息处理、目标识别和管制飞行时，不仅难以得心应手，还会贻误最佳处置时机。在"9.11"事件中，除175号航班之外，其余3架飞机遭劫持后，机载空管二次雷达应答机都被关闭，空管二次雷达即刻丢失目标信息，空中交通管制系统一度陷入混乱，丧失了对不明空情的掌控权。这说明基地组织及劫机行动组，仔细研究过美国空管雷达的运行模式和空中交通管制的运作特点，其关闭空管二次雷达应答机的动作具有很强的针对性和有效性（见表2和表3）。

表2 "9.11"不明空情执行层处置时点汇总

航班代号	11	175	77	93
管制中心	波士顿管制中心	纽约管制中心	印第安纳波利斯管制中心	克利夫兰管制中心
与飞行员最后通话时间	8点13分29秒	8点41分	8点50分51秒	9点27分25秒
发现遭劫持时间	8点24分38秒	8点51分至54分	8点56分	9点28分17秒
向上级报告时间	8点25分	8点55分	不详	约9点34分
向军方通报时间	8点34分	9点03分	9点24分	约10点07分
战斗机升空时间	8点52分	不详	不详	10点38分

表3 "9.11"不明空情管理、决策层处置时点汇总

层级/时间	赫尔登空管指挥中心	联邦航空管理局	东北防空分区	北美空天防御司令部	国防部长拉姆斯菲尔德	副总统切尼	总统小布什
获悉不明空情时间	8点25分	8点32分	8点37分52秒				8点55分
获悉恐怖袭击时间	9点01分	9点03分		9点03分			9点05分
发布关闭纽约周围机场时间		9点17分					
发布净空令时间		9点42分					
下达不服从净空令可以射击时间			10点10分				
授权拦截客机时间						10点05分	
授权击落飞机时间						约10点20分	

续表

层级/时间	赫尔登空管指挥中心	联邦航空管理局	东北防空分区	北美空天防御司令部	国防部长拉姆斯菲尔德	副总统切尼	总统小布什
传达拦截命令时间			10点39分	10点31分			
提升军队战备等级时间					约10点53分		10点53分
提升全球反恐戒备等级时间							13点04分
首次发表讲话时间							9点29分
二次发表讲话时间							13点04分
再次发表讲话时间							20点30分

北美空天防御司令部应对处置不适应。安德鲁斯空军基地的飞行员比利·哈切森称，他发现93号航班之后，准备先向飞机发动机和驾驶舱发射训练弹，之后实施撞击战术。实际上，哈切森所在的空军小队直到10点38分才升空，离93号航班坠毁已经过去了近35分钟。

空军国民警卫队F-16战斗机飞行员，马克·萨斯维尔和希瑟·拉奇·佩尼紧急升空后，按令搜寻和拦截93号航班。可是，因仓促起飞，战机未挂载武器、弹药，只得准备实施撞击战术。几小时后，他们才被告知93号航班已经坠毁。在接受"9.11"事件调查委员会质询时，北美空天防御司令部坚称，在93号航班进入华盛顿上空之前，战斗机将对其实施拦截。事实是，直到93号航班坠毁，北美空天防御司令部才刚刚得知该航班被劫。按照飞行速度推断，如果不是中途坠毁，93号航班很可能会在10点23分畅通无阻地到达华盛顿上空。

北美空天防御司令部表现不尽如人意，除获取空情信息时间延迟的原因之外，也反映出其对本土不明空情反应和处置的不适应。例如，在世贸中心遭袭之后，没有对被劫持的77号航班下一步可能袭击的目标及时做出研判，没有预先在空中部署警戒巡逻兵力等。其背后更深层的原因是，美军的能力建设还停留在应对后冷战时期战争与冲突的思维定式之中，对非传统、非对称的不明空情准备不足，仍然在计划和准备打赢昨天的战争。

最高决策层无应急预案，反应迟缓，指挥凌乱。不明空情处置专业性强、政策性强。受信息不对称及信息获取时差影响，最高决策层反应迟缓，指挥凌乱、失序，命令传递渠道不畅。例如，国防部长没有及时进入指挥环节之中，布什总统很长时间找不到国防部长。五角大楼被撞击后，拉姆斯菲尔德离开指挥岗位，跑到现场帮助救援，对副总统切尼下达的拦截命令不甚了了。

首批2架F-15战斗机于8点52分升空警戒巡逻，而副总统切尼授权拦截不明目标的时间却在1小时17分钟之后。从10点05分起，切尼的一名中校助手花了近5分钟向国家军事指挥中心传达和解释切尼的命令。在最后一架遭劫持飞机，即93号航班坠毁17分钟后，布什总统才下达："如有必要，可以击落客机"的命令。命令下达11分钟后，才传达到北美空天防御司令部。切尼在其回忆录中说，"（'9.11'事件发生后）在开始的那几小时，我们都处于战争迷雾之中"。赖斯在其回忆录中称："各部门整体协调能力低下，我们也没有做好心理准备。""回顾往事，我们当时的那种运转状态简直匪夷所思。""是按照之前学过的应对方法和以自己的本能反应去处置那场危机的。"布什在其回忆录中坦陈了"9.11"当天，他在空军1号专机上获悉还可能有第二轮袭击时的感受："如果没有进一步袭击的话，我想美国能够克服袭击造成的困难。但是，如果还有第二轮袭击的话，我们将很难承受。"

几点启示

针对不明空情处置，"9.11"事件带给人们的启示：一是，除加强空乘警务力量，加固飞机驾驶舱门等措施之外，遭遇"9.11"不明空情类似事件时，关键要在第一时间向空中航班机长发送警示信息，而且应尽可能说明发生情况的性质。尤其要突出问题的现实性、严重性和紧迫性，使机组有时间做好应对准备。正因为93号航班机组人员和乘客得知世贸中心遭撞击的情况,才促使其下决心发动反抗劫机者的行动。这是 93 号航班劫机阴谋没有得逞的重要原因。如果联合航空公司的调度员,更早一些将警示信息传递给 93 号航班机组,机上情况可能会朝着更有利于制服劫机者的方向发展。二是,对平时存在的情况和问题要有应急预案。77 号航班在飞向五角大楼的途中,经过了美国国家无线电辐射限制空域。由于美国国家射电天文台建立于此,按照联邦法律,无线电辐射受到严格限制,以不影响科学研究和军事情报获取。该空域涵盖西弗吉尼亚、弗吉尼亚和马里兰州部分地区。77 号航班遭劫持、进入该空域后,雷达丢失目标,空中交通管制中心失去对 77 号航班飞行动向的掌握,目标丢失时间长达 36 分钟。直到 77 号航班飞临华盛顿上空,杜勒斯国际机场的空中交通管制员才在空管一次雷达显示屏上重新发现 77 号航班。但此刻,离 77 号航班撞击五角大楼的时间只剩下不到 6 分钟了,已经失去了有效处置时机。如果事前备有应急预案,对进入该空域的不明空情实施连续监视留有后手,对 77 号航班的处置结果或许会有所不同。三是,在任何情况下,军方都应 24 小时不间断地对领空实施雷达监视,随时做好应对和处置突发、异常及不明空情的各项准备。

不明空情处置未有穷期

"9.11"事件之后,美国空中安全形势怎样?民航及空中交通管制部门与北美空天防御司令部之间的空情协同,以及对不明空情的处置和管控发生了哪些变化?这些从以下案例中或许可以窥见一斑。

2005 年 5 月,1 架小型私人飞机,不听从飞行管制中心的警告,强行闯入华盛顿上空的空中禁区。北美空天防御司令部派出 2 架 F-16 战斗机紧急升空追踪,在距离白宫上空 4.8 千米处,将这架私闯禁区的飞机拦下,迫其在华盛顿郊外降落。

2012 年 8 月 4 日晚,1 架"空中之王"小型飞机在向华盛顿方向飞行过程中,没有回答地面飞行管制中心的呼叫。北美空天防御司令部立即令

2 架 F-16 战斗机升空拦截，在确认小飞机与地面飞行管制中心重新建立通信联络之后，才予以放行。

    2017 年 5 月 19 日，1 架载有 181 名乘客和 6 名机组人员的美国航空公司 33 号航班，在从洛杉矶飞往夏威夷的途中，一名男子试图闯入飞机驾驶舱，航班随即按照应急处置程序下降到约 3000 米高度。美军太平洋司令部接到报告后，令夏威夷空军国民警卫队派出 2 架 F-22 战斗机紧急升空，对该航班进行跟踪、监视。最终，这名男子被机上空乘人员制服，航班在战斗机护航下，安全降落在夏威夷火奴鲁鲁国际机场。

外军不明海空情处置案例之十四

2018年9月17日晚，俄军一架伊尔-20M侦察机在返回叙利亚赫梅米姆空军基地途中，被一枚地空导弹击中，坠入大海，机上15名机组人员全部遇难。这是自2015年9月，俄军介入叙利亚战争以来，最惨重的一次坠机事件。

事发后的第二天，俄罗斯国防部发言人科纳申科夫少将发布了一张坠机事件经过略图，称当伊尔-20M侦察机从雷达显示屏上消失时，4架以色列F-16战斗机正在向附近沿岸城镇发起空袭。以色列飞行员利用伊尔-20M侦察机作掩护，致使其被叙军发射的S-200防空导弹击落。以色列要为伊尔-20M侦察机坠毁负责。

以色列一反常态，罕见地承认17日晚向叙利亚政府控制的地区发动了空袭。以军发言人麦奈利斯准将，向坠机事件中丧生的15名机组人员表示哀悼。同时称，以色列战机空袭的叙利亚设施，正在为伊朗制造精确致命武器，并准备运送给黎巴嫩真主党，指责叙利亚和伊朗应为伊尔-20M侦察机坠毁负责，并承诺将配合俄罗斯进行事故调查。

叙利亚国家通讯社在17日晚些时候报道，一批不明身份的战机，向拉塔基亚城镇发动了导弹袭击，在导弹击中目标前，叙利亚防空部队拦截了其中的数枚。叙利亚总统阿萨德将伊尔-20M侦察机不幸事件归咎于以色列。

俄以叙三方争执的焦点

就伊尔-20M 侦察机坠毁的原因，俄罗斯、以色列和叙利亚三方各执一词，争执的焦点主要集中在 3 个方面：以军向俄军通报空袭的时间是否及时；叙军防空部队发射导弹时，以军战机与伊尔-20M 侦察机是否在同一空域；叙军防空部队处置及射击是否专业。

俄军称，在发起空袭前 1 分钟，以军才通知俄军，以致没有足够时间引导伊尔-20M 侦察机机动规避。以军飞行员利用伊尔-20M 侦察机做掩护，致使其暴露在防空火力之中。以军飞行员的行径要么不专业，要么至少是过失犯罪。

以军称，按照标准作业程序向俄军做了通报，时间远长于 1 分钟。以军发起空袭时，伊尔-20M 侦察机与以军战机并不在同一空域。以军战机并没有利用伊尔-20M 侦察机做掩护，叙军发射防空导弹时，完成空袭的战机已返回以色列空域。

叙军称，当伊尔-20M 侦察机返航准备降落时，叙利亚正遭遇敌导弹袭击，防空部队予以了回击。

以军称，空袭结束后，叙利亚防空部队才开始射击，且不加区分胡乱射击。据其所知，叙军射击前没有查证、核对射击空域内有没有俄军飞机。

各方唇枪舌剑，令伊尔-20M 侦察机被击落一事云山雾罩、扑朔迷离。2018 年 9 月 17 日晚，在叙利亚拉塔基亚外海上空，到底发生了什么？事故发生时，F-16 战斗机和伊尔-20M 侦察机在时域和空域是否存在重叠和重合？俄罗斯、叙利亚各自防空情报雷达系统都发现了什么，记录了什么？叙利亚防空指挥所是如何反应的？叙利亚防空部队是如何处置的？

空中态势及误伤经过拼接回放

根据媒体报道和各方公布的消息，就事发当天空中态势及误伤经过做一个拼接回放。

2018年9月17日晚20点31分（大马士革时间，下同），一架俄军伊尔-20M侦察机从位于拉塔基亚东南约21千米的赫梅米姆空军基地起飞，飞往叙利亚北部伊德利卜，对拟建立的非军事区实施侦察监视。伊尔-20侦察机是在伊尔-18运输机基础上改装而成的，机上装有电子情报侦察系统，在机腹下挂的吊舱内装有一部侧视雷达。此外，机上还装有红外、光学侦察设备和卫星通信设备。近年，俄军对伊尔-20改型机——伊尔-20M又做了一次改进。自2015年部署到叙利亚后，主要监听极端恐怖组织与叙利亚反政府武装的通信内容，侦收其他电子辐射信号，为叙利亚政府军提供情报支援。同时，也对驻扎于叙利亚境内和周边地区的美军和土耳其军队进行侦察监视。

当晚21点39分，在以色列特拉维夫空军指挥中心，一名会俄语的军官依据标准作业程序，使用联络热线，向俄军驻赫梅米姆空军基地指挥所通报，以军战机将空袭"叙利亚北部几个工业目标"。俄军指挥所命令伊尔-20M侦察机返航。

21点40分，即俄军指挥所接到以军通报1分钟后，以色列空军4架F-16战斗机向叙利亚西部拉塔基亚东郊的一个工业技术公司发射空对地导弹，空袭持续了十几分钟。

21点59分，返航的伊尔-20M侦察机大约正飞出拉塔基亚海岸线（根据伊尔-20M侦察机飞行航线，以每小时600千米的速度，从伊尔-20M侦察机被地空导弹击中的时刻起往前推算），朝降落转弯点飞去。此时，完成空袭的一架F-16战斗机（在叙利亚防空雷达显示屏上的批号为149）或因被制导雷达照射，机载雷达告警设备发出警告，或因其他原因，突然朝赫梅米姆机场的空中走廊方向"实施机动"，这被叙利亚防空部队判断为，以军战机将发起第二轮空袭。叙军第 49 防空团部署于马斯亚夫和塞菲特的 2 个 C-200 地空导弹营,向批号为 149 的目标发射了 4 枚导弹。22 点 01 分 27 秒,批号为 149 的 F-16 战斗机位于批号为 007 的伊尔-20M 侦察机的后方。22 点 03 分,即以军向俄军通报空袭时间过去 24 分钟后,伊尔-20M 侦察机距离拉塔基亚海岸线 35 千米,在 4800 米的高度准备降落时,被 1 枚批号为 158 Б 的导弹击中。伊尔-20M 侦察机的机长向俄军指挥所报告,飞机起火,准备迫降。22 点 07 分,伊尔-20M 侦察机回波从地面防空雷达显示屏上消失,飞机坠入距离拉塔基亚海岸线 27 千米处的海中。

22 点 29 分,俄军指挥所一名值班军官使用联络热线,通知以色列空军指挥中心,俄军准备对可能遇难的伊尔-20M 侦察机展开搜救,要求以军战机在搜救行动开始时飞离相关空域。22 点 40 分,以军战机飞离。

伊尔-20M 侦察机坠机事件,显然是友军之间的一次误伤,对于这一点,各方不存在疑义。

以往误伤事件出现的深层原因

20 世纪海湾战争后,美军曾对"沙漠风暴"行动中发生的误伤事件专门做过调查研究。统计分析表明,在历时仅 42 天的作战行动中,共发生 28 起误伤事件,平均每 1.5 天发生 1 起。其中,11 起是因目标识别错误造成的,占误伤事件总数的 39%;8 起是因协同不当造成的,占 29%;其余 9 起误伤事件中,6 起是因技术问题或军械故障造成的,占 21%;还有 3 起未查明原因,占 11%。

美军认为,造成如此多误伤的原因与现代战争的特点密切相关。首先,现代战争的战场形态,由传统战争敌我分明的线式结构,转变为敌我混杂的非线式结构,指挥协同的艺术面临极大挑战。其次,现代战争的大量交战是在远距离、全天候、能见度不良和复杂电磁环境条件下进行的,区分识别敌、我、友实属不易。再次,随着高技术武器装备的迅猛发展,作战节奏加快,指挥员可用于定下作战决心的时间大为压缩,做出误判、定下错误决心的概率增大。最后,现代战争多为联盟参战,装备不同武器系统的联军联合作战,给有效管控战场,防止误伤提出了很高的要求。

在第一次海湾战争中,以美国为首的联军虽然没有发生空对空、地对空误伤,但是,其对误伤的分类,以及造成误伤的深层原因与现代战争特点关联的概括,也可作为分析伊尔-20M 侦察机被误伤的参照系。由于现代空中战场结构犬牙交错,战场覆盖范围更加宽广,高技术攻防武器系统速度更快、机动性更强,战场态势瞬息万变,使用的武器装备多种多样,越发凸显了现代战争的特点。2003 年,在第二次海湾战争中,美军的"爱国者"防空导弹就击落过一架美军的 F-16 战斗机。

误伤伊尔-20M 侦察机的可能原因及疑点

指挥协同环节。依据防空作战值班组织实施的原则、程序,通常俄军防空指挥所会将当天的己方飞行计划,包括飞机的机型、架数、飞行任务、架次、航线(空域)、高度、起降时间、使用机场、地空通信规定等,预先通报相关机场,雷达兵、地空导弹兵及高炮部队,也应通报叙利亚防空指挥所,以使各勤务部门及部队做好相应的保障准备。对于临时增加或者变更的飞行任务,同样会预先发出通报。因此,叙利亚防空指挥所应该知道俄军伊尔-20M 侦察机的飞行计划。疑点在于,21 点 39 分,俄军防空指挥所接到以色列空军的通报,命令伊尔-20M 侦察机返航时,规定的返航航线是否与原飞行计划相同?如果有所调整,在 21 点 59 分前是否通报了叙利亚防空指挥所?若是,叙利亚防空指挥所是否传达到防空部队?尤其重要的是,俄军为赫梅米姆机场进出空中走廊画设的禁止射击空域,叙利亚防空部队是否知晓,并在各自的作战责任区内标识出进出空中走廊及禁止射击空域?21 点 59 分,当一架 F-16 战斗机实施机动,并进入伊尔-20M

侦察机所在空域时，对于向己方飞机进出的空中走廊及禁止射击空域实施射击这样重大的原则问题，防空导弹营有没有向上级指挥所请示报告？叙利亚防空指挥所批准前，有没有与俄军指挥所进行最后的沟通、确认？在上述指挥协同环节中的任何一个环节松了扣、掉了链子，都有可能形成发生误伤的致命诱因。

目标识别环节。在防空作战中，对空中目标情报的实时、动态掌握和判断、识别，主要依靠防空情报雷达。在以军 F-16 战斗机以低空、从海上进入发起空袭及之后的退出过程中，以军是否实施了电子干扰压制和电子干扰欺骗？俄军防空情报雷达掌握的空中目标情报，有没有及时通报叙利亚防空指挥所？叙利亚自身的防空情报雷达有没有及时发现和连续跟踪掌握？在没有装备俄式询问机的情况下，除了参照飞行计划、目标回波特征，叙军雷达操纵员还依据什么手段来识别区分敌、我、友？叙军防空指挥员又是如何分析判断空中敌、我、友态势的？在迄今已公布的信息中，没有披露相关细节。

或许有人要问，既然伊尔-20M 是一款新近升级的电子侦察机，那就应该装备雷达告警等自卫电子对抗设备。若是，为何机载雷达告警设备未能正确识别来袭导弹、及时向飞行机组发出预先警告呢？不难理解，雷达告警设备是依据作战软件装载的雷达特征数据，进行比对分选和识别告警的。由于雷达的数量种类繁多，如按平台区分，包括地面雷达、海上雷达和空中雷达，按用途区分，包括预警雷达、引导雷达和火控雷达等。因此，若在尺寸有限的雷达告警显示屏上不加区别地全部显示，会使画面凌乱，无法突出重点。通常，按照威胁的优先等级，只针对敌方及威胁最大的数个目标进行告警。S-200 地空导弹属于己方目标，很可能没有将其包括在显示告警范围之中，造成 S-200 制导雷达跟踪、照射伊尔-20M 侦察机时，没有发出视频和音频告警，伊尔-20M 侦察机失去了在最后一刻发射干扰信号、实施规避机动的机会。

装备技术环节。S-200 地空导弹系统设计、研发于 20 世纪 60 年代。按照制导体制，当导弹飞临目标截获点附近时，采用半主动雷达制导的导引头开始工作，其自身不带雷达发射机，而是依靠接收地面连续波制导雷达跟踪、照射到目标后反射回来的信号跟踪和锁定攻击目标。俄国防部发言人科纳申科夫称："以色列飞行员利用俄机作为掩护，致使俄机暴露在叙利亚防空火力之中。""由于伊尔-20M 侦察机的雷达反射截面要远大于 F-16（如果在 S-200 导弹导引头接收波束内出现 2 个目标，它将跟踪和锁定回波信号更强的目标），导致其被 S-200 地空导弹击落。"

在历史上，S-200 地空导弹也曾因制导等技术问题发生过严重误伤。2001 年 10 月 4 日，也就是在"9.11"事件发生后的不到一个月，俄罗斯西伯利亚航空公司的一架图-154 客机，由以色列特拉维夫飞往俄罗斯新西伯利亚的途中，在距离克里米亚半岛约 200 千米的空中发生爆炸，飞机坠入黑海，机上 78 人全部遇难。当时，乌克兰正在克里米亚半岛举行军事演习，俄罗斯军队派人员观摩。

据美国情报官员透露，美国红外探测卫星在事故发生前几分钟，曾探测到附近地区有导弹发射的迹象。开始，俄罗斯和以色列怀疑飞机坠毁与恐怖袭击有关，不过，很快就将目光转移到演习期间乌克兰发射的地空导弹上。乌军方矢口否认与坠机事件有关，乌军方称，为演习空域画设了禁飞区，俄 1812 航班坠机位置远远超出了 S-200 地空导弹的最大射程，乌军防空情报雷达对演习空域实施了严密的侦察监视，没有发现民用航班穿越演习空域。乌军方强调，演习使用的地空导弹装有自毁装置，一旦偏离目标，就会按程序启动自毁装置。

在坠机事件调查过程中，乌克兰军方运用计算机及作战模拟软件平台，依据雷达情报数据记录和地空导弹发射数据记录，重构了事发时，空中目标环境及地空导弹射击过程。在模拟试验期间，出现了 2 次图-154 客机被 S-200 地空导弹击中的情况。据军事技术专家分析，由于受海面反射的影响，S-200 地空导弹系统制导雷达显示屏上出现过无源干扰杂波，因此，不能排除导弹在偏离无人机靶标后，飞向了雷达反射截面更大的图-154 客机的可能性。发生误伤的另一个可能诱因是，为演习空域画设的禁飞区不够大，不足以覆盖所有可能涉及危险的空域。

亚美尼亚飞行员加里奥·奥瓦尼西安的现场目击，似乎为模拟试验结果提供了佐证。事发时，他正驾驶一架安-24飞机从附近空域飞过："我看见飞机发生了爆炸，它位于我机上方，约在11千米高度。""飞机坠入海中后又发生了一次爆炸。"

俄罗斯的回应与叙利亚的无奈

针对叙利亚在防空指挥协同、目标识别和装备技术等方面存在的和潜在的问题，俄罗斯迅速采取措施，做出回应。2018年9月25日，俄罗斯国防部称，将在2周内，为叙利亚提供防空指挥自动化系统，使其能够集中指挥和有效控制所有的防空作战力量；对叙利亚空域实施全域侦察监视，并及时为防空部队统一分配射击目标，防止误判、误射；同时，该防空指挥自动化系统还可以与俄罗斯部署在叙利亚的防空指挥自动化系统互联互通，情报共享，以解决叙利亚防空部队无法询问、识别俄军飞机的问题。俄国防部还将为叙利亚提供先进的S-300地空导弹系统，以提升叙利亚地空导弹防御体系的稳定性和可靠性。

值得注意的是，在伊尔-20M侦察机坠机事件调查过程中，始终未见叙利亚出示的空情数据记录，也未见其发布空情处置的具体细节。作为误伤事件的直接当事人，在自己国土上遂行防空作战，却没有发言权，更没有主导权，只剩下听喝挨剋的份。由此可以推断，叙利亚防空部队在军人综合素质和训练水平方面存在的诸多问题，在第四次中东战争期间，叙利亚击落的战机总数中，有14%是自己的战机。自2011年叙利亚爆发内战后，连年的冲突破坏，使叙利亚防空部队在军人招募、专业培训等方面跌到了历史低谷。在之前的2年时间里，以军战机在叙利亚境内共发动近200次空袭，仅损失了1架战机。相反，叙利亚许多防空阵地、武器装备被摧毁。

伊尔-20M侦察机坠机事件，反映的另一个深层次的问题是，大国势力、地区强权在叙利亚展开的地缘政治博弈和角力，使本来就不大的叙利亚及周边空域战机云集、十分拥挤，电磁信号交叠稠密，各种关系错综复杂，根本不存在统一的空中交通管制。在这片空域里充满了挑战与危险，空情处置稍有不慎，就有可能发生误判，以致擦枪走火，引发严重的危机。据以色列前国防部长摩西·亚阿龙透露，2015年，一批不明空中目标突然接近以色列控制空域，以空军无法确定其航向及意图，遂判断其对以色列构成了威胁。随着空中目标的逼近，以军防空导弹部队锁定目标，准备射击。就在千钧一发之际，最后确认这是一架俄军战机。由于以军无法直接与俄战机进行沟通，只得启用联络热线与俄军联系，向俄战机发出警告，使俄战机在最后一刻改变了航向。

伊尔-20M侦察机坠机事件发生后半个多月里，有关坠机事件的具体细节又陆续被披露，俄罗斯与以色列的争执也有了新的发展。回过头去重新审视，仍然觉得，普京总统在事发后第二天做出的定性结论客观公允、经得起推敲，坠机事件看起来"像是由一连串悲剧性、意外情况"所致，不能与土耳其击落苏-24事件相提并论。

外军不明海空情处置案例之十五

当地时间 2019 年 6 月 20 日 0 点 14 分，美军的一架无人机从阿联酋的一个空军基地起飞，飞往霍尔木兹海峡上空执行侦察任务，在返程途中，于 4 点 5 分被伊朗伊斯兰革命卫队发射的防空导弹击落。伊朗称，被击落的是美军一架 RQ-4 型"全球鹰"无人侦察机，被击落前，其违反了国际航空规定，深入伊朗领空 4 海里（约 7.4 千米），且多次不听警告，伊朗防空部队别无选择，只能将其击落，并出示一张飞行航迹图作为证据。伊朗革命卫队航空航天司令部司令阿米拉利·哈吉扎德强调："除了那架美国无人机，还出现了一架美国的 P-8 侦察机，机上有 35 人。该机也进入了伊朗领空，我们本可以将其击落，但我们没有那么做。"

美国则声称，被击落的是美国海军的一架 BAMS-D 无人机，当时正在霍尔木兹海峡上空，距离伊朗海岸线 20 海里（约 37 千米）的国际空域执行任务。同样，美军也公布了一张无人机在国际空域飞行的航迹图。美军中央司令部谴责伊朗的"无端攻击和一连串的错判。"仅凭伊、美双方各自公布的飞行航迹图和12海里（约22千米）领海线划分，很难分析判断BAMS-D无人机到底是在伊朗领空，还是在国际空域被击落的。不过，有一点可以肯定，那就是BAMS-D无人机飞越了霍尔木兹海峡及距离伊朗南部边界的临近空域。

从美国方面看，在如此敏感的时机，派无人机飞越上述空域，意欲何为？是为了挑起事端、激怒伊朗，找到对伊朗核设施动武的借口吗？若是，为什么在美军即将对伊朗发动军事打击之前，特朗普总统以打击会造成150人伤亡及与击落一架无人机不相称为由，又叫停了军事行动呢？从逻辑推理上讲，似乎难以自恰。既然不像是在寻找动武的借口，那么还有一种可能性，就是实施侦察。从伊朗方面看，在美国"鹰派"人士竭力主张对其动武的当口，清楚自身实力和现实处境的伊朗，会有意借击落无人机，挑战美国，引火烧身吗？

下面从电子战的视野，依据历史经验，结合当下发展，分析探讨美军侦察机能够干什么，事发时可能在干什么，以及BAMS-D无人机被击落的可能诱因又是什么？

查明"电子战斗序列"

冷战期间及结束后，使用有人驾驶和无人驾驶侦察机持续在潜在对手周边活动，实施电子侦察，一直是美军最优先的军事行动之一。其目的是查明侦察区域内的"电子战斗序列"，即雷达、无线电通信和导弹系统的部署、系统的电子特征数据，以及系统的使用方法和程序等。为夺取战场制电磁权，有针对性地拟制电子对抗措施做准备。可以举一个侦察地空导弹系统电子特征数据的案例加以说明。

20世纪60年代，越南战争全面爆发后，苏制萨姆-2地空导弹系统开始在越南北方部署，这对美军的空中优势构成了致命的威胁。据美军统计，1965年7月至12月，越南北方向美军战机发射了194枚萨姆-2地空导弹，击落战机11架。为了迅速找到压制地空导弹系统的方法、手段，美军急需获取和分析有关萨姆-2地空导弹系统的电子特征数据，重点是制导系统的"上行链路"和"下行链路"信号，以及导弹的近炸引信信号特征数据。

萨姆-2地空导弹发射后，地面制导系统会与飞行中的导弹建立起"上行链路"和"下行链路"，即由"扇歌"制导雷达向飞行中的导弹发送无线电制导指令信号，再由导弹上的脉冲转发器向地面回传导弹的姿态信号，以保障"扇歌"制导雷达对飞行中的导弹进行跟踪和控制，引导导弹飞向目标。由于无线电制导指令信号发射功率低，要想截获难度很大。对于近炸引信信号而言，截获难度更大，因为近炸引信位于导弹的头部，其向前发射的信号波束很窄，功率很低，而且信号发射持续时间短暂，只有当导弹飞临目标附近时，才会开始发射，一旦引爆弹头，信号随即终止。

为了实施抵近侦察，美国中央情报局制订了一项专门的行动计划，他们组织对"瑞安"147E型无人机进行技术改造，为其加装了一部信号侦收机，其工作频段覆盖萨姆-2无线电制导指令信号和导弹的脉冲转发器信号，以及近炸引信信号的工作频率范围。为了将截获的信号转发出去，还加装了一部发信机。此外，为了欺骗和诱惑地空导弹战勤人员，"瑞安"147E型无人机上加装了一部雷达回波增强器。

1965年10月初，美军第55战略侦察联队实施了首次侦察行动。一架DC-130母机向越南北方地空导弹防区发射了一架"瑞安"147E型无人机，在北部湾上空安全空域，另一架RB-47H型电子侦察机在预先规划的航线上巡航，随时准备接收和记录从无人机发回的信号。当日，越南北方地空导弹部队并没有做出任何反应，行动归于失败。

1965年10月12日，美军实施了第二次行动。这次，越南北方的一个地空导弹营向无人机发射了导弹，"瑞安"147E型无人机如期发回了无线电制导指令信号，包括俯仰角、偏航角、横滚角，以及导弹"下行链路"信号。然而，就在近炸引信即将工作前，无人机却停止了信号发送。10月底，又实施了一次行动，仍然没有完全成功。

1966年2月13日，美军实施了第4次行动。一架DC-30母机向部署在越南清化的地空导弹部队发射了一架经过技术改进的"瑞安"147E型无人机。越南北方的一个地空导弹营向无人机发射了2枚导弹，并在无人机附近爆炸，将其炸成碎片。然而在无人机解体前，不仅发回了"上行链路"和"下行链路"信号，还将近炸引信发射信号传给了在空中巡逻的RB-47 H型电子侦察机。美军终于完成了特殊电子侦察任务。

那么，美军会不会使用BAMS-D无人机作为诱饵，去诱使伊朗国产"霍尔达德-3"型或苏制S-300地空导弹系统开机呢？众所周知，美军拥有多型各种档次的无人机，再考虑BAMS-D型无人机强大的远距离侦察能力和近1.3亿美元的造价，使用不具备隐身能力的BAMS-D无人机，深入伊朗领空执行电子侦察任务，这与美军作战一贯奉行的效费比原则相悖。不过，美军运用BAMS-D无人机和P-8侦察机，在境外侦察伊朗的雷达、无线电通信和导弹系统的部署及系统的使用方法、程序等却是有可能的。

盗取对手雷达情报

在20世纪60年代，美军就开始设想，是否可以运用电子侦察的方法，"捕获"潜在对手雷达的显示屏图像，在雷达操纵员不知情的情况下，掌握潜在对手雷达发现的空中目标情报，从而做到知己知彼，百战不殆。这一设想，最先由美国海军驻日本神奈川县厚木基地的 VQ-1 侦察中队初步实现。该中队有一个特别改装组，对 EC-121 "警戒星"电子侦察机的侦察设备进行了改装。他们将 APS-20 雷达和 APR-69 雷达信号侦收机相连，构建了一个基于收发单元分置原理的雷达情报产生和分析系统，简称为"强盗"系统。其工作原理是：当一部雷达的发射波打到一架飞机、一艘舰船或一座山体时，除小部分能量直接反射回来，被雷达接收之外，其余大部分能量会朝各个方向散射。一部具有适当灵敏度的机载侦收机，在 200 英里（约 322 千米）的距离上，就可以侦收到这些散射信号。若使机载雷达显示屏的扫描基线与目标雷达天线的扫描基线在时间上同步，再加上一点欺骗措施，就可以使目标雷达显示屏上的回波图像，在"强盗"系统的显示屏上还原出来。具体实现过程为：EC-121 电子侦察机机组操纵人员将"强盗"系统的工作频率调至目标雷达的工作频率；接着，操纵 APR-69 测向天线，使其对准目标雷达，并将侦收到的目标雷达信号馈送给数据处理机；然后，调整天线模拟器的旋转速率，使其与目标雷达天线扫描速率一致，再使用同样的方法，使 APS-20 雷达平面位置显示屏的扫描基线与目标雷达天线的扫描基线同步；最后，将数据处理机输出的信号送到 APS-20 雷达平面位置显示屏上，还原出目标雷达显示屏上的回波图像。不过，如此获得的回波图像会严重失真。EC-121 电子侦察机降落后，要在地面使用 IBM 计算机，运用专门编写的数学计算程序，把失真的回波图像矫正过来。

到 1964 年中期，美军部署在太平洋地区的 VQ-1 侦察中队和部署在大西洋、地中海地区的 VQ-2 侦察中队的 EC-121 电子侦察机，全部加装了"强盗"系统。在一次海上巡逻侦察时，一架 EC-121 电子侦察机的机组人员截获一批判明为苏联战舰发射的雷达信号，经数据处理，依据目标雷达呈现的海杂波图，准确标定出苏联战舰所在位置；依据目标雷达显示屏上的回波图像，识别出这是一支由 4 艘战舰组成的编队。由此推断出苏联海军惯用的战术，即一支编队中，只有一艘战舰上的预警雷达开机搜索，其余舰只保持雷达静默，以避免暴露编队的实际编成及作战企图。

"强盗"系统采用无源工作方式，不易被敌方察觉。尚存的问题是，只能应用于天线进行 360 度旋转的预警雷达和引导雷达，对于进行扇扫的测高雷达、制导雷达及火控雷达大多无效。当然，随着计算机等技术的迅猛发展，现在类似于"强盗"的电子侦察综合系统，能够应对雷达扫描的方式或许会很多，其回波图像还原能力及对目标雷达的定位精度或许会更高。BAMS-D 无人机和 P-8 侦察机在霍尔木兹海峡上空配合运用，会不会在盗取伊朗的对海、对空雷达情报，以摸清伊朗雷达网的强点和弱点，为制订打击伊朗核设施的战争计划，提供数据支撑呢？

探查伊朗防空系统？

实施电子欺骗，制造与真实空情十分相似的虚假空情，致使潜在对手雷达操纵员真假难辨，将虚假空情误当成真实空情处置，往往能够达成四两拨千斤的特殊作战效果，是一种非常有效的电子战方式。1942 年 8 月，英军就曾采用简单的脉冲转发器，对德军的弗雷亚防空雷达施放过假目标脉冲干扰，这亦被视为开启了电子欺骗作战的先河。

20 世纪 50 年代，美军为了摸清苏军雷达的战技性能和操纵人员的训练水平，专门研发了一种"幽灵回波"转发器。通过将侦收到的苏军目标雷达的发射信号，馈入"幽灵回波"转发器中的可变延时线；经调节延时线的长度,可以模拟出空中目标的距离和速度;再依据目标雷达的功率大小和威力覆盖方向图,将假目标植入目标雷达的显示屏上,以试探雷达操纵员的反应。

不过,囿于当时的技术水平,这种欺骗式脉冲转发器,通常只能欺骗单部雷达。雷达部队可以利用部署在不同位置、不同型号的多部雷达,对同一批假目标进行综合印证,不难发现假目标的破绽,将其剔除。如今,施放假目标及制造虚假空情的技术手段有了长足的进步,这可以从美军官方说辞中窥见端倪。最近,负责管理美国陆军电子战能力的马克·多特森上校说:"我们要考虑的是'外科手术式'的电子攻击和电子入侵,或者说 21 世纪的电子攻击和电子入侵。利用小功率影响信号来影响信号环境,并以一种别人无法察觉到你正在干涉他们的行动方式,来影响信号环境。"他还说,"未来电子作战不应纯粹依靠蛮力,而应着眼于最终的结果"。美国网络卓越中心高级情报顾问戴夫·梅说:"可以采用多种不同的方式达成必要的效果,而不必进行传统上所说的干扰。"从上述言辞中可以做这样的解读:美军正在改变其展示电子战力量的方式,即由一味依赖大功率蛮力电子干扰向更多依赖小功率智能电子干扰的方式转型。其中可能包括在潜在对手的多部雷达显示屏上同时植入相同的假目标回波图像,使其难以通过综合印证方法加以识别,令潜在对手误判为飞机是在某一空域,实际却在另一空域投送力量等。这次,美军 P-8 侦察机和 BAMS-D 无人机相伴飞行,是否在人为制造不明空情,以探索伊朗防空系统的反应及底线呢?

不妨设想一下,伊朗击落美军 BAMS-D 无人机时的大概场景:在美、伊之间紧张关系骤然升温的形势下,深夜时分,伊朗防空指挥系统战勤人员神经紧绷。在尺寸有限的雷达情报显示屏上,布满了各种空中运动目标回波及相应的标识符号。其中,既有大批民航目标[美国联邦航空局称,"在拦截发生时,有大批民航飞机在上述空域飞行"。当 BAMS-D 无人机被击落时,在邻近空域飞行的民航飞机中,距离其最近的只有约 45 海里(约 83 千米)],又有 P-8 侦察机和 BAMS-D 无人机等美军战机目标回波,还可能有交织混杂其中人为制造的假目标回波——一种不明空情,这种不明空情可能直接出现在伊朗境内,也可能正从境外飞入境内,还可能正从境内飞向境外。面对瞬息万变,既稠密又复杂的空中目标环境和苛刻的处置时限要求,空情处置人员必须依据既定的作战政策,及时进行识别判断,并做出恰当反应。例如,对于不明空情、异常空情,在何时,组织值班战机升空查证,在何种情况下,指挥实施警告驱离或迫降,以及在触及底线的情况下,直接下令地空导弹部队实施射击等。这给担负空情处置的人员带来了极大的挑战,容不得出现半点差错,尤其不能出现目标属性误判,如"假作真时真亦假,无为有处有还无",一旦发生这样的误判,就有可能导致严重的,甚至是危险的误操作。

20世纪80年代,在波斯湾,美军的"斯塔克"号导弹护卫舰,被伊拉克战机误判、误击事件,以及在霍尔木兹海峡上空,伊朗A300B2民航客机被美军"文森斯"号巡洋舰误判、误击事件,可谓殷鉴。

2019年6月20下午,在听取情报部门及军方的汇报后,特朗普总统在白宫椭圆形办公室说过这样一段话,"幸运的是机上无人……我有一种感觉,也许对,也许错,对错不论。我有一种感觉,无人机被击落,可能是因错误所致,这是一种非常愚蠢的举动"。当然,到底是什么原因致使伊朗击落美军 BAMS-D 无人机?击落时,无人机的位置到底在哪里?谁该为此事件负责等?这一切都有待时间的过滤和历史的沉淀,最终由事实和证据来揭示。

外军不明海空情处置案例之十六

"恰当还是不当,这是个问题"系列文章系统地介绍了自二战以来,不同国家军队处置不明海空情的典型案例。至此,或许有人会问:一是,为什么会发生不明海空情?二是,在雷达、声呐等探测技术装备日新月异,操纵人员的知识水平不断提高的条件下,为什么处置不明海空情还会发生误判、错判,甚至酿成严重的虚警和漏警事件呢?三是,如何恰当处置不明海空情?

之所以会出现第一个问题,原因是人与探测技术装备面临的环境十分复杂。其一,面临的空中和海上目标环境复杂。空中和海上目标种类繁多,军用和民用目标分布交错,且日趋密集。目标反射截面积的大小,空中飞行的高度和速度,水面航行的速度和水下航行的深度,以及机动能力等迥异,技术指标涵盖的范围十分宽泛。其二,面临的自然环境十分复杂。地理条件多种多样,气象和海况变化多端、难以预测,以及鸟类和鱼类的自由迁徙等。其三,面临的电磁、声波环境十分复杂。各种工业用电设备辐射，民用和军用电子设备辐射，以及人有意为之的电子干扰等辐射分布，覆盖了整个电磁波及声波的频谱范围，且日益稠密。此外，这种复杂性还与探测技术装备的工作机理有关。雷达发现和识别目标的过程，不是一个确定性过程，而是一个随机过程。既然是随机过程，就存在不测事件发生的可能性。

  之所以会出现第二个问题，原因是军事对抗特有的紧张氛围，对战备执勤人员心理施加的影响，加剧了在复杂环境下，恰当处置海空情的难度。在形势紧张的情况下，战备执勤人员处置不明海空情容易反应过度，酿成虚警，相反，在形势缓和的情况下，又容易反应不及，酿成漏警。在发生严重漏警事件之后，受严格作战政策等因素影响，往往又会导致虚警频发，反之亦然。还有，因上述内部、外部环境因素与人的因素相互交织、互动，容易导致战备执勤人员的误判和错判。这当中，人有意为之的电子干扰与欺骗最为诡异和险恶，处置起来也最具挑战性。

人为不明空情

在 20 世纪五六十年代，苏军在偏远地区的有线通信设施建设还很不完善。部署在这些地区的对空情报雷达站，主要使用无线电台和莫尔斯码，以报文的形式将发现的空情传送至上一级空情处理中心。虽然，传送的空情报文经过加密，但加密的方式相对简单。为破译苏军空情报文，美军派出飞机沿着苏联的海岸线和边境地区，按照精心设计的航线飞行，有意让苏军雷达站探测和掌握其飞行航迹。与此同时，美军部署在海上或陆上的电子侦察站负责截获苏军雷达站发送的空情报文，找出苏军雷达站标出的美军飞机的方位、距离、高度和航行数据，并将其与美军精心设计的飞行航线数据一一进行对照和比较，以破译苏军设置的密钥，从而掌握苏军雷达站上报的空情航迹图。借助这些航迹图，不仅可以了解其跟踪苏联飞机的活动实况，还可以了解其跟踪美军及其他飞机的活动实况。

为了进一步了解苏军雷达的战技性能和操纵人员的技术水平，美军又专门研制出一种"幽灵回波"转发器。这种转发器体积不大，方便安置在护卫舰的甲板上，或者装入潜艇舱内。通常，执行任务的小组由 7 个人组成，2 个人负责操作"幽灵回波"转发器，另外 5 个人负责监听、破译和分析苏军雷达站发送的空情报文。执行任务的程序是：先接收苏军目标雷达站的发射信号，在其返回目标雷达接收机之前，将其馈入"幽灵回波"转发器中的一段可变延迟线；经操作员平滑地改变延迟线的长度，以模拟出空中假目标的距离和速度；依据已经掌握的苏军目标雷达的功率和覆盖方向图，将空中假目标植入苏军雷达站的显示屏上。通过实时分析苏军目标雷达站跟踪假目标的航迹图，就能了解苏军目标雷达的战技性能和操纵人员的技术水平。结合观察苏军值班飞机的紧急起飞时间等，还能了解苏军防空系统的战备值班状态和应急反应速度等。

当时，苏军先进的萨姆-2地空导弹系统成为美军的心头之患，但是，依靠传统手段，获取萨姆-2地空导弹系统的核心情报几乎不可能。于是，在古巴附近海域，美军精心策划了一次"幽灵回波"任务行动。一天夜晚，美军一艘驱逐舰携带"幽灵回波"转发器悄悄驶至古巴北部沿海水域，并在古巴对海警戒雷达的视距线以下海域徘徊，以规避对海警戒雷达的探测。操作人员操作"幽灵回波"转发器，发出空中假目标信号。随即，在古巴"高王"（П-14）对空情报雷达的显示屏上出现了一批从美军基韦斯特海军基地方向飞来的目标，正高速向古巴首都哈瓦那逼近。与此同时，预先潜伏在哈瓦那湾附近水域的一艘美军潜艇浮出水面，按照约定好的时间，施放了几个空飘气球，在它们的下面分别系有不同大小的标准金属球。"高王"对空情报雷达站的操纵员发现这些亦假亦真的目标后，在第一时间按照不明空情编批上报。

面对空中和海上的异常情况，防空指挥所立即组织战斗值班等级转进，令值班歼击机紧急升空，查证和拦截向首都哈瓦那径直飞来的威胁目标；令萨姆-2地空导弹系统进入最高战斗准备状态，"匙架"（П-12）目标指示雷达迅速开机，按照"高王"对空情报雷达提供的远方情报，对哈瓦那湾海域上空展开扇形搜索，为"扇歌"制导雷达指示目标。为了将歼击机引开，"幽灵回波"转发器的操作员先让"来袭"的假目标高速飞离，然后关闭"幽灵回波"转发器，使假目标完全消失。与此相应，潜艇也立即下潜规避。夜色中，歼击机按照引导员的指令对可疑空域反复进行搜索，却一无所获。

在防空情报雷达网无法识别判明目标真伪和属性的情况下，防空指挥员下令歼击机升空查证是恰当的，然而，下令将当时属于高技术装备的萨姆-2地空导弹系统开机却是不当的，正中"幽灵回波"任务组的下怀。不经意间，萨姆-2地空导弹系统的"匙架"目标指示雷达和"扇歌"制导雷达的战技性能和运用特点等情报，已为"幽灵回波"任务组所获取。依据"扇歌"制导雷达探测跟踪标准金属球的最小尺寸，可推断出其处理最小目标的能力。同理，依据"匙架"目标指示雷达操纵员实时处理空情的批数，可推断其同时处理空情的最大能力。分析结果显示，萨姆-2地空导弹系统的"扇歌"制导雷达,探测和跟踪小目标的能力比美军猜测的要强得多。不难想象,运用"幽灵回波"转发器,还可以执行骚扰和破坏防空系统正常运作等任务。在美国中央情报局服务过的一名工作人员回忆道:"迄今为止,我想我们对苏联雷达的了解至少不亚于他们。我们知道,他们的雷达性能优良,具有最先进的技术水平,他们的雷达操纵员同样具有高超的技能。我们也清楚,他们哪些雷达功率较低,存在维护、修理不到位的问题,或者其战技性能没有达到设计指标要求。我们知道,战时美军战机应该从哪里实施安全突防。"

不明海空情,怎一个复杂了得

在马岛战争中,英国和阿根廷两国政府都保持了一定程度的克制,力求将战争控制在有限范围内,双方都未正式向对方宣战。英军特遣舰队在实施作战行动过程中,无论是拟制作战计划,还是定下处置决心,依据的是交战规则,也就是英国国防部在1982年4月28日发表的声明:从格林尼治时间4月30日11点起,英军特遣舰队对马岛周围200海里(约370千米)水域和空域实行全面封锁。这意味着从规定时间起,对进入上述水域的阿根廷军用舰船和进入上述空域的阿根廷军用飞机,英军特遣舰队将实施攻击。不过,声明中的全面封锁并不包括阿根廷的民用船只和民用飞机。此外,在向南大西洋开进的过程中,不允许英军特遣舰队攻击任何海空目标,只有在自身安全受到威胁时,才可以进行有限度的自卫。

1982年4月18日9点,正在南大西洋阿森松岛集结待发的英军特遣舰队旗舰、"竞技神"号航母作战室接到"奥尔墨德"号油轮的报告:发现了疑似潜水艇潜望镜运动时产生的羽状回波。依据目标回波的特征,声呐操纵员判断其为一艘潜艇。英军特遣舰队司令伍德沃德认为,阿根廷很有可能将潜艇部署到阿森松岛附近水域,伺机向英军特遣舰队发起先发制人的攻击。

伍德沃德决定,英军特遣舰队比原计划提前 2 小时,从阿森松岛出发,向南大西洋进发。在离开阿森松岛几十分钟后,依据目标回波的行进速度和机动能力,伍德沃德判断,这不像是一艘阿根廷潜艇,更像是一艘苏联的核潜艇。不久,一架在空中巡逻的"猎迷"飞机报告,在特遣舰队航线附近发现了一窝鲸鱼。通过与声呐发现的目标位置进行比对分析,声呐操纵员将目标回波改判为一批鲸鱼。伍德沃德一颗悬着的心才放了下来。

不明海情刚处理完,1982 年 4 月 21 日中午,英军特遣舰队在距离阿松森岛约 1500 海里(2778 千米)处,又遭遇不明情况,这次遭遇的不是不明海情,而是不明空情。"竞技神"号航母上的雷达操纵员在高空尽远处发现一批不明目标。一架"海鹞"战斗机随即升空,飞往目标空域查证。经近距离目视观察,飞行员报告,这是一架涂有阿根廷空军标识的波音 707 飞机,没有发现飞机携带武器。在"海鹞"战斗机的监视下,波音 707 飞机改变航向飞离。

在监视的过程中,"海鹞"战斗机飞行员从侧面对波音 707 飞机进行了拍照。冲洗出来的照片显示,这架波音 707 飞机已经过改装,从其飞行特点看,像是在用气象雷达对海面进行搜索,以掌握英军特遣舰队的动向。按照军事常理,如果阿根廷要发起先发制人的攻击,那么在侦察机之后,随之而来的将是攻击机。为了以防不测,英军特遣舰队改变战斗队形,提升防空战备等级,在航母甲板上保持 2 架"海鹞"战斗机做好战斗准备,随时可以升空执行拦截任务。

第二天凌晨 2 点 30 分,雷达操纵员在南美大陆西南方向 144 海里(约 267 千米)处的高空,又发现一批不明空情。英军特遣舰队的一架"海鹞"战斗机紧急升空,在距离特遣舰队 65 海里(约 120 千米)处对其实施拦截,经飞行员近距离观察识别,这是一架闪着航行标志灯的波音 707 飞机。受到"海鹞"战斗机的警告和驱离后,波音 707 飞机向南转向,迅速消失在夜幕之中。该机的行径表明,他不是一架普通的运输机,而是一架执行特殊任务的侦察机。

历经两次应急处置之后,伍德沃德认为,波音 707 侦察机对特遣舰队构成了严重的威胁,如果听任其活动,可能会招致不测事件的发生。为了能够及时有效地处置,又不违反交战规则,伍德沃德向国内发出请示,要求允许对该类侦察活动实施拦截,直至发起攻击。国内批准了伍德沃德的请求,但是,对实施攻击附加了 2 个前提条件,一是只有当其进入了预先设定的威胁距离范围;二是要有足够的证据证明,他的确是在执行侦察任务。

当晚 20 点,不明空情再次出现在雷达显示屏上,英军特遣舰队转入临战状态。"无敌"号航母上的防空指挥员在 2 分钟内派出了 2 架"海鹞"战斗机,3 分钟后又派出了 1 架"海鹞"战斗机升空拦截。不过,在"海鹞"战斗机到达拦截空域之前,不明空情却神秘地消失了。

1982 年 4 月 23 日 11 点 34 分,在雷达显示屏上又出现一批不明空情。与此同时,舰载电子侦察设备侦收到了与之相关的雷达辐射信号,协同印证的结果表明,该批不明空情很可能还是那架波音 707 侦察机。"海鹞"战斗机再次升空拦截,然而,在到达拦截空域前,不明空情又一次神秘地消失了。

日落时分,雷达操纵员又探测到一批不明空情,这次是从特遣舰队的东南方向进入的,飞行高度高,距离为 200 海里(约 370 千米),径直朝特遣舰队飞来。与上次情况相同,舰载电子侦察设备也侦收到了与之相关的雷达辐射信号。按照目标指示,"无敌"号航母上的"海标枪"防空导弹火控雷达截获该批不明目标,连续测报出距离、高度和速度诸元。依据时速为 350 节(约每小时 648 千米)的飞行速度推算,不明目标到达规定的射击边界还有 2 分钟。"海标枪"防空导弹系统已经完成了发射前的所有准备工作,导弹随时可以呼啸而出,直奔目标而去。

就在这千钧一发之际,伍德沃德的脑海里突然闪过一个念头:这不像是阿根廷的波音 707 侦察机。阿根廷的波音 707 侦察机已经连续跟踪特遣舰队 3 天,从飞行特点看,该批目标与波音 707 侦察机并不相同,比如,阿根廷的波音 707 侦察机从未径直朝特遣舰队飞来。伍德沃德问道:"我们有没有针对南大西洋上空定期飞行的民用航班的活动记录?"回答:"没有。""按照不明目标当前位置和先前航迹，在地图上向前、向后外推，标出其可能的飞行航线。"伍德沃德命令道，"要快！马上！"

每隔 10 秒，不明目标距离射击边界就缩短 1 海里（约 1.85 千米），再有 1 分钟，不明目标将穿越规定的射击边界。此刻，作战室的战勤人员都将目光投向了标图桌，空气中迷漫的紧张气氛让人感到窒息。20 秒后，标图领班员小心翼翼地向伍德沃德报告："它看上去是处在从南非德班到巴西里约热内卢的航线上。"伍德沃德心头不由一紧，连忙下令："冻结武器使用！"该命令以无线电通播的方式紧急传到了特遣舰队的每艘舰只。

随后，一架"海鹞"战斗机升空，飞往目标空域进行查证。不久，飞行员用非常肯定的语气报告，这是一架巴西航空公司的民航飞机，客舱里亮着灯，机翼上的航行灯在正常闪烁，正朝西北方向飞去。机上的乘客一点都不知道，他们刚与死神擦肩而过……

事后，伍德沃德反复回想处置不明空情时的场景与细节，试图梳理出在导弹即将发射的最后一刹那，是什么原因促使其产生了迟疑，并决定再做一次判性识别。伍德沃德回忆，他当时可能下意识地在想，该批不明目标对特遣舰队并不构成直接威胁，不可能对特遣舰队发起攻击，最坏的可能是报出特遣舰队的所在位置。此外，识别不明空情的标准到底是什么？是目标的高度、速度及相关雷达辐射信号特征？这是识别其属性的充分必要条件吗？还有，如果存在识别错误的可能性，指挥员就可以不管不顾、下令射击吗？不过，伍德沃德最终还是没有厘清阻止这起致命误击的根本缘由，只好将其归结为幸运。

如果伍德沃德处置不当，将巴西航空公司的客机击落，后果将不堪设想。事件肯定会立即成为世界新闻的头条，引发国际众怒。就如同后来 1983 年 9 月 1 日，苏联在萨哈林岛上空击落韩国航空公司 KAL007 航班客机、1988 年 7 月 3 日，美国在波斯湾上空击落伊朗航空公司 IR655 航班客机一样。在大多数拉美国家站在阿根廷一边的背景下，这肯定会引起一场轩然大波。迫于世界舆论和道德压力，英国有可能不得不召回特遣舰队。伍德沃德可能会被送上军事法庭，承担事件的主要责任，历史很可能重新改写。

1982年4月29日晚，英军特遣舰队到达距离阿根廷设置的马岛周围200海里（约370千米）禁区边界还有250海里（463千米）的水域。一架在空中执行巡逻任务的"海鹞"战斗机，在前方海面上发现了一艘拖网渔船，经初步查证，这是一艘加拿大籍的科考船，船名为"一角鲸"。后经进一步查证，确认这是一艘阿根廷的拖网渔船。它与特遣舰队保持着若即若离的距离，像是在打鱼，也像在执行侦察任务。伍德沃德派出"活泼"号护卫舰对其实施警告和驱离。"一角鲸"见状很配合地驶离了。此时，特遣舰队接到了国内发来的新的交战规则：在特遣舰队进入海空全面封锁区后，可以对进入封锁区内的阿根廷军舰和军机实施攻击。但是，仍然不包括民用目标。

1982年5月9日，英国与阿根廷的战争已经进入第9天。中午11点50分，2架担负巡逻任务的"海鹞"战斗机，在"考文垂"号导弹驱逐舰的指挥引导下，在斯坦利港南面偏东50海里（约93千米）的位置，发现一批不明水面目标。不久，伍德沃德接到报告，它是10天前就发现过的阿根廷拖网渔船"一角鲸"号。此时，因燃油将尽，再有几分钟时间，2架"海鹞"战斗机就不得不返航。该如何处置呢？依据新下发的交战规则，阿根廷民用船只依然不在攻击范围之内，即使其进入了全面封锁区。可是，如果他是一艘搜集特遣舰队情报的船只，又该如何处置？怎样才能确证船上的船员不是渔民呢？万一又遇到类似巴西航空公司客机的情形该如何是好？

英国与阿根廷的战争起因非常复杂特殊。战争爆发后，两国并没有中断商业贸易往来，阿根廷甚至还在与英国签订石油协议。在阿根廷国内，英文报纸照样发行，两国外交往来也没有完全中断。伍德沃德在定下处置决心时必须考虑上述因素。因时间关系，再派出战机做进一步的查证，也不可行。怎么办？打还是不打？为了给处置留出更多的思考时间，伍德沃德发问："我们的确能够确认其身份吗？""是的，长官。"回答很肯定。飞行员从低空进行了仔细观察，看见了船尾上"一角鲸"字样。

时间不等人,再不处置,"一角鲸"会很快从视线中消失。它可能回去报告特遣舰队的编成及所在位置,很快招来阿根廷空中打击力量,使特遣舰队招致严重的后果。可是如果打,又该打到什么程度?伍德沃德下令实施拦截,绝不让"一角鲸"再次逃脱。1架"海鹞"战斗机使用航炮实施拦阻性射击,如同上次一样,"一角鲸"一边升起阿根廷国旗应对,一边迂回撤离。飞行员请示是否可以投掷炸弹。"海鹞"战斗机携带的重1000磅(约454千克)的炸弹,是设计用于高空投掷的,在低空投掷时,撞击力通常不会触发炸弹引信。这正是伍德沃德想要达成的效果:阻遏,临检,但不消灭。"海鹞"战斗机从低空投掷的炸弹,准确命中"一角鲸",很幸运,炸弹没有爆炸,只是在船身上撞出一个大洞,造成"一角鲸"失去动力,船头从水面翘起,船身在原地打转。

14点,"考文垂"号导弹驱逐舰上的雷达操纵员在正西165海里(约306千米)处发现一批不明空情,经综合判断,是一架阿根廷的C-130"大力神"运输机,在2至3架"幻影"战斗机的掩护下,朝斯坦利港方向飞来。"考文垂"号导弹驱逐舰"海标枪"防空导弹系统火控雷达,在最远探测边界处截获"幻影"战斗机,并立即控制发射2枚导弹。由于"幻影"战斗机实施规避机动,2枚导弹均未命中目标。

16点,英军特战小分队登上"一角鲸"实施临检。船上共有13人,已有1人死亡,多人受伤。幸存下来的人中,有1名阿根廷海军少校,名叫科扎利斯·里阿纳斯。令人不解的是,他携带的密码本、海图及其他资料并未销毁,悉数为英军缴获。从船舱中,特战队还搜出一部无线电台。

如何恰当处置不明海空情

在处置巴西航空公司民航客机时,伍德沃德在最后一刻处置恰当,及时下令冻结所有武器使用,不打是对的。在处置阿根廷"一角鲸"拖网渔船时，伍德沃德在最后一刻处置恰当，毅然下令拦截和投掷炸弹，打是对的。不过，这都是事后诸葛亮，难的是如何成为事前诸葛亮。依据伍德沃德成功处置两起不明海空情实践，通过对比分析，能不能分析归纳出具有可复制及具有普遍指导意义的经验呢？

这两起不明海空情的性质及背景的异同点如下：相同点在于，被处置对象都有可能是在执行侦察任务，对特遣舰队都构成潜在的威胁；不同点在于，时机不同。不明空情发生时，英国和阿根廷还未进入交战状态，联合国还在进行穿梭调停。不明海情发生时，英国和阿根廷已经进入交战状态，双方已经互有作战人员伤亡，以及军舰和战机的损失。其次，所处的空间位置不同。不明空情发生在国际空域，英军特遣舰队尚未进入全面封锁区。不明海情发生在马岛周围200海里（约370千米）海空全面封锁区内。再次，判性识别结论的可信度不同。不明空情只是疑似阿根廷波音707侦察机，未经飞行员近距离目视观察印证，并非完全确定。不明海情经飞行员近距离目视观察查证，可以确证是阿根廷的拖网渔船，且与9天前发现的是同一条渔船。按照常理，如果"一角鲸"是一艘渔船，且船上都是渔民的话，不太可能进入全面封锁海区。因为之前，英国和阿根廷两国国际广播电台已经反复公告封锁海区范围。即使没有收听到，9天前，遭英军"活泼"号护卫舰警告驱离后，也应完全知晓，不会像影子一样继续跟着特遣舰队。正是顺着这样的思路，伍德沃德断定"一角鲸"在执行侦察任务，船上应该有阿根廷海军人员坐镇指挥。但是，不符合常理的情形并非不可能出现，"一角鲸"拖网渔船上全是渔民的可能性虽然很小，但并非完全不可能。由于交战规则明令不能攻击民用船只，因此，伍德沃德下令攻击"一角鲸"拖网渔船依然面临一定的风险，必须承担一名指挥员不得不承担的责任。如果"一角鲸"被炸沉，又没有找到任何执行侦察任务的证据，那么英国的国际形象会受到严重损坏，通过外交途径解决分歧的诚意，就会受到国际舆论的严重质疑，最直接的后果可能是撤换伍德沃德。在组建特遣舰队时，英国战时内阁对任命伍德沃德为司令员就存在不同意见，国防部有意让一名军衔更高、指挥过航母和两栖作战的中将担任司令员。伍德沃德对此也不是不知情，就个人而言，如果对

"一角鲸"拖网渔船处置失当,很可能意味着其军旅生涯不光彩地终结。

分析比较了半天,只给出了如何恰当处置不明海空情的一般思路与方法,还是没有归纳出可作为以不变应万变的固定模板和套路。不明海空情处置充满了不确定性,一如克劳塞维茨所说:充满了"战争迷雾"。如何透过"战争迷雾"恰当处置,只能是充分准备,临机应变,具体问题具体分析。这既是不明海空情处置的吊诡之处,也是其可以出彩之处。克劳塞维茨曾言:"战争是最依赖于机遇的人类活动。"

综合外军不明海空情处置案例所陈,不难理解,不明海空情是维护国家海防和空防安全所不得不应对的一大挑战。在防空向防空防天拓展的时代背景下,这一挑战或许前所未有。另外,由于不明海空情的多样性、突发性、不确定性及复杂性特点,恰当处置又绝非易事,对指挥员及战备执勤人员的禀赋、定力和本领提出了很高的要求,是一门军事艺术。为了提高军事艺术的水平,掌握处置不明海空情的本领,唯有依靠不断学习,包括向直接经验知识和间接经验知识——历史经验知识学习。李德•哈特说:"'历史是一种普遍性的经验'——这不是某一个人的经验,而是许多人在各种复杂多变条件下,所产生的经验。"钱穆先生说:"一往不变者,乃历史之事实。与时俱新者,则历史之知识。""历史知识,贵能鉴古知今,使其与现代种种问题有其亲切相连之关系,从而指导吾人向前,以一种较明白之步骤。"

"恰当还是不当,这是个问题"讲的都是外军的案例,尤其是西方国家军队的案例。不过,"东海西海,心理攸同;南学北学,道术未裂",斯言甚善。

参考文献

[1] 温斯顿·丘吉尔. 第二次世界大战回忆录[M]. 吴万沈, 译. 2版. 海口: 南方出版社, 2005.

[2] 卡尔·邓尼茨. 邓尼茨元帅战争回忆录[M]. 王星昌, 译. 北京: 解放军出版社, 2005.

[3] 陈纳德. 我在中国的那些年[M]. 李平, 译. 北京: 中国工人出版社, 2013.

[4] 道格拉斯·麦克阿瑟. 麦克阿瑟回忆录[M]. 陈宇飞, 译. 上海: 上海社会科学院出版社, 2017.

[5] 威廉·理查德森, 西摩·弗雷德林. 远去的胜利[M]. 晨钰琪, 译. 北京: 化学工业出版社, 2016.

[6] 顾维钧. 顾维钧回忆录[M]. 唐德刚, 译. 北京: 中华书局, 2013.

[7] 富兰克林·罗斯福. 炉边谈话[M]. 赵越, 孔谧, 译. 北京: 中国人民大学出版社, 2017.

[8] 李德·哈特. 隆美尔战时文件[M]. 钮先钟, 译. 北京: 民主与建设出版社, 2015.

[9] 本书编委会. 淞沪抗战史料丛书[M]. 上海: 上海科学技术文献出版社, 2015.

[10] 汪曾祺, 吴大猷, 柳无忌, 等. 名家笔下的西南联大往事[J]. 新华文摘, 2018（8）: 107-109.

[11] 丰子恺. 丰子恺作品精选[M]. 武汉: 长江文艺出版社, 2004.

[12] 齐邦媛. 巨流河[M]. 北京: 生活·读书·新知 三联书店, 2010.

[13] 何兆武口述, 文靖撰写. 上学记[M]. 北京: 生活·读书·新知 三联书店, 2006.

[14] 汪曾祺. 汪曾祺散文[M]. 北京: 人民文学出版社, 2005.

[15] 小熊英二. 活着回来的男人: 一个普通日本兵的二战及战后生命史[M]. 黄耀进, 译. 桂林: 广西师范大学出版社, 2017.

[16] 史迪威. 史迪威日记[M]. 郝金茹, 译. 哈尔滨：哈尔滨出版社, 2018.

[17] 朱可夫 ΓK. 朱可夫元帅回忆录[M]. 军事科学院外军部, 译. 北京：中国对外翻译出版公司, 1984.

[18] 德怀特·戴维·艾森豪威尔. 艾森豪威尔将军战争回忆录[M]. 刘卫国, 等译. 北京：解放军出版社, 2010.

[19] 华西列夫斯基 A M. 华西列夫斯基元帅战争回忆录[M]. 徐锦栋, 思齐, 等译. 北京：解放军出版社, 2003.

[20] 什捷缅科 C M. 什捷缅科大将战争回忆录[M]. 甘霖, 齐思, 等译. 北京：解放军出版社, 2003.

[21] 海因茨·威廉·古德里安. 古德里安将军战争回忆录[M]. 戴耀先, 译. 北京：解放军出版社, 2013.

[22] 尼基塔·谢·赫鲁晓夫. 赫鲁晓夫回忆录[M]. 张岱云, 王长荣, 陆宗荣, 等译. 北京：社会科学文献出版社, 2006.

[23] 哈里·杜鲁门. 杜鲁门回忆录[M]. 李石, 译. 上海：东方出版社, 2007.

[24] 流沙河. 晚窗偷读[M]. 青岛：青岛出版社, 2009.

[25] 档案揭秘·铭记特别节目组. 档案揭秘, 抗战第一现场[M]. 北京：北京时代华文书局, 2015.

[26] 服部卓四郎. 大东亚战争全史[M]. 辽宁大学日本研究所, 译. 北京：世界知识出版社, 2016.

[27] 威廉·曼彻斯特. 再见, 黑暗：太平洋战争回忆录[M]. 陈杰, 译. 北京：作家出版社, 2014.

[28] 万耀煌口述, 沈云龙等访问, 郭廷以校阅. 万耀煌口述自传[M]. 2版. 北京：中国大百科出版社, 2016.

[29] 颜惠庆. 颜惠庆自传[M]. 姚崧龄, 译. 北京：中华书局, 2015.

[30] 张治中. 张治中回忆录[M]. 2版. 北京：华文出版社, 2014.

[31] 中共中央文献研究室, 中国人民解放军军事科学院. 建国以来毛泽东军事文稿[M]. 北京：军事科学出版社, 中央文献出版社, 2010.

[32] 张瑞德. 山河动[M]. 北京：社会科学文献出版社, 2015.

[33] 莫尔斯 P M, 金博尔 G E. 运筹学方法[M]. 吴沧浦, 译. 北京：科学出版社, 1988.

[34] 安德鲁·威斯特, 格利高里·路易斯·莫特逊. 血战太平洋[M]. 穆占劳, 译. 北京：中国市场出版社, 2010.

[35] 道格拉斯·福特. 太平洋战争[M]. 刘建波, 译. 北京: 北京联合出版社, 2014.

[36] 儿岛襄. 太平洋战争[M]. 彤彤, 译. 北京: 东方出版社, 2016.

[37] 比尔·奥雷利, 马丁·杜加尔德. 干掉太阳旗: 二战时美国如何征服日本[M]. 庄逸抒, 刘晓同, 王彦之, 译. 南京: 江苏凤凰文艺出版社, 2017.

[38] 朱力扬. 中国空军抗战记忆[M]. 杭州: 浙江大学出版社, 2015.

[39] 陶涵. 蒋介石与现代中国[M]. 北京: 中信出版社, 2012.

[40] 克里斯多夫·舒勒斯. 二战最伟大的战役: 经典的空战[M]. 周夏奏 张婕, 译. 北京: 北京燕山出版社, 2013.

[41] 詹姆斯·莱西, 威廉森·默里. 激战时刻: 改变世界的二十场战争[M]. 梁本彬, 李天云, 译. 北京: 中信出版社, 2015.

[42] 伯纳德·爱尔兰. 1914—1945年的海上战争[M]. 李雯, 刘慧娟, 译. 上海: 上海人民出版社, 2005.

[43] 戴维·贝尔加米尼. 天皇与日本国命: 裕仁天皇引导的日本军国之路[M]. 王纪卿, 译. 北京: 民主与建设出版社, 2016.

[44] 迈克尔·怀特. 战争的果实: 军事冲突如何加速科技创新[M]. 卢欣渝, 译. 北京: 生活·读书·新知 三联书店, 2009.

[45] 保罗·肯尼迪. 二战解密: 盟军如何扭转战局并赢得胜利[M]. 何卫宁, 译. 北京: 新华出版社, 2013.

[46] 李德·哈特. 第二次世界大战战史[M]. 钮先钟, 译. 上海: 上海人民出版社, 2009.

[47] 拉纳·米特. 中国, 被遗忘的盟友: 西方人眼中的抗战全史[M]. 蒋永强, 陈逾前, 陈心心, 译. 北京: 新世界出版社, 2015.

[48] 乔治·贝尔. 美国海权百年: 1890—1990年的美国海军[M]. 吴征宇, 译. 北京: 人民出版社, 2014.

[49] 何兆武. 可能与现实[M]. 北京: 北京大学出版社, 2017.

[50] 萨苏. 退后一步是家园[M]. 济南: 山东画报出版社, 2011.

[51] 詹姆斯 M 斯科特. 轰炸东京: 1942, 美国人的珍珠港复仇之战[M]. 银凡, 译. 北京: 民主与建设出版社, 2016.

[52] 贝弗里奇 W I B. 科学研究的艺术[M]. 陈捷, 译. 北京: 科学出版社, 1979.

[53] 赫伯特·比克斯. 真相：裕仁天皇与侵华战争[M]. 王丽萍, 孙盛萍, 译. 北京：新华出版社，2014.

[54] 马克·哈里斯. 五个人的战争：好莱坞与第二次世界大战[M]. 黎绮妮, 译. 北京：社会科学文献出版社，2017.

[55] 汤森·华林. 搏杀中途岛[M]. 王永生, 编译. 合肥：安徽文艺出版社，2011.

[56] 马克·斯蒂尔. 圣克鲁斯岛1942：航母较量在南太平洋[M]. 刘燕婷, 译. 北京：海洋出版社，2015.

[57] 山冈庄八. 太平洋战争[M]. 兴远, 译. 北京：金城出版社，2011.

[58] 弗拉基米尔·卡尔波夫. 朱可夫传[M]. 姜丽娜, 李静, 张程琦, 译. 武汉：长江文艺出版社，2016.

[59] 大卫·麦可洛夫. 杜鲁门：在历史的拐点[M]. 王海秋, 李豫生, 译. 广州：新世纪出版社，2015.

[60] 中国人民解放军空军指挥学院. 世界空中作战八十年[M]. 上海：上海科学普及出版社，1988.

[61] 中国空军百科全书编审委员会. 中国空军百科全书[M]. 北京：航空工业出版社，2005.

[62] 简·爱德华·史密斯. 罗斯福传[M]. 李文婕, 译. 武汉：长江文艺出版社，2013.

[63] MERRILL I S. 雷达手册[M]. 王军, 等译. 2版. 北京：电子工业出版社，2003.

[64] 约翰·托兰. 美国的耻辱：珍珠港事件内幕[M]. 李殿昌, 等译. 北京：中国社会科学出版社，2012.

[65] 安妮·雅各布森. 回形针行动："二战"后期美国招揽纳粹科学家的绝密计划[M]. 王祖宁, 译. 重庆：重庆出版社，2015.

[66] 中国军事百科全书编审委员会，电子对抗和军用雷达技术编辑部（分册）. 中国军事百科全书：电子对抗和军用雷达技术分册[M]. 北京：军事科学出版社，1994.

[67] 第八号通报[J]. 世界军事，1990，3.

[68] 张序三. 海军大辞典[M]. 上海：上海辞书出版社，1993.

[69] 安·阿·科科申. 战略领导论[M]. 杨晖, 译. 北京：军事科学出版社，2005.

[70] 何铭生. 南京 1937：血战危城[M]. 季大方，毛凡宇，魏丽萍，译. 北京：社会科学文献出版社，2017.

[71] 丹·汉普顿. 天空之神：从红男爵到 F-16 那些战斗机飞行员和空战的故事[M]. 邢琬叙，译. 北京：航空工业出版社，2018.

[72] 胡翌霖. 进化中的人与技术[J]. 书城，2019，000（008）：15-25.

[73] 葛剑雄，周筱赟. 历史学是什么[M]. 北京：北京大学出版社，2015.

[74] 安妮·雅各布森. 五角大楼之脑：美国国防部高级研究计划局不为人知的历史[M]. 李文婕，郭颖，译. 北京：中信出版社，2017.

[75] 雷蒙德·戴维斯，丹·温. 进攻日本：日军暴行及美军投掷原子弹的真相[M]. 臧英年，译. 桂林：广西师范大学出版社，2014.

[76] 曹意强. 文艺与历史[J]. 读书，2018，9.

[77] 张建安. 抗战胜利前后的辅仁师友[J]. 新华文摘，2019，10.

[78] 德博拉·沙普利. 承诺与权力：麦克纳玛拉的生活和时代[M]. 李建波，等译. 南京：江苏人民出版社，1999.

[79] 戴维·罗特科普夫. 美国国家安全委员会内幕[M]. 孙成昊，赵亦周，译. 北京：商务印书馆，2013.

[80] 斯蒂文 L 瑞尔登. 谁掌控美国的战争：美国参谋长联席会议史（1942—1991 年）[M]. 李晨，等译. 北京：世界知识出版社，2015.

[81] 科林·鲍威尔. 我的美国之路：美国四星上将前国务卿科林·鲍威尔自传[M]. 王振西，译. 北京：昆仑出版社，1996.

[82] 威廉·奥多姆. 苏联军队的瓦解[M]. 王振西，钱俊德，译. 北京：社会科学文献出版社，2014.

[83] 劳伦斯·费里德曼. 战略：一部历史[M]. 王坚，马娟娟，译. 北京：社会科学文献出版社，2016.

[84] 罗伯特·F 肯尼迪. 十三天：古巴导弹危机回忆录[M]. 贾令仪，贾文渊，译. 北京：北京大学出版社，2016.

[85] 中国人民解放军总装备部电子信息基础部. 太阳风暴揭秘[M]. 北京：国防工业出版社，2011.

[86] 林小春. 太阳风暴曾险些引发美苏核战争[N]. 科技日报，2016-8-12.

[87] 加里·克莱因. 洞察力的秘密[M]. 邓力，鞠玮婕，译. 北京：中信出版社，2014.

[88] 劳伦斯·赖特. 巨塔杀机：基地组织与"9·11"之路[M]. 张鲲，蒋莉，译. 上海：上海译文出版社，2009.

[89] 塞缪尔·亨廷顿. 文明的冲突与世界秩序的重建[M]. 周琪, 译. 3版. 北京: 新华出版社, 2002.

[90] 乔治·沃克·布什. 抉择时刻: 乔治·沃克·布什自传[M]. 东西网, 译. 北京: 中信出版社, 2011.

[91] 康多莉扎·赖斯. 无上荣耀: 赖斯回忆录[M]. 刘勇军, 译. 长沙: 湖南人民出版社, 2014.

[92] 迪克·切尼, 莉兹·切尼. 我的岁月: 切尼回忆录[M]. 任东来, 胡晓进, 译. 南京: 译林出版社, 2015.

[93] 伊朗宣布击落美国"间谍"无人机[N]. 参考消息, 2019-6-21.

[94] 特朗普最后一刻叫停空袭伊朗[N]. 参考消息, 2019-6-22 (2).

[95] 美禁止航空公司飞经伊领空[N]. 参考消息, 2019-6-22 (2).

[96] 近观刚被伊朗击落的MQ-4无人机[N]. 参考消息, 2019-6-22 (5).

[97] 美要安理会召开特别会议, 伊称曾多次警告美无人机[N]. 参考消息, 2019-6-23 (2).

[98] 用低功率影响信号, 搞外科手术式袭击[N]. 参考消息, 2019-6-24 (6).

[99] 美无人机"短板"暴露无遗[N]. 参考消息, 2019-6-27 (6).

[100] 轰炸东京: 拯救杜立特中队, 2012年8月10日, blog.sina.com.cn.

[101] 杰夫·撒切尔. 杜立特中队铭记恩情, 向勇敢的中国人民致敬[EB/OL]. 央广军事, 2015-10-22.

[102] BUDERI R. The invention that changed the world: the story of radar from war to peace[M]. Abacus, 1998.

[103] BORNEMAN W R. The Admirals[M]. Borneman and Little, Brown and Company, 2012.

[104] WOODWARD S, ROBINSON P. One hundred days[M]. London: Originally published by HarperCollins publishers, 1997.

[105] HAGGART J A. The Falkland Islands conflict: Air defense of the fleet[J]. Marine corps command and staff college, 1984.

[106] VASILYEV Y. On the Brink[N]. The Moscow News Website, 2004-5-29.

[107] SHAPOUR G. I Shooting down Iran Air Flight 655 (IR655)[EB/OL]. 2004.

[108] Analyzing the USS Cole Bombing[D]. Akiva Field under Maritime Security Research Papers.